HAUT- UND LEDERFEHLER

VON

DR. FRITZ STATHER

DIREKTOR DER DEUTSCHEN VERSUCHSANSTALT FÜR
LEDERINDUSTRIE, FREIBERG I. SA., PRIVATDOZENT
FÜR ORGAN.-TECHN. CHEMIE AN DER TECHNISCHEN
HOCHSCHULE DRESDEN

MIT 76 TEXTABBILDUNGEN

WIEN

VERLAG VON JULIUS SPRINGER

1934

Vorwort.

Eine einwandfreie, dem jeweiligen Verwendungszweck bestmöglich angepaßte Lederqualität ist der zuverlässigste Förderer des Lederkonsums. Der Förderung des Qualitätsgedankens in der Häutewirtschaft, Lederindustrie und lederverarbeitenden Industrie soll die vorliegende Monographie über Haut- und Lederfehler dienen. Mehrere vorzügliche Werke umfassenderen Inhalts vermitteln dem Gerbereichemiker die enormen Fortschritte der modernen Gerbereiwissenschaft, es mangelt indessen an kleineren Einzelabhandlungen, die besonders interessierende Spezialgebiete der Gerbereiwissenschaft behandeln. Das wichtige Gebiet der Haut- und Lederfehler, ihrer Ursachen, Verhinderung und Beseitigung hat außer einer 1920 erschienenen und inzwischen durch die Fortschritte der Wissenschaft überholten Artikelserie von R. Lauffmann eine zusammenfassende Behandlung bisher nicht erfahren. So will die vorliegende Monographie die Ergebnisse der wissenschaftlichen Forschung auf dem in neuerer Zeit viel bearbeiteten Gebiet der Haut- und Lederfehler in einer auch für den weniger Eingeweihten verständlichen, deshalb aber nicht weniger wissenschaftlich zuverlässigen Form zusammenfassen. In gleicher Weise für den untersuchenden Gerbereichemiker, den ledererzeugenden Gerber, wie den Häutelieferanten, den Lederhändler und den Schuh- und Lederwarenfabrikanten gedacht, will sie ihm bei der Beurteilung und Aufklärung von Haut- und Lederfehlern behilflich sein und auf diese Weise zu deren Verhinderung beitragen.

Möge das kleine Werk in der Lederwirtschaft freundliche Aufnahme finden.

Freiberg i. Sa., im April 1934.

Fritz Stather.

Inhaltsverzeichnis.

Einleitung.

Seit Jahrhunderten, ja Jahrtausenden ist Leder ein Werkstoff des Menschen, der bei allen Völkern und in allen Ländern das Material für wichtige, täglich benützte Gebrauchsgegenstände abgibt. Kein Ersatzmittel ist bis heute in der Lage gewesen, diese Bedeutung des Leders als allgemein benützten Werkstoffs einzuschränken und schwerlich werden auch in Zukunft die vielseitigen günstigen Eigenschaften des Leders, die im wesentlichen in der eigentümlichen Faserstruktur der naturgewachsenen Haut, aus der es hergestellt wird, ihre Ursache haben, durch ein Ersatzmittel erreicht werden können. Mag der eine oder andere Stoff, der vorgeblicherweise Leder zu ersetzen berufen sein soll, auch einmal diese oder jene günstige Eigenschaft dem Leder voraushaben, die Summe aller zweckmäßigen Eigenschaften, durch die der Wert eines Werkstoffs für bestimmte Verwendungszwecke allgemein bedingt wird, vermag die des gewissermaßen naturgewachsenen Leders nicht zu erreichen.

In dem mit dem Fortschreiten unseres technischen Könnens immer schärfer werdenden Kampf zwischen Leder und Ersatzstoffen wird Leder aber nur dann seine jahrhundertealte Vormachtstellung einwandfrei behaupten können, wenn es für den jeweiligen Verwendungszweck die bestmöglichen Eigenschaften aufweist, wenn es möglichst frei von allen nur irgendwie vermeidbaren Fehlern ist. Förderung des Qualitätsgedankens ist demgemäß zweifellos die zuverlässigste Methode, den Lederkonsum, an dem die Volkswirtschaft fast aller Kulturländer interessiert ist, zu halten und zu verbessern. Zur Förderung der Qualität eines Produktes ist aber eine möglichst eingehende Kenntnis der die Qualität vermindernden Fehler und Fehlermöglichkeiten unbedingte Voraussetzung. Während es bei Werkstoffen, deren Rohmaterialien und Herstellungsprozeß wissenschaftlich erforscht sind, meist verhältnismäßig leicht ist, die Ursache empirisch festgestellter Fehler des Fertigproduktes einwandfrei aufzuklären und damit Abhilfemöglichkeiten darzutun, liegen bei der nur unvollkommenen Kenntnis des strukturellen und chemischen Aufbaus des zur Lederherstellung benützten Rohmaterials und der keineswegs restlosen wissenschaftlichen Aufklärung des Überführungsprozesses des Rohmaterials in den Werkstoff die Verhältnisse bei Leder sehr viel schwieriger. Erfreulicherweise hat indessen die Gerbereiwissenschaft im letzten Jahrzehnt auch auf dem Gebiete der Aufklärung fehlerhafter Erscheinungen der tierischen Haut, in der Erforschung des Lederherstellungsprozesses selbst und in den Kenntnissen der Veränderungen der Ledereigenschaften während der Zurichtung und des Gebrauches solche Fortschritte gemacht, daß es möglich erscheint, die Fehler der Rohhaut und des Leders, ihre Ursachen und ihre Vermeidungs- und Beseitigungsmöglichkeiten zusammenfassend zu behandeln.

Um die nachfolgende stichwortmäßige Behandlung der einzelnen Haut- und Lederfehler auch dem mit der Lederherstellung weniger Vertrauten verständlich zu machen, erscheint es notwendig, zuvor das Ausgangsmaterial der Lederfabrikation, die tierische Haut, und die Prozesse der Lederfabrikation kurz in großen Zügen zu behandeln.

Eigenschaften und Aufbauweise der als Rohstoff der Lederfabrikation benützten tierischen Haut bestimmen in weitestem Maße die Eigenschaften des daraus hergestellten Leders. Die Haut des Menschen und der Tiere hat von der Natur verschiedenartige Aufgaben zugewiesen erhalten und damit auch die für diese Aufgaben notwendigen Hilfsmittel. Als Regler der Körpertemperatur vermag sie mit Hilfe eines wundervollen Mechanismus die Wärmeabgabe zu beschleunigen oder zu verzögern. Als Sinnesorgan ist sie mit berührungs-, hitze- und kälteempfindlichen Nerven ausgerüstet, sie ist Organ der Sekretion und Exkretion und ausgestattet mit Drüsen, Muskeln und Blutgefäßen. Sie soll vom Körper des Trägers Stoß und Schlag ebenso wie eine Bakterieninfektion von außen abhalten und im direkten Sonnenlicht das darunterliegende Muskelgewebe durch ihre Pigmentfilter vor Zerstörung schützen.

Diesen mannigfaltigen Aufgaben am Körper des lebenden Tieres entspricht ganz der komplizierte Aufbau und die unterschiedliche chemische Zusammensetzung der tierischen Haut. Beide ändern sich nicht nur mit der Rasse und der Art des Tieres, seinem Alter, Geschlecht, seiner Nahrung, seinen Lebensgewohnheiten und den klimatischen Verhältnissen, sondern sind auch an jeder einzelnen Stelle der Haut verschieden.

Beim Betrachten eines senkrecht zur Hautoberfläche hergestellten histologischen Dünnschnittes tierischer Haut (Abb. 1) kann man deutlich zwei Schichten der Haut unterscheiden, die sowohl in ihrer Struktur wie in ihrer Entstehung voneinander verschieden sind, eine verhältnismäßig dünne äußere Schicht von Epithelgewebe, die „Oberhaut" oder „Epidermis" und eine sehr viel stärkere Schicht von Bindegewebe, die eigentliche „Lederhaut" oder das „Corium". Die Haut, wie sie in der Gerberei zur Einarbeitung gelangt, besitzt unter der Lederhaut noch das sogenannte „Unterhautbindegewebe", das die eigentliche Haut mit dem Körper des Tieres verbindet. Die absolute und relative Dicke jeder dieser Schichten schwankt innerhalb weiter Grenzen.

Die Oberhaut (Epidermis) nimmt gewöhnlich nur etwa 1% der Gesamtdicke der Haut ein und zieht sich als ein dünnes Häutchen über die Lederhaut hin. Sie ist am Körper des lebenden Tieres Träger des Lebens der ganzen Haut und als solche durch eine große Zahl von Zellen ausgezeichnet, die im lebenden Organismus die Entstehung und andauernde Neubildung der Haare, Hornschicht, Nägel usw. verursachen. Während schematisch betrachtet die äußerste obere Schicht der Oberhaut, die sogenannte „Hornschicht" (stratum corneum) aus abgestorbenen, stark verhornten Zellen besteht, setzen sich die darunterliegende „helle

Schicht" (stratum lucidum) und „Körnerschicht" (stratum granulosum) aus Reihen nach oben immer flacher werdender Zellen zusammen, während die unterste, an die Lederhaut angrenzende „Basalschicht" (stratum basale) aus prallen, in voller Lebenstätigkeit befindlichen Zellen mit länglichen, ovalen Zellkernen besteht. Tatsächlich ist eine ausgesprochene Schichtung der Zellen der Oberhaut nicht vorhanden, die vitalen Zellen

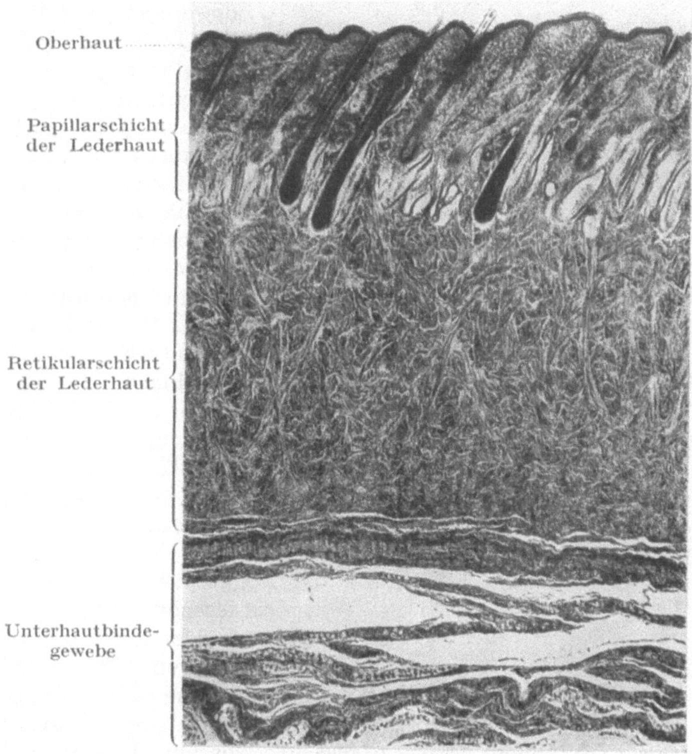

Abb. 1. Vertikalschnitt durch frische Kalbshaut, zirka 20fache Vergrößerung (J. A. Wilson).

der Basalschicht, die aus den Blutgefäßen der Lederhaut ihre Nahrung beziehen, vermehren sich, werden dabei nach oben vorgeschoben, trocknen aus und werden flacher, um allmählich zu verhornen. So wichtig die Oberhaut am Körper des lebenden Tieres als Träger des Lebens für die Gesamthaut ist, so unwichtig ist sie für die Lederherstellung, da sie mitsamt den Haaren und dem Unterhautbindegewebe vor der Gerbung entfernt wird.

Die eigentliche Lederhaut (Corium) besteht aus einem innigen Flechtwerk von kollagenen Bindegewebsfasern. Die Fasern des oberen, dichteren Teils der Lederhaut, der sogenannten „Papillarschicht" (Abb. 2), mit den für sie typischen Haareinbuchtungen, Drüsen, Blutgefäßen, Muskelgewebe usw. sind dünn, um so dünner, je mehr sie sich der Oberhautgrenze nähern, verlaufen hauptsächlich parallel zur Hautoberfläche und bilden an der Oberfläche ein dichtes, fast homogenes Geflecht von überaus feinen Fasern, den sogenannten „Narben". Die Fasern der Papillarschicht bestehen in der Hauptsache aus Kollagen, daneben finden sich aber auch zahlreiche Elastinfasern. Während diese obere Papillarschicht der Lederhaut infolge der fein strukturierten Narbenschicht und der in sie eingelassenen, für jede Tierart charakteristisch angeordneten Haarlöcher und Drüsenausführungsgänge im wesentlichen der Träger des Aussehens des aus der Lederhaut hergestellten fertigen Leders ist, bestimmt die darunterliegende „Retikularschicht" der Lederhaut (Abb. 3) die hauptsächlichen mechanischen Eigenschaften des fertigen Leders, Reißfestigkeit, Dehnbarkeit, Durchlässigkeit usw. Ein inniges Flechtwerk von dicken Kollagenfaserbündeln, die selbst wieder aus einer großen Anzahl von Einzelfibrillen zusammengesetzt und, kreuz und quer, ohne erkennbarem Anfang und Ende der Einzelfaserbündel miteinander verflochten sind,

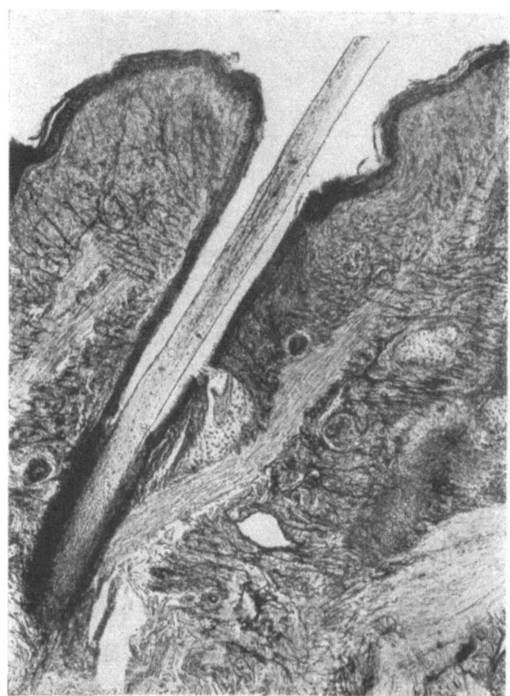

Abb. 2. Vertikalschnitt durch Epidermis und Papillarschicht des Coriums frischer Rindshaut, zirka 45fache Vergrößerung (J. A. Wilson).

erteilt der Lederhaut die wundervollen mechanischen Eigenschaften, die das daraus hergestellte Leder jedem künstlich von Menschenhand erzeugten Gespinstwerk in seinen mechanischen Eigenschaften überlegen macht. Je inniger und fester das Flechtwerk der Lederhaut, je weniger unterbrochen durch eingebuchtete Haarlöcher, Drüsenkanäle und eingelagertes Fettgewebe, je dicker und stärker die einzelnen Faserbündel, um so kräftiger und fester das daraus hergestellte Leder.

Wenn allen den für die Lederbereitung in Betracht kommenden Häuten der verschiedensten Tierarten, Säugetierhäuten, Reptilhäuten und Fischhäuten, der eben behandelte histologische Aufbau im Prinzip gemeinsam ist, so sind natürlich die Unterschiede der verschiedenen Häutearten, der Kalbs-, Rinds-, Ochsen- und Bullenhaut, der Haut des Schafes, der Ziege, des Schweines, des Pferdes, Esels, Hirsches, Rehes usw., vom Standpunkt der Lederbereitung recht groß. Nicht nur daß die Größe und Dicke der Häute beträchtlich schwankt, das Verhältnis von Papillarschicht zu Retikularschicht in der Lederhaut, die Form und Anordnung der Haarbälge und Drüsenkanäle, die Stärke und Verflechtung der Faserbündel in der Lederhaut sind bei den einzelnen Häutearten und bei diesen wieder nach Rasse, Alter, Geschlecht, Lebensweise und Nahrung, Klima usw. ganz verschieden. Ähnliche Unterschiede sind auch in jeder einzelnen Haut mit der Hautstelle wechselnd vorhanden.

Dem komplizierten histologischen Aufbau der tierischen Haut entspricht ganz ihre verwickelte chemische Zusammensetzung. Tierische Haut besteht im wesentlichen aus Wasser, Eiweißstoffen, Fetten und Mineralstoffen, wobei die Eiweißstoffe den größten Teil der Trockensubstanz ausmachen. Unter den Eiweißstoffen nimmt das „Kol-

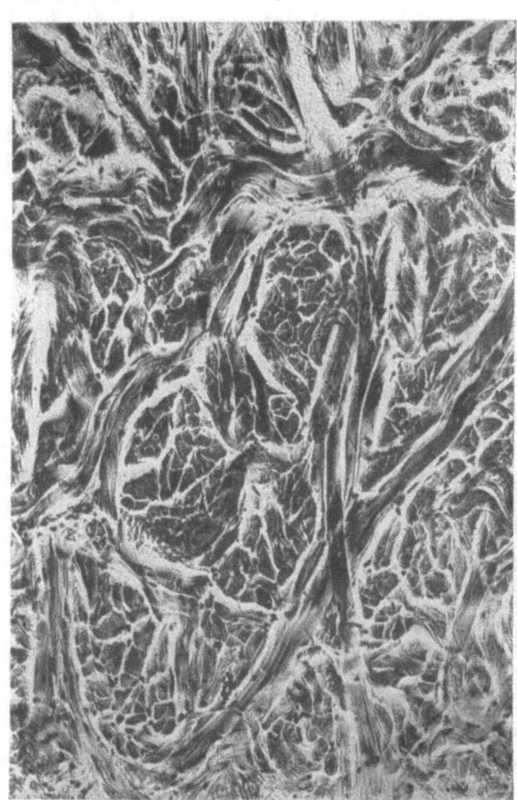

Abb. 3. Vertikalschnitt durch die Retikularschicht des Coriums frischer Rindshaut, zirka 100fache Vergrößerung (J. A. Wilson).

lagen" der Bindegewebsfasern mengenmäßig und der Bedeutung nach die erste Stelle ein, stellt es doch den Stoff dar, der durch den Gerbprozeß in Ledersubstanz übergeführt wird. Kollagen quillt in kaltem Wasser, verdünnten Säuren, Alkali und Salzlösungen, ist darin aber nur sehr wenig löslich, in über 70⁰ warmem Wasser geht es langsam als Gelatine in Lösung, es verleimt. Erhitzt man Kollagen mit Säure oder Alkali, so tritt eine weitergehende Aufspaltung in die einfachen Aufbauelemente ein. Seine zweifellos wichtigste Eigenschaft ist die, mit pflanzlichen und mineralischen Gerbstoffen und einigen anderen Stoffen auch in heißem Wasser unlösliche Verbindungen zu bilden. Die elastischen Fasern, die sich hauptsächlich

in der Papillarschicht der Lederhaut und auch in geringen Mengen am
untersten Rande der Lederhaut vorfinden, bestehen aus einer Proteinart,
die dem Kollagen der Bindegewebsfasern in vielen Punkten ähnlich ist,
dem „Elastin". Elastin unterscheidet sich vom Kollagen durch seine
sehr viel schwerere Hydrolysierbarkeit. Seine Widerstandsfähigkeit gegen
Enzymwirkung scheint geringer als die des Kollagens. Hauptbestandteile
der Epidermis und der Haare sind die „Keratine". Charakteristisch für
Keratin ist sein hoher Gehalt an einem schwefelhaltigen Baustein, dem
Cystin, der bei der für den Haarlockerungsprozeß so wichtigen chemischen
Unterschiedlichkeit zwischen Kollagen und Keratin eine Rolle spielt.
Die Keratine der Oberhaut werden nämlich durch Alkalien, besonders
Schwefelalkalien, sehr viel leichter angegriffen und zerstört als das Kol-
lagen. Von den weiteren Eiweißbestandteilen der tierischen Haut wären
noch zu erwähnen die sich in Blut und Lymphe, in der Muskelflüssigkeit
und den Nerven vorfindenden „Albumine" und „Globuline", die als
Glykoproteine, Verbindungen von Kohlehydraten und Eiweißstoffen,
bekannten Schleimstoffe oder „Mucine" gewisser Drüsen sowie die das
Pigment der Oberhaut und der Haare aufbauenden „Melanine".

Die tierische Haut bildet nach dem Abziehen vom Tierkörper als
Eiweißstoff einen vorzüglichen Nährboden für die verschiedensten
Mikroorganismen, die schädigend auf die Haut einwirken können, und
muß deshalb möglichst bald nach dem Abziehen bis zur Einarbeitung in
der Gerberei, d. h. häufig für eine mehrmonatige Lagerdauer und unter
Umständen einen weiten Transport konserviert werden. Die Entwick-
lungsmöglichkeit der Mikroorganismen auf der Haut und damit die
Gefahr fermentativer Zerstörung durch Fäulnis kann durch Trocknen
oder Salzen der Haut unterbunden werden. Beiden Konservierungs-
verfahren ist die entwässernde Wirkung auf die Haut gemeinsam,
durch die den Mikroorganismen die zur Entwicklung unbedingt notwendige Feuchtigkeit entzogen wird. Kochsalz besitzt außer dieser ent-
wässernden Wirkung auf Hautsubstanz auch noch eine gewisse bakterien-
wachstumshemmende Wirkung, ohne indessen die Bakterien vollkommen
abtöten zu können. Während das Trocknen der tierischen Haut als
Konservierungsmethode hauptsächlich in den Ländern Verwendung
findet, in denen eine höhere Außentemperatur ein verhältnismäßig
rasches Trocknen ohne künstliche Wärmequelle ermöglicht, findet die
Häutekonservierung mit Salz in wärmeren Ländern sowohl wie auch in
der gemäßigten Zone Anwendung und stellt in Europa die nahezu aus-
schließliche Konservierungsmethode dar. Die Konservierung mit Kochsalz
kann durch wiederholtes Einstreuen der Haut mit genügenden Mengen
Kochsalz und Ablaufenlassen der sich bildenden Salzlösung vorgenommen
werden, oder aber durch Behandeln der Häute in einer gesättigten Kochsalzlösung, der Salzlake, und nachheriges Einstreuen mit festem Kochsalz.
Die Konservierung tierischer Haut durch Trocknen wie durch Salzen
erfordert große Sorgfalt, sollen Schäden und große Wertverminderungen
der Rohhaut durch die Konservierung selbst oder während der Dauer
des Konservierungsprozesses vermieden werden.

Die in der Gerberei zur Einarbeitung gelangende Haut kommt vom Häutelager zunächst in die „Wasserwerkstatt", in der das Weichen, Äschern, Enthaaren und Entfleischen der Haut, das Entkälken und Beizen sowie Reinmachen der Hautblöße durchgeführt wird.

Die erste eigentliche Operation der Wasserwerkstatt, das Weichen der Haut, bezweckt neben einer Reinigung der Haut von Blut und anhängendem Schmutz, der Entfernung des Konservierungssalzes und Herauslösung geringer Mengen wasser- bzw. salzlöslicher Eiweißstoffe (Albumine und Globuline), die Haut möglichst wieder in den Quellungszustand zurückzuführen, den sie am Körper des lebenden Tieres aufgewiesen hat, um sie so der Wirkung der Äscherchemikalien und Beizenzyme sowie der Gerbstoffe selbst zugänglich zu machen. Das Weichen erfolgt durch Einhängen oder Einlegen der Häute in mehrmals erneuertes Wasser während ein oder mehrerer Tage, wobei dem Weichwasser unter Umständen bei schwerer erweichbaren, getrockneten Häuten quellungsfördernde Mittel wie Alkalien, Säuren usw. zugesetzt werden können.

Die geweichte und entfleischte Haut wird nunmehr zur Lockerung der Oberhaut und der damit zusammenhängenden Haare von der zur Lederbereitung ausschließlich benötigten Lederhaut einem Haarlockerungsprozeß unterworfen, dem gleichzeitig auch eine Reihe Aufgaben gegenüber der Lederhaut selbst zukommt. Die Lockerung der Oberhaut und des Haares wird durch einen fermentativen oder chemischen Abbau der Eiweißstoffe der Basalschicht der Epidermis erzielt. Die zur Haarlockerung benützten Chemikalien bewirken gleichzeitig die Herbeiführung eines gewissen Prallheitsgrades der Lederhaut, wirken teilweise verseifend und emulgierend auf das vorzüglich in der Papillarschicht der Lederhaut vorhandene natürliche Hautfett und verursachen eine leichte Anpeptisierung der Kollagenfasern der Lederhaut. Zur Erzielung der Haarlockerung und des Hautaufschlusses werden die geweichten Häute einige Tage in Ruhe oder Bewegung mit Äscherbrühen, Lösungen oder Suspensionen von gelöschtem Kalk, Schwefelnatrium, Arsensulfid, meist Mischungen der beiden ersteren, behandelt oder aber mit konzentrierten Lösungen dieser Stoffe auf der Haar- oder Fleischseite eingestrichen, „angeschwödet" und erst nach eingetretener Haarlässigkeit und vorgenommener Enthaarung weiter noch in einer Äscherbrühe geäschert. Das früher zur Haarlockerung weitverbreitete „Schwitzen", bei dem durch einen absichtlich herbeigeführten Fäulnisprozeß eine Zerstörung der Eiweißstoffe der Basalschicht der Oberhaut erzielt wurde, ist wegen der damit verbundenen Gefahr eines Angriffes auch der Lederhaut durch die Mikroorganismen heute fast vollständig verlassen.

Die geschwitzten, geschwödeten oder geäscherten Häute und Felle werden von Hand auf dem Gerberbaum oder auf der Maschine mit Hilfe stumpfer Messerwalzen enthaart, von Oberhaut und Haaren mechanisch befreit, und anschließend ebenfalls von Hand auf dem Baum mit dem Scherdegen oder auf der Maschine mit Hilfe rotierender Walzen mit geschliffenen Messern entfleischt, d. h. von dem der Lederhaut noch anhängenden Unterhautbindegewebe mechanisch befreit.

Der geschwollene und pralle Zustand, in dem die Häute den Äscher verlassen, ist besonders geeignet zur Durchführung des sogenannten „Spaltens" der Haut, bei dem diese zum Zwecke der Verringerung der Dicke in einer besonderen Maschine mit Hilfe eines schnellaufenden, endlosen, dauernd geschliffenen Stahlbandes in einen Narbenspalt und einen oder mehrere Fleischspalte zerlegt werden können.

Die geäscherten, enthaarten und entfleischten Häute müssen vor der Gerbung von den in den alkalischen Äscherbrühen aufgenommenen Stoffen, insbesondere dem Kalk, befreit werden, wozu sie einem besonderen Entkälkungsprozeß, der häufig auch mit dem nachfolgenden Beizprozeß kombiniert wird, unterworfen werden. Die Entkälkung erfolgt durch Behandlung der Hautblöße mit Lösungen meist saurer Stoffe, die das Äscheralkali abzuneutralisieren und den schwerlöslichen Kalk in leichtlösliche Kalkverbindungen überzuführen und zu lösen vermögen. Gleichzeitig tritt ein Verfallen der alkalischen Äscherschwulst ein.

Während für die Herstellung schwerer Unterleder meist eine einfache Entkälkung der Hautblöße genügt, werden für die Herstellung weicherer und geschmeidigerer Ledersorten bestimmte Hautblößen noch einem besonderen Beizprozeß unter Verwendung von lauwarmen Lösungen künstlicher Beizmittel unterzogen. Die Wirksamkeit dieser künstlichen Beizstoffe beruht fast durchweg auf ihrem Gehalt an Enzymen der Bauchspeicheldrüse. Dem Beizprozeß kommen verschiedene Aufgaben zu. Durch die Einwirkung der Beizenzyme sollen die nach dem Äschern und Enthaaren noch in der Haut verbliebenen Oberhaut- und Haarreste weiter abgebaut und leicht entfernbar gemacht werden, durch die Entfernung der außerhalb und innerhalb der Hautfasern vorhandenen Bindegewebszellen, die als eine Art Kittsubstanz die Fibrillen zur Faser zusammenhalten, soll eine weitere Auflockerung des Hautgewebes erzielt werden, noch vorhandenes Naturfett soll verseift bzw. emulgiert werden und schließlich soll ein gewisser leichter Angriff der Kollagenfibrillen selbst zum Erhalt bestimmter Eigenschaften des fertigen Leders erreicht werden.

Sind die gebeizten Blößen durch „Ausstreichen" oder „Glätten" und nachfolgendes Auswaschen vom „Grund" oder „Gneist", einer aus Epidermisresten, Grundhaaren, verseiftem oder emulgiertem Hautfett und teilweise abgebauten Bindegewebszellen bestehenden Masse, befreit und reingemacht, so sind sie gerbfertig.

Während die Operationen der Wasserwerkstatt für alle Gerbungsarten prinzipiell die gleichen sind, sind der eigentliche Gerbprozeß und die Zurichtungsoperationen je nach Gerbart und Art des herzustellenden Leders ganz verschieden. Im Rahmen dieser kurzen einleitenden Ausführungen möge es genügen, die Arbeitsweisen der Gerbung mit pflanzlichen Gerbstoffen und der Chromgerbung, sowie die wichtigsten Zurichteoperationen allgemein kurz zu behandeln.

Pflanzlich gegerbtes Leder kann in langsamer Grubengerbung, in schnellerer Extraktgerbung oder einem kombinierten Gruben-Extraktgerbverfahren hergestellt werden. Bei der reinen Grubengerbung werden

die für schweres Unterleder bestimmten Blößen in einem „Farbengang"
von säurereichen, gerbstoffarmen Brühen geschwellt, bzw. die für leichtere
Ledersorten bestimmten Blößen in schwachen, weniger sauren Brühen
aufgehen lassen und schwach angegerbt, mit dem zerkleinerten Gerbmittel schichtweise und abwechselnd in Gerbgruben eingelegt, „versetzt"
und der „Satz" mit Wasser oder Sauerbrühe übergossen, „abgetränkt",
mehrere Monate stehen lassen. Das Versetzen wird bis zur völligen Durchgerbung wiederholt. Bei der schnelleren Extraktgerbung werden die
Blößen ebenfalls nach einem Farbengang bis zur völligen Durchgerbung
in allmählich immer stärker werdende Gerbbrühen eingehängt oder
mit solchen Brühen im Haspel oder Walkfaß mechanisch bewegt. Als
meist angewandte pflanzliche Gerbmethode darf die kombinierte Gruben-
Extraktgerbung angesehen werden, bei der die Blößen in einem Farbengang schwach angegerbt und dann in Gruben versetzt ausgegerbt werden,
wobei zum Abtränken der Gruben gerbstoffreiche Extraktbrühen verwendet werden, oder nach dem Farbengang im Walkfaß mit konzentrierten
Gerbextraktbrühen behandelt und schließlich in Gruben versetzt
werden.

Nach beendeter Gerbung wird Sohlleder in luftigen Räumen oder
besonderen Trockenräumen getrocknet und zur Zurichtung zum
Erhalt größerer Dichte und Festigkeit mit maschinellen Karrenwalzen
unter starkem Druck „gewalzt" oder mit dem Lederhammer „ge-
hämmert".

Vache- und Brandsohlleder, das mit starken Gerbextraktbrühen
ausgegerbt worden ist, wird häufig nach beendeter Gerbung zur Aufhellung der Lederfarbe „gebleicht", indem es zunächst zur Lösung ungebundenen Gerbstoffs mit einer schwachen Sodalösung und anschließend
mit schwachen Lösungen stark wirkender Säuren, Salzsäure, Schwefelsäure oder Oxalsäure behandelt wird. Vor dem Auftrocknen wird Vacheleder zur Erzielung eines glatten Narbens und einer gleichmäßigen Form
auf der Tafel mit dem Stoßeisen von Hand oder mit besonderen Ausstoß-
und Ausreckmaschinen behandelt und auf der Narbenseite zum Erhalt
eines geschmeidigen Narbens leicht mit Tran, wasserlöslichem Öl oder
Mineralöl „abgeölt" und nach dem Trocknen gewalzt.

Treibriemenleder wird nach der Gerbung zum Erhalt genügender
Geschmeidigkeit ausgewaschen und „gefettet", wobei das Fett oder
Fettgemisch im „Handschmierverfahren" auf das halbfeuchte Leder aufgetragen oder die halbfeuchten Leder im „Walkschmierverfahren" mit
dem flüssigen Fett im angewärmten Walkfaß gewalkt oder schließlich die gut getrockneten Leder durch kurzes Eintauchen in geschmolzenes
Fett „eingebrannt" werden. Nach dem Trocknen muß das nicht einge-
zogene Fett nach nochmaligem Anfeuchten mit dem Stoßeisen „ausgestoßen" werden.

Blank-, Vachettenleder und Oberlederarten werden nach der Gerbung
nach eventuellem Bleichen durch eine warme Nachbehandlung mit
hellfärbender Sumachlösung oder eine Säurebehandlung sorgfältig
ausgestoßen, gefettet und getrocknet und eventuell „gefärbt". Das

Färben pflanzlich gegerbten Leders kann allgemein durch mehrmaliges Auftragen der 30 bis 40° C warmen Farbstofflösung mit der Bürste von Hand, durch Eintauchen des Leders in die Farbstofflösung oder durch Ausfärben des Leders im Haspel oder Walkfaß vorgenommen werden. Das Ausfärben mit der Bürste auf der Narbenseite wird besonders bei großflächigen Blank- und Vachettenledern bevorzugt, während Oberleder mehr im Faß oder Haspel durchgefärbt werden. Zur Egalisierung der Lederfarbe und Erhöhung der Widerstandsfähigkeit der Färbung werden gefärbte Leder in ausgedehntem Maße mit Deckfarben behandelt, die sich aus dem unlöslichen, fein verteilten Farbpigment, einem Bindemittel (Nitrozellulose oder Eiweißstoffe) und dem Lösungsmittel für das Bindemittel (organische Lösungsmittel bzw. Wasser) zusammensetzen. Die Deckfarben werden mit Hilfe von Druckluft in fein zerstäubter Form auf das Leder aufgespritzt.

Von den mechanischen Zurichtoperationen für pflanzlich gegerbtes Leder sind zu erwähnen das „Egalisieren" der Fleischseite bei Blank-, Vachetten- und Oberledern, das durch „Falzen" auf Falzmaschinen mit rasch rotierenden Messerwalzen oder durch „Blanchieren" vorgenommen wird, das Herausarbeiten des Narbens durch „Krispeln" oder „Pantoffeln", wie es bei manchen Vachetten- und Oberledern vorgenommen wird, und das „Glanzstoßen" auf der Maschine mit Hilfe einer glatten Achat- oder Glasrolle unter Druck bei Blankleder und manchen Oberlederarten nach eventuellem vorherigen Auftrag einer besonderen Glanzappretur.

Chromgares Leder wird hauptsächlich in „Einbadgerbung", seltener nach dem „Zweibadgerbverfahren" hergestellt. Zur Vorbehandlung der Blößen für die Einbadchromgerbung erhalten die Blößen meist einen „Pickel", eine Behandlung mit einer Säure-Kochsalzlösung zur Regelung der Chromangerbung. Die Chromgerbung erfolgt bei der Einbadgerbung in durch Sodazugabe basisch gemachten, allmählich in der Konzentration und Basizität ansteigenden Chromisalzlösungen, seltener durch Einhängen der Blößen in die Lösungen, meist durch Walken im rotierenden Walkfaß unter allmählicher Zugabe der gerbenden Chromsalzlösung durch die hohle Achse. Bei der Zweibadchromgerbung werden die Blößen zunächst in einem ersten Bad mit einer angesäuerten Lösung von Kaliumbichromat und anschließend in einem zweiten, die Reduktion des Bichromats zum gerbenden Chromisalz bewirkenden Reduktionsbad von Natriumthiosulfat, Natriumbisulfit usw. behandelt. Nach beendeter Gerbung wird das Chromleder je nach Lederart zugerichtet. Nach einigem Liegen des gegerbten Leders auf dem Bock zur Befestigung der Gerbung wird das Chromleder sorgfältig „ausgewaschen" und anschließend durch Behandlung mit Borax-, Natriumkarbonat-, Natriumphosphatlösungen „neutralisiert" und die gebildeten Neutralsalze durch mehrmaliges Auswaschen im Faß entfernt. Anschließend werden die Chromleder zur Egalisierung der Fleischseite maschinell mit Hilfe rasch rotierender Messerwalzen „gefalzt". Es folgt das „Färben" des Chromleders im rotierenden Walkfaß und anschließend das „Fetten", das bei schwerem

Chromsohl-, Chromriemen- und Chromgeschirrleder in gleicher Weise wie bei pflanzlich gegerbtem Leder, bei Chromoberleder indessen durch Walken des Leders im Walkfaß mit einer 40 bis 50⁰ C warmen, wäßrigen Fettemulsion, dem „Fettlicker", vorgenommen wird. Vor und nach dem Fetten werden die Chromleder auf der Maschine „ausgereckt". Das Trocknen erfolgt im ausgespannten Zustand. Nach mehrtägigem Lagern feuchtet man das getrocknete Chromleder durch Einlegen in feuchte Sägespäne wieder schwach an und erteilt ihnen durch „Stollen" auf der Stollmaschine die notwendige Weichheit. Nach nochmaligem Trocknen folgen als abschließende Zurichteoperationen das „Glanzstoßen" nach eventuell vorangehendem Auftrag einer Glanzappretur oder von Deckfarben, das „Krispeln", „Pantoffeln" und „Bügeln".

Daß auch bei diesen zahlreichen Einzeloperationen, denen die tierische Haut bei ihrer Überführung in Leder unterzogen werden muß, zahlreiche Fehlermöglichkeiten gegeben sind, durch die die Beschaffenheit des fertigen Leders beeinflußt wird, werden die folgenden Ausführungen, in denen allgemein die verschiedenen Lederfehler abgehandelt werden sollen, zeigen.

Für eine schematische Einteilung des umfangreichen Gebietes der Lederfehler bestehen verschiedene Möglichkeiten; am zweckmäßigsten scheint es, diese zunächst in drei große Gruppen einzuteilen: Fehler, die bedingt sind durch die Beschaffenheit der verarbeiteten Rohhaut („Rohhautfehler"), Fehler, hervorgerufen durch unsachgemäße Durchführung des Lederherstellungsprozesses („Fabrikationsfehler"), und Fehler, die während der Lagerung und Benützung des Leders entstanden sind („Lager- und Benützungsfehler").

Die erste Hauptgruppe der Rohhautfehler kann untergeteilt werden in Hautfehler, die am Körper des lebenden Tieres entstanden sind („Lebendschäden"), Fehler, die durch den Abzug der Haut vom Tierkörper verursacht wurden („Abzugsschäden"), und Fehler, die mit dem Konservierungsprozeß der rohen tierischen Haut bis zur Einarbeitung in der Gerberei in Zusammenhang stehen („Konservierungsschäden").

Unter die Lebendschäden der tierischen Haut wären zu rechnen einmal die mechanischen Verletzungen der Haut am Tierkörper, wie Brandzeichen, Dornhecken- und Stacheldrahtrisse, Striegelrisse, Mistgabel- und Treibstachelstiche, Verletzungen durch Pflanzenfrüchte, weiter krankhafte Veränderungen der tierischen Haut, wie Warzen, Geschwüre und Hautkrankheiten allgemein, Dermatomykosen, speziell Trichophytie und Mikrosporie, das „cockle" der Schafe, weiter die Schädigungen der Haut durch tierische Parasiten, wie Dasselschäden, Milben- und Zeckenschäden, Haarlingsschäden, Läuseschäden und schließlich die Mist- und Urinschäden.

Als Abzugsschäden der Rohhaut sind die Fleischerschnitte, Ausheber und Ausstoßschäden anzusprechen.

Die Konservierungsschäden der rohen Haut umfassen die Untergruppe der durch Chemikalien verursachten Fehler, wie Alaunflecken, Gipsflecken, Eisenflecken, Farbzeichenflecken, weiter die Untergruppe der durch Mikroorganismen verursachten Konservierungsfehler, wie Fäulniserscheinungen, Salzflecken, rote und blaue Verfärbung der Rohhaut, blauviolette Flecken, starke Adrigkeit, und schließlich die Untergruppe der Schäden durch Hitze und Frost und durch Insekten und Käfer.

Die zweite Hauptgruppe der Fabrikationsfehler ist unterzuteilen in Fehler der vorbereitenden Arbeiten der Wasserwerkstatt („Wasserwerkstattsfehler"), in ausgesprochene „Gerbungsfehler" und Fehler der Zurichteoperationen („Zurichtefehler").

Unter den Wasserwerkstattsfehlern ist wiederum zu unterscheiden zwischen Weichfehlern, Äscherfehlern, Beizfehlern und Spaltfehlern, durch die gewisse Fäulnisschäden, Beizstippen, Kalkflecken, weiter ungenügende Reißfestigkeit oder zu große Dehnbarkeit des Leders, zu große Wasserdurchlässigkeit, Brüchigkeit, Losnarbigkeit des Leders u. a. m. verursacht sein können.

Bei den Gerbungsfehlern wird am besten nach Art des Gerbungsprozesses in Fehler bei der pflanzlichen Gerbung, der Chromgerbung, der Alaungerbung usw. unterschieden. Es gehören in diese Untergruppe Lederfehler, wie Fehler durch ungenügende Durchgerbung, zu hohem Mineralstoffgehalt, Zuckergehalt und Auswaschverlust des Leders, unbefriedigende Lederfarbe, Schleimflecken, Chromflecken, Scheuerflecken, ungenügende Kochbeständigkeit des Chromleders, Krätzigwerden von Alaun- und Glacéleder usw.

Zu den Zurichtefehlern wären zu rechnen die Falzfehler, die durch Fettungsfehler verursachten Fehler, wie Ausharzen des Leders, gewisse Fettausschläge, die Färbefehler, wie Abfärben des Leders, ungenügende Haftfestigkeit der Deckfarbe, ungenügende Lichtechtheit der Lederfarbe, die durch unsachgemäßes Bleichen verursachten Fehler, durch unsachgemäßes Trocknen verursachte Verbrennungsschäden usw.

Die dritte Hauptgruppe der Lager- und Benützungsfehler würde umfassen sämtliche Lagerschäden, wie Ausschlagsbildungen, Schäden durch Selbsterhitzen des Leders, Schimmelflecken, Stockflecken, Käferbeschädigungen des Leders usw., sowie die durch die verschiedensten Umstände bewirkten Benützungsfehler, wie Hart- und Brüchigwerden des Leders, Abgehen der Farbe infolge unsachgemäßer Behandlung, gewisse Verbrennungsschäden usw.

Eine scharfe Abgrenzung der einzelnen Lederfehler gegeneinander ist bei einer schematischen Einteilung der Lederfehler in vielen Fällen nicht möglich, da die gleiche Wirkung am fertigen Leder häufig durch verschiedene Ursachen bedingt sein kann.

Um unnötige Wiederholungen möglichst zu vermeiden, erschien es demgemäß auch zweckmäßiger, der nachfolgenden Behandlung der Haut- und Lederfehler nicht die angeführte schematische Einteilung zugrunde zu legen, sondern diese vielmehr alphabetisch nach Stichworten geordnet abzuhandeln, wobei die Stichworte zweckmäßigerweise teils nach Ursache, teils nach Wirkung des Haut- oder Lederfehlers gewählt werden mußten.

Abfärben des Leders.

Wenn auch stets zu berücksichtigen ist, daß eine Färbung des Leders mit Anilinfarbstoffen eine absolut reibechte Färbung nicht zu liefern vermag, insbesondere nicht, wenn die Farblösung nur mit der Bürste aufgetragen wurde, so stellt ein stärkeres Abfärben oder Abschmutzen des Leders doch einen ausgesprochenen Lederfehler dar, dessen Ursache fast durchweg in einer unsachgemäßen Arbeitsweise beim Färben zu suchen ist. Ein stärkeres Abfärben des Leders kann eintreten, wenn zur Färbung prinzipiell ungeeignete Farbstoffe verwendet werden, z. B. zur Färbung von Chromleder basische Farbstoffe ohne oder ohne genügende Vorbehandlung mit pflanzlichem Gerbstoff oder Farbholzauszügen oder Vorfärbung mit sauren oder substantiven Farbstoffen, oder bei Verwendung ausschließlich substantiver Farbstoffe zur Färbung von pflanzlich gegerbtem Leder. Unter Umständen kann die Anwendung zu konzentrierter Farblösungen bei Bürstfärbungen zu einem Abfärben des Leders Veranlassung geben, weshalb zur Erreichung eines bestimmten Farbtons ein mehrmaliger Auftrag verdünnterer Farblösungen dem einmaligen Auftrag stärkerer Farblösung vorzuziehen ist. Wird nach dem Färben im Haspel oder Faß ein Überschuß an Farbstoff im Leder vor dem Trocknen dieses nicht sorgfältig ausgewaschen, so kann der miteintrocknende, ungebundene Farbstoff zu einem Abfärben des Leders Veranlassung geben. Schließlich können die Verwendung ungenügend klarer, trüber Farbbrühen sowie Verunreinigungen der Farbstoffe zu einem Abfärben des Leders Veranlassung geben.

Beim Schwärzen pflanzlich gegerbten Leders nach dem alten, unzweckmäßigen Verfahren mit Blauholzextrakt und Eisenschwärze tritt leicht ein Abfärben der Lederschwärze ein, wenn dem Blauholzgrund zuviel Alkali zum besseren Aufziehen zugesetzt wird, wobei die nachträglich aufgetragene Eisenschwärze mit dem Alkali einen nicht fest auf dem Leder haftenden und darum abfärbenden Niederschlag bildet, oder aber, wenn infolge zu starken Austrocknens des zuerst aufgetragenen Blauholzgrundes eine genügende Verbindung zwischen Blauholzgrund und Eisenschwärze nicht eintreten kann.

Die Reibechtheit sämtlicher Färbungen auf Leder kann durch nachträglichen, wenn auch nur schwachen Auftrag von Appreturen irgendwelcher Art, Kollodium- oder Eiweißappreturen, auch Schellakappreturen verbessert und praktisch jedem Erfordernis angepaßt werden.

Ein Abfärben pflanzlich gegerbten Leders, z. B. zu Leibriemen, Tragriemen usw. verarbeiteten Blankleders, unabhängig von einer vorgenommenen oder nicht vorgenommenen Färbung auf damit in Berührung befindliche Stoffteile, kann beim Feuchtwerden des Leders während des Gebrauchs eintreten, wenn solches Leder ungenügend ausgewaschen wurde und größere Anteile auswaschbarer Gerbstoffe enthält. In gleicher Weise ist auch ein Anfärben der Strümpfe in neuen Schuhen auf ein Herauslösen ungebundener, auswaschbarer Gerbstoffe aus den Brandsohlen unter dem Einfluß der feuchten Ausdünstungen des Fußes zurückzuführen.

Adern, starkes Hervortreten der ... am Leder.

Das mehr oder weniger starke Hervortreten der Blutadern und Blutgefäße am fertigen Leder, durch das die Qualität dieses erheblich beeinträchtigt werden kann, ist ein Lederfehler, der ausschließlich in der Beschaffenheit der verarbeiteten Rohhaut seine Ursache hat. Man hat zwei verschiedene Arten von starker Adrigkeit des Leders zu unterscheiden (A. Küntzel[1]), für die auch verschiedene Ursachen anzunehmen sind.

Eine erste Art Adrigkeit am fertigen Leder wird durch ziemlich breite, in das Leder auf der Fleischseite eingebuchtete Rillen von starken Blutadern, die am unteren Rande des Lederhautgewebes verlaufen, gekennzeichnet (Abb. 4). Sie ist besonders bei Ledern aus schwereren Häuten verbreitet. Da beim Walzen oder Glanzstoßen eines so mit Adergängen auf der Fleischseite behafteten Leders die adrigen Stellen nur einem geringeren Druck ausgesetzt werden als das übrige Ledergefüge, ist der Aderverlauf am fertigen Leder meist auch deutlich auf der Narbenseite sichtbar. Er hebt sich bei pflanzlich gegerbtem Unterleder auf dem Narben meist durch eine etwas unterschiedliche Farbtönung, bei leichteren Oberledern durch vertiefte Rillen, die sich durch ihre Glanzlosigkeit von dem gesunden Ledergewebe unterscheiden, ab.

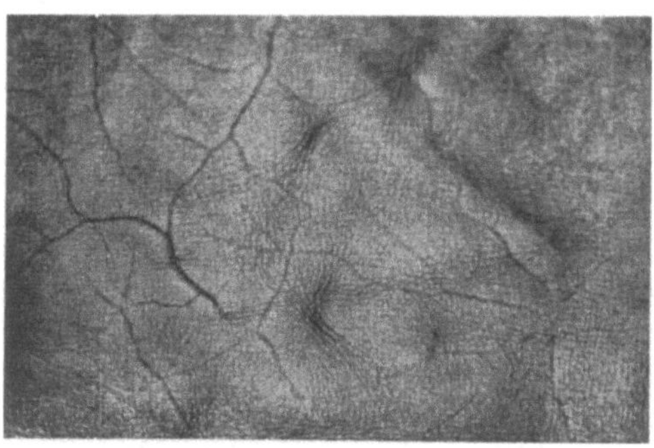

Abb. 4. Vertiefte breite Blutadern-Rinnen auf schwarzem Kalbleder. $^1/_3$ natürl. Größe (A. Küntzel).

Für dieses starke In-Erscheinung-Treten der Blutadern am fertigen Leder werden verschiedenartige Ursachen verantwortlich gemacht und ein Einfluß der Rasse des Tieres, von der die Haut stammt, seiner Fütterungsweise und der Einwirkung übermäßigen Sonnenlichts angenommen.

G. D. McLaughlin und E. Rockwell[2] führen in bestimmten Fällen dieses Hervortreten der Blutadern auf einen Angriff der Blutadern und des sie umgebenden Lederhautgewebes durch Mikroorganismen zurück und nehmen demgemäß an, daß durch ungenügendes Ausbluten der Häute und durch die Verwendung unsauberer Salzlaken bei der Konservierung, durch die das in den Adern verbliebene Blut mit Bakterien infiziert wird,

[1] A. Küntzel: Das Hervortreten der Blutgefäße auf der Narbe. Coll. 1929, 153.
[2] G. D. McLaughlin und E. Rockwell: Unveröffentlichte, dem Verf. freundlichst zugänglich gemachte Abhandlung, 1923.

der Schaden begünstigt wird. Mit dieser Erklärung deckt sich die Tatsache, daß stark adrige Häute vor allem in den Sommermonaten vorkommen, in denen eine Bakterientätigkeit durch die höhere Temperatur begünstigt wird, und daß bei der histologischen Untersuchung zahlreicher adriger Leder längs der Blutadern angegriffenes Gewebe festgestellt werden konnte. J. A. Wilson und G. Daub[1] machten an Schnitten durch stark adrige Leder die gleiche Beobachtung (Abb. 5).

D. Jordan Lloyd,[2] die einen Angriff des Hautgewebes rings um die Blutadern nicht feststellen konnte, fand die Gefäßwände selbst angegriffen und zerstört und macht hierfür eine Autolyse oder möglicherweise auch eine Tätigkeit von Bakterien, die unmittelbar nach dem Tode des Tieres einsetze und rasch fortschreite, wenn die Häute nicht bald abgekühlt, antwortlich.

Eine zweite Art von starkem Hervortreten der Blutadern und Blutgefäße findet sich des öfteren auf leichteren Oberledern (Abb. 6). Bei dieser Schadensart heben sich die Blutgefäße nicht als Vertiefungen, sondern als Erhebungen von der Narbenseite ab, wobei eine in regelmäßigen Abständen auftretende Verdickung der Erhebungen zu Knötchen charakteristisch ist. Bei Untersuchung solcher erhöhter Blutadern mit den typischen Knötchen stellten

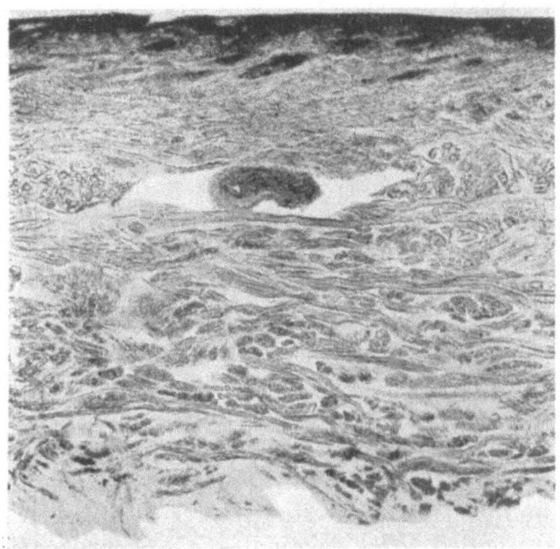

Abb. 5. Senkrechter Schnitt durch Kalbleder mit einer losen Vene, zirka 40fache Vergrößerung (J. A. Wilson und G. Daub).

gereinigt und eingesalzen würden, ver-

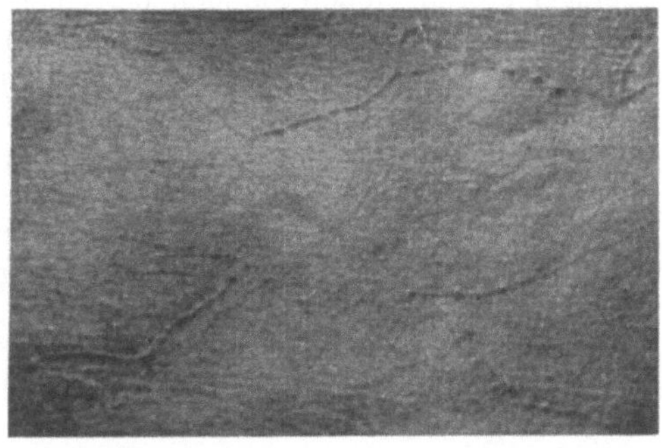

Abb. 6. Starkes Hervortreten der Blutadern auf der Narbenseite eines schwarzen Rindleders, $^1/_3$ natürl. Größe (A. Küntzel).

[1] J. A. Wilson und G. Daub: Imperfections in leather caused by microorganisms. Ind. Eng. Chem. 17, 700 (1925).
[2] D. Jordan Lloyd: British Leather Manufactures Research Ass. 7. Annual report 1927.

C. Orthmann und M. Higby[1] fest, daß die mitten in der
Lederhaut etwas unterhalb der Haarwurzeln und in der Papillarschicht verlaufenden Adern vollkommen verhärtet und im Innern
mit verhärtetem, koaguliertem Blut angefüllt waren. Durch praktische Versuche konnten sie nachweisen, daß Koagulation des Blutes
innerhalb der Adern wohl infolge ungenügenden Ausblutens der Häute
vor dem Einsalzen als Ursache dieser Schadensart anzusprechen ist.

Äscherfehler.

Der Äscherprozeß übt neben der auf einer Hydrolyse der Proteine
der Schleimschicht der Epidermis und einer Erweichung der Haarbalg-
keratine beruhenden Lockerung der Oberhaut und der Haare der Häute
und Felle noch andere Wirkungen aus, die die eigentliche Lederhaut be-
treffen und sich in verschieden starker Schwellung, in der Herbeiführung
eines bestimmten Prallheits- bzw. Weichheitsgrades der Haut, in der
Entfernung der Bindegewebszellen (Fibroblasten) und Zellkerne, in der
teilweisen Verseifung und Emulgierung des natürlichen Hautfetts und in
einer geringen Anpeptisierung der kollagenen Faser äußern. Die am
fertigen Leder sich bemerkbar machenden Äscherfehler hängen meist
weniger mit dem Haarlockerungsprozeß als mit diesem gleichzeitig auftretenden Wirkungen des Äscherprozesses auf die Lederhaut zusammen.

Auf eine ungenügende Haarlockerung beim Äschern ist das stellenweise Stehenbleiben der Grundhaare bei der nachfolgenden Enthaarung
zurückzuführen. Die ungenügende Haarlockerung beim Äschern kann
unter Umständen mit der Vorgeschichte der Haut, z. B. der Verwendung
alaundenaturierten Konservierungssalzes (siehe Alaunflecken!), zusammenhängen. Während solche Grundhaare bei Unterleder meist
weniger stören, heben sie sich bei Oberleder mehr oder weniger deutlich
auf der Narbenoberfläche ab, verursachen eine rauhe Oberfläche und
geben zu Unebenheiten aufgetragener Appretur- und Lackschichten Veranlassung. Ungenügende Haarlässigkeit der geäscherten Häute verführt
häufig zur Anwendung von Gewalt bei der mechanischen Enthaarung,
wodurch häufig eine Verletzung oder Aufrauhung der empfindlichen
Narbenschicht, ein „Wundstreichen" des Narbens verursacht wird.

Auch eine ungenügende Entfernung der hauptsächlich in Oberhaut
und Haaren sich vorfindenden Pigmente, die je nach der Farbe der Tiere
am Leder braune, rote und schwarze Flecken verursachen können, ist
bei sachgemäßem Beizen und Ausstreichen der Felle auf eine ungenügende
Lockerung der Oberhaut und der Haare im Äscher und die Unmöglich-
keit ihrer Entfernung durch Beizen und mechanischer Bearbeitung der
Felle zurückzuführen.

Die Wirkung des Äschers auf die Lederhaut muß ganz dem verarbeiteten Rohmaterial und den übrigen Prozessen der Wasserwerkstatt
angepaßt sein und sich nach der herzustellenden Lederart richten. Eine

---

[1] A. C. Orthmann und W. M. Higby: The cause of vein like pro-
tuberances on finished leather. J. A. L. C. A. 1929, 654.

ungenügende Äscherwirkung auf die Lederhaut bedingt ebenso Mängel des fertigen Leders wie ein Überäschern der Haut.

Ungenügendes Äschern der Haut, wie es bei zu kurzer Äscherdauer, Anwendung ungenügender Mengen Äscherchemikalien, bei Verwendung ausschließlich frischer Kalkäscher, bei Äschern bei zu tiefer Temperatur usw. eintreten kann, macht sich am fertigen Leder in einem Mangel an Weichheit und Zügigkeit, einer harten, häufig spröden Beschaffenheit des Narbens und einer blechigen, spißigen Beschaffenheit des Leders bemerkbar. Durch die ungenügende Auflockerung der Hautsubstanz, ungenügende, mäßige Aufspaltung der die Lederhaut aufbauenden Kollagenfaserbündel in Einzelfibrillen, die ungenügende Verseifung des natürlichen Hautfetts und die ungenügende Anpeptisierung der Kollagenfasern ist häufig die Aufnahmefähigkeit der Blöße für den Gerbstoff bei ungenügender Äscherung herabgesetzt. Ungenügendes Äschern kann auch eintreten, wenn getrocknete Häute in ungenügend erweichtem Zustand in den Äscher kommen. Ungenügendes Äschern kann unter Umständen, wenn die Lederhaut im Verhältnis zur Narbenschicht zu wenig aufgeschlossen wird, Ursache einer gewissen Losnarbigkeit des Leders werden.

Häufiger als die Fehler durch ungenügendes Äschern sind die Fehler, die durch ein Überäschern der Haut verursacht werden. Ein Überäschern der Haut äußert sich am fertigen Leder in einer losen und lockeren Faserstruktur, die bis zum Schwammigwerden des Leders führen kann und sich vor allem in den abfälligeren Teilen der Haut, Flanken und Halspartieen zuerst bemerkbar macht, einer übermäßigen Zügigkeit bei mehr oder weniger stark herabgesetzter Reißfestigkeit, einer Losnarbigkeit des Leders bei „rinnendem" Narben, wobei häufig der Narben eine mürbe, brüchige Beschaffenheit aufweist, dem Mangeln des vollen Griffs des Leders und in einer mehr oder weniger verringerten Wasserdichtigkeit (vgl. diese Stichworte!). Sämtliche diese Äscherfehler werden durch einen zu starken Angriff der Kollagenfasern der Haut im Äscher und einen damit verbundenen Hautsubstanzverlust verursacht.

Lockere und schwammige Lederstruktur können auch durch eine übermäßige Schwellung der Haut im Äscher oder noch mehr durch ein stärkeres Walken der Haut im geschwellten Zustand (Faßäscher) verursacht werden.

Allgemein gültige Äschermethoden, die eine Verhinderung der angeführten Äscherfehler ermöglichen, lassen sich nicht angeben, die Äschermethode muß sich nach Rohmaterial und herzustellender Lederart richten. Grundsätzlich kann festgestellt werden, daß Sulfidäscher die Haare stärker angreifen und die Haut mehr schonen als reine Kalkäscher. Frische Kalkäscher bewirken einen geringeren Hautsubstanzabbau als alte, stark bakterienreiche Äscher. Die schwellende und prallmachende Wirkung von Sulfidäschern ist größer als die von Kalkäschern, die frischer Kalkäscher größer als die mehrmals benützter, alter Kalkäscher, die mehr oder weniger große Mengen Hautsubstanzabbauprodukte enthalten. Der Hautsubstanzverlust nimmt mit zunehmender Äscherdauer zu, so daß die Gefahr eines Überäscherns der Haut bei längerer Behandlung der Häute in alten Äscherbrühen am größten ist. Die Äschertemperatur beeinflußt insbesondere die schwellende und prallmachende Wirkung des Äschers; diese ist um so größer, je niedriger die Äschertemperatur gehalten wird. Erhöhung der Äschertemperatur erhöht den Hautsubstanzabbau und führt insbesondere bei Temperaturen über 30⁰ C zu einem starken Hautsubstanzverlust und Überäschern der Häute. Man strebt im allgemeinen im Äscher um so weniger Prallheit bzw. um so mehr Weichheit der geäscherten Blöße an, je weiter man in der Reihenfolge: schwere und leichte Sohlleder, Riemen- und Blankleder, schwere und leichte Oberleder, Feinleder, Sämischleder, vom Sohlleder zum Feinleder fortschreitet (E. Stiasny).[1]

Zu langes Äschern oder Äschern bei zu hoher Temperatur in alten, stark bakterienhaltigen Äschern kann zu Schäden der Haut verschiedenen Umfangs führen, die auf einen gleichzeitigen Hautsubstanzangriff der Äscherchemikalien und der im Äscher enthaltenen Mikroorganismen zurückzuführen sind und sich in ähnlicher Weise wie Fäulnisschäden (siehe diese!) äußern.

Bis zu einem gewissen Grade können auch die durch Ablagerung von unlöslichem Kalziumkarbonat in der Narbenschicht der Blöße während oder nach dem Äscherprozeß entstehenden Kalkflecken (siehe diese!) oder Äscherschatten als Äscherfehler angesprochen werden. Ebenso stellen Scheuerflecken (siehe diese!) auf dem Narben von Leder, die bei Anwendung des Faßäschers bei zu großer Schwellung und Prallheit der Häute und starker Bewegung der Häute durch Reiben am Faß entstehen können, einen Äscherfehler dar.

Alaunflecken.

Alaunflecken auf Haut oder Leder stellen einen ausgesprochenen Konservierungsschaden der Rohhaut dar. Früher gehörte Alaun zu den verbreitetsten Denaturierungsmitteln für Konservierungssalz. Die Ungeeignetheit des Alauns für diesen Zweck ist in seinen gerbenden Eigenschaften begründet. Ist der Alaun dem Konservierungssalz in feingepulverter Form zugesetzt und mit diesem gut durchmischt, so tritt über die ganze Haut eine mehr oder weniger starke Alaungerbung ein, die unter Umständen ein schlechtes Weichen und ungenügende Äscherung der so konservierten Haut zur Folge hat. Das Leder aus solchen Blößen kann in der Gerbung nicht genügend aufgehen und wird unter Umständen schwammig. Noch sehr viel schlimmere Schäden entstehen, wenn der Alaun dem Konservierungssalz lediglich in Form kleinerer oder größerer Brocken beigemengt ist (J. Paeßler[2]; W. Eitner[3]). Die auf der Haut

---

[1] E. Stiasny: Gerbereichemie (Chromgerbung) 1931.

[2] J. Paeßler: Interessante Vorkommnisse aus der gerberischen Praxis. Coll. 1909, 348.

[3] W. Eitner: Aus dem Gebiet des Rohhauthandels. Der Gerber 1905, 109. Denaturiertes Salz. Der Gerber 1909, 283. weiter siehe Der Gerber 1877, 110; 1885, 220.

aufliegenden Alaunkristalle gerben diese an den betreffenden Stellen mehr oder weniger stark an, der Alaun wäscht sich beim Weichen der Häute nicht vollständig aus, so daß weißgare Stellen zurückbleiben, an denen sich im Äscher Tonerdehydrat bildet, durch das die Haare so festgehalten werden, daß sie beim Enthaaren nicht oder nur unter Verletzung des Narbens mit Gewalt entfernt werden können. Während solche Alaunflecken an der Rohhaut meist nicht sehr scharf hervortreten und leicht übersehen werden können, sind sie durch die Tonerde- und Gipsablagerung an der Blöße um so deutlicher. Die Blößen werden an den be

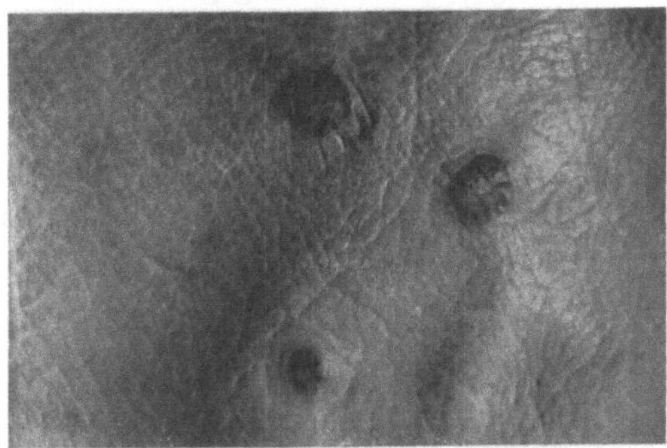

Abb. 7. Alaunflecken auf dem Narben eines Fahlleders. Natürliche Größe.

treffenden Stellen nicht kalkrein und am fertigen Leder finden sich Fleckenstellen, an deren Rändern der Narben unter Umständen losgelöst und insgesamt spröde und brüchig ist (Abb. 7).

Ausharzen von Leder.

Bei der Lagerung chrom- oder pflanzlich gegerbter Leder, die unter Verwendung oder Mitverwendung hochoxydabler Fette, insbesondere Tran, gefettet wurden, kommt es nicht selten vor, daß harzige, klebrige, flacher oder rundlicher geformte, tropfenförmige Ausscheidungen auf der Narbenseite, manchmal auch Fleischseite oder beiden Seiten des Leders auftreten, daß das Leder „ausharzt" (Abb. 8).

Nach W. Eitner[1] und W. Fahrion[2] wird das Ausharzen von Fetten durch Oxydations- und Polymerisationserscheinungen der im Leder fein verteilten oxydabeln Fettstoffe verursacht, bei denen durch Erwärmung und Volumvergrößerung die Oxydations- und Polymerisationsprodukte aus den größeren Poren der Haut an die Oberfläche gedrückt werden, eine Ansicht, die durch die Analyse solcher Ausharzungsprodukte durch F. Jean[3] eine gewisse Bestätigung findet. Erfahrungsgemäß tritt das Ausharzen von Leder besonders in der wärmeren Jahreszeit, wenn das Leder direkter Sonnenbestrahlung, z. B. in Schaufenstern, ausgesetzt wird, bei Lagerung des Leders in geheizten Räumen und weiter auch bei Ledern auf, die infolge Einlagerung in feuchtem Zustand oder Lagerung in zu feuchten Räumen und Aufstapelung in hohen Stößen eine Selbst-

---

[1] W. Eitner: Beitrag zur Kenntnis der Umstände, welche das Ausharzen des Trans veranlassen. Gerber 1887, 149.

[2] W. Fahrion: Über ein Neutralfettverbot in der Lederindustrie. Chem. Revue über die Fett- und Harzindustrie 1915, 79.

[3] F. Jean: Note sur des repousses poisseuses sur cuirs. Coll. 1906, 363.

erhitzung erleiden, ein. Auch die bei der Herstellung von Schuhwaren verwendeten Klebstoffe sollen nach Angabe von W. Eitner[1] bei Übergehen in Gärung infolge der damit verbundenen Wärmeentwicklung zu Ausharzungen Veranlassung geben, ebenso wie durch Metallösen, Eisen- oder Messingösen und -haken an Schuhwerk, Schnallen an Gürteln, Metallstifte usw. das Ausharzen in deren Umgebung begünstigt wird, da das Fett Metallspuren in Form fettsaurer Metallverbindungen in das Leder überführen kann. Das leichte Ausharzen, speziell pflanzlich gegerbter schwarzer Leder, ist nach W. Eitner[2] auf das Ausreiben der Leder vor Auftragen des Blauholzgrundes mit zu starken Alkalilösungen, auf die Verwendung zu stark alkalischen Blauholzgrundes und auf die

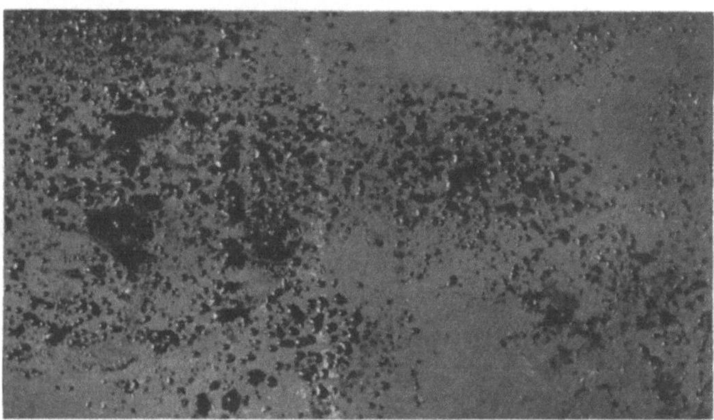

Abb. 8. Tranausharzungen auf schwarzem Fahlleder. $^2/_3$ natürl. Größe.

Wirkung der benützten Eisenschwärzen zurückzuführen. Dabei sollen die abgeschiedenen Eisenverbindungen katalytisch wirken.

Nach Untersuchungen von F. Stather und R. Lauffmann[3] erleiden Trane unter Bedingungen, wie sie beim Ausharzen von Leder vorliegen, verschiedenartige Veränderungen, bei denen eine Oxydation und Polymerisation die Hauptrolle spielen und die sich in einer Abnahme der Jodzahl, einer Erhöhung des spezifischen Gewichtes, einer Erhöhung des Gehalts an Oxyfettsäuren und an freien Fettsäuren sowie einer Änderung der Löslichkeitsverhältnisse bemerkbar macht. Durch die Gegenwart fettsaurer Metallverbindungen werden diese Veränderungen ebenso katalytisch begünstigt wie durch eine ultraviolette Bestrahlung der Trane.

In einer weiteren Arbeit stellen F. Stather, H. Sluyter und

---

[1] W. Eitner: Zum Tranausharzen aus konfektioniertem Leder. Gerber 1906, 19.

[2] W. Eitner: Das Ausschlagen schwarzer Leder. Gerber 1878, 97.

[3] F. Stather und R. Lauffmann: Über die Veränderung von Tranen im Hinblick auf das Ausharzen von Leder. Coll. 1932, 74.

R. Lauffmann[1] durch praktische Fettungs- und Lagerungsversuche von
mit verschiedenen Tranen gefettetem, pflanzlich gegerbtem Leder fest,
daß die Lagerungsverhältnisse des gefetteten Leders insofern von Einfluß
auf das Ausharzen von Tranen sind, als vollständige Abwesenheit von
Feuchtigkeit während des Lagerns und Lagern bei stark erhöhter Temperatur (unter gewissen Voraussetzungen) das Auftreten von Ausharzungen verhindern, daß durch Licht und zeitweise Sonnenbestrahlung das
Ausharzen beschleunigt wird, aber auch ohne Lichteinwirkung Ausharzungen auftreten können. Über den Einfluß der Eigenschaften des
Fettungstrans, auf seine Neigung auszuharzen, ließ sich ein eindeutiges
Bild nicht gewinnen, indessen konnte einwandfrei festgestellt werden, daß
eine Beurteilung von Tranen hinsichtlich Gefahr des Ausharzens ausschließlich nach der Höhe der Jodzahl, wie sie zuvor allgemein üblich war,
zu irrtümlichen Schlüssen führt und darum nicht angängig ist. Es können
Trane mit verhältnismäßig hohen Jodzahlen das damit gefettete Leder
vollkommen ausharzungsfrei lassen, während solche mit beträchtlich
niedrigeren Jodzahlen beträchtliche Ausharzungen verursachen können.
Trane mit einem größeren Gehalt an freien Fettsäuren scheinen weniger
zum Ausharzen zu neigen als solche, die hauptsächlich ungesättigte
Glyzeride enthalten. Das Auftreten von Ausharzungen wird durch zu-
nehmende Fettung des Leders befördert, aber bereits auch geringe Tran-
mengen können ausharzen. Die Beschaffenheit des Leders ist auf das
Ausharzen insofern von Einfluß, als mit zunehmendem Gehalt des Leders
an auswaschbaren Stoffen und an eingelagerten Mineralstoffen das Auftreten bzw. die Stärke der Ausharzungen befördert wird und mit zunehmendem p_H-Wert des Leders die Ausharzungen stärker auftreten.

Bei längerem Lagern ausgeharzter Leder an der Luft trocknen die
ursprünglich stark klebrigen, oft halbflüssigen Ausharzungsprodukte, die
ein Zusammenkleben übereinandergelegter Leder bewirken, zu einer glasartig festen Masse ein.

Zur Verhinderung von Ausharzungen ist es empfehlenswert, zum Fetten
des Leders keinesfalls sehr hochoxydable Fette zu verwenden. So können
hochoxydable Trane zweckmäßig durch bereits oxydierte Trane, wie sie
in Dégras und Moellon zur Verfügung stehen, ersetzt werden oder die
Ausharzungsgefahr kann durch mehrstündiges Erhitzen der Trane auf
etwa 140 bis 160⁰ C, eventuell unter Einleiten von Luft, wenn auch nicht
immer aufgehoben, so doch vermindert werden. Beim Schwärzen von
pflanzlich gegerbtem Leder mit Blauholzextrakt muß vermieden werden,
daß stärkeres Alkali durch das Ausreiben oder einen Zusatz zum Farb-
holzextrakt in das Leder gelangt. Ein Überschuß sollte möglichst wieder
entfernt werden. Bei der Lagerung von Leder muß zur Verhinderung
von Ausharzungen dafür Sorge getragen werden, daß das Leder nicht zu
feucht auf Lager kommt, die Lagerräume trocken sind und in Stößen
gelagerte Leder häufig und regelmäßig umgesetzt werden. Die Lager-

---

[1] F. Stather, H. Sluyter und R. Lauffmann: Tranausharzungen
auf pflanzlich gegerbtem Leder. Coll. 1933, 617.

räume sollen kühl sein und das Leder nicht direktem Sonnenlicht ausgesetzt werden.

Ausharzungen auf Leder lassen sich im allgemeinen durch Ausreiben des Leders mit einem mit Alkohol, Petroleum, Benzin oder Terpentinöl getränkten Lappen vollständig beseitigen. Häufig treten sie indessen nach einiger Zeit erneut auf. Erfahrungsgemäß kann dem Ausharzen bzw. Wiederausharzen durch Abreiben des Narbens mit einem neutralen Mineralöl entgegengewirkt werden.

Ausstoßschäden.

Wird die Haut beim Abziehen vom Tierkörper mit einem ungeeigneten Instrument, etwa mit dem Holzgriff des Abzugsmessers oder einem sonstigen scharfkantigen Werkzeug, z. B. Rehfüßen, vom Tierkörper abgestoßen, so kommt es besonders bei leichteren Fellen infolge der

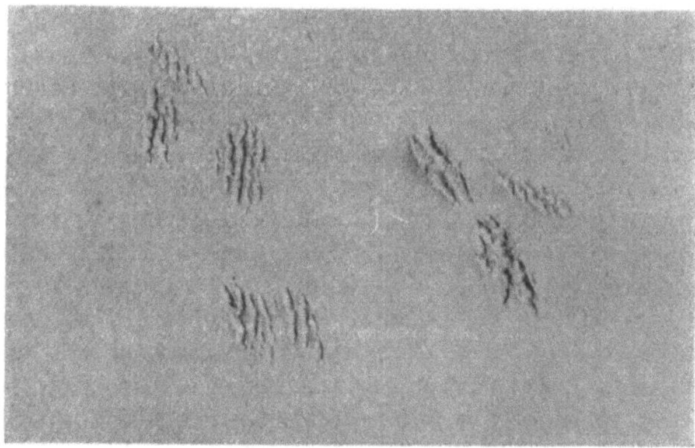

Abb. 9. Ausstoßschaden auf der Narbenseite eines unzugerichteten Borkalbleders. $^2/_3$ natürl. Größe.

großen, auf einzelne Stellen konzentrierten mechanischen Beanspruchung der Haut zu Narbensprengungen, die den Wert der Haut beträchtlich herabsetzen (A. Gansser[1]; F. Stather[2]). Solche Ausstoßschäden (Abb. 9) treten besonders gern auf, wenn die Haut beim Ausstoßen auf einer festen Unterlage, einem Schragen, aufliegt. Ein Ausschlagen des noch blutwarmen hängenden Tierkörpers mit der Faust, dem Ellbogen oder einem stumpfen Werkzeug läßt Ausstoßschäden vollkommen vermeiden.

Auswaschverlust, zu hoher, des pflanzlich gegerbten Leders.

Eine gewisse Einlagerung von ungebundenen Gerbstoffen und Nichtgerbstoffen ist bei grubengaren wie faßgaren Ledern im allgemeinen zum

---

[1] A. Gansser: Neue Erfahrungen über Häuteschäden und deren Bekämpfung. Coll. 1926, 495.
[2] F. Stather: Rohhautschäden und ihre Auswirkung auf Leder. Coll. 1931, 3.

Erhalt eines bestimmten Ledercharakters erforderlich. Anderseits trägt eine übermäßige Füllung mit auswaschbaren Stoffen nicht zur Verbesserung der Qualität des Leders bei (vgl. Beschwerung, künstliche!), verursacht vielmehr sehr häufig dunkle Lederfarbe, Fleckenbildung und eine spröde und brüchige Beschaffenheit der Lederfaser. Abgesehen von diesen Übelständen, die selbstverständlich als Lederfehler zu beanstanden sind, muß ein übermäßig hoher Auswaschverlust eines pflanzlich gegerbten Leders als künstliche Beschwerung des Leders betrachtet werden. Dies ist der Fall, wenn der Gesamtauswaschverlust (auswaschbare anorganische und organische Stoffe) eines Leders 18,0% übersteigt. Gesetzliche diesbezügliche Vorschriften bestehen in Deutschland nicht. Der holländische Gerber- und Schuhmacherverein hat als zulässige Höchstgrenze für den organischen Auswaschverlust bei Vacheleder für Reparaturzwecke 17% und für grubengares Leder 13% festgelegt. In Schweden, Norwegen und Finnland gilt nach dem Gesetz ein Leder als beschwert, wenn der Auswaschverlust an anorganischen und organischen Substanzen 20% im Croupon übersteigt, Südafrika läßt 22% Gesamtauswaschverlust noch zu.

Auch ein nicht unter eine künstliche Beschwerung eines Leders zu rechnender höherer Auswaschverlust muß unter Umständen als Lederfehler bezeichnet werden, da sich die Beurteilung der Höhe des Auswaschverlustes eines nicht übermäßig gefüllten, pflanzlich gegerbten Leders weitgehend nach dem Verwendungszweck des Leders richten muß. So wird z. B. ein Unterleder mit verhältnismäßig hohem Auswaschverlust sich zum Nähen oder Kleben weniger eignen als ein Leder mit niedrigerem Auswaschverlust. Ein Leder mit verhältnismäßig hohem Auswaschverlust birgt bei Verarbeitung an hellfarbigem Schuhwerk bei Tragen solcher Schuhe in der Nässe oder bei starken Fußausdünstungen des Trägers die Gefahr des Auftretens von Gerbstoffflecken am Oberleder in sich. Blank- und Geschirrleder mit höherem Auswaschverlust, die für Riemen, Koppel usw. verarbeitet werden, können beim Naßwerden zu kaum mehr entfernbaren Abfärbungen der Kleiderstoffe, mit denen sie in Berührung kommen, Veranlassung geben. Brandsohlleder mit höherem Auswaschverlust verursachen infolge ihrer geringeren Porosität leicht ein Brennen der Füße und ein Anfärben der Strümpfe; Hutschweißleder mit höherem Auswaschverlust können bei empfindlichen Personen Hautreizungen verursachen.

Beizfehler.

Der Beizprozeß in der Gerberei stellt sowohl in seiner früher hauptsächlich angewandten Form der Hundekot-, Hühnermist- und Taubenkotbeize wie in seiner heutigen Form der Verwendung künstlich hergestellter Beizpräparate einen rein enzymatischen Prozeß dar. Neben der Aufgabe des Beizprozesses, die in der Haut vom Äschern verbliebenen Oberhaut- und Haarreste weiter abzubauen und leicht entfernbar zu machen und eine gewisse verseifende und emulgierende Wirkung auf die noch in der Blöße verbliebenen Hautfette auszuüben, also eine Reinigung der Blöße zu bewirken, steht die Aufgabe, die in der Lederhaut befindlichen Bindegewebszellen teilweise zu entfernen und eine gelinde peptisierende Wirkung auf das Kollagen der Bindegewebsfasern auszuüben.

In den oberen Schichten der Blöße bleibt nach dem Äschern und Enthaaren trotz Spülen und mechanischer Reinmachearbeit der sogenannte „Gneist" oder „Grund", eine dicke, etwas klebrige Masse, zurück, die aus Epidermisresten, Grundhaaren, verseiftem und emulgiertem Hautfett und teilweise abgebauten Bindegewebszellen der Lederhaut besteht. Wird infolge ungenügenden Beizens dieser Grund nicht genügend gelockert, so daß er durch nachfolgendes Auswaschen und Ausstreichen (Glätten) der Blößen nicht vollkommen aus diesen entfernt werden kann, so wird er, wenn die Blöße mit sauren Lösungen in Berührung kommt, innerhalb der Blöße, vor allem in der Narbenschicht, ausgefällt, durch die Gerbung widerstandsfähiger gemacht und verwandelt sich beim Trocknen des Leders in eine harte, spröde Masse, die den Narben des Leders rauh und brüchig macht, bei ungefärbten oder heller gefärbten Ledern infolge Eigenfärbung und ungleichmäßiger Verteilung selbst fleckenbildend wirkt und allgemein eine unsaubere Färbung des Leders verursacht.

Ungenügendes Beizen der Blöße kann ebenso wie ungenügendes Äschern eine gewisse Losnarbigkeit des Leders verursachen, wenn im Verhältnis zur Narbenschicht das übrige Lederhautgewebe nicht genügend durchgebeizt wird, und dadurch bei Glacéleder, aber auch bei Chromleder zum Auftreten eines „geflinkerten Narbens" am Leder Veranlassung geben (W. Eitner).[1]

Da erwünschte Hautsubstanzveränderung beim Beizen und schädliche Einwirkung der Beizenzyme nur graduell unterschiedliche Wirkungen ein und desselben Vorganges darstellen, sind die Fehlermöglichkeiten durch Überbeizen der Felle infolge zu hoher Enzymkonzentration der Beizlösung, zu langer Beizdauer oder zu hoher Beiztemperatur besonders groß. Ein Überbeizen verursacht zunächst eine bei manchen Ledersorten (Glacéleder) erwünschte, bei anderen Lederarten (Unterledersorten, Chromoberleder) aber durchaus unerwünschte und als fehlerhaft zu bezeichnende Zügigkeit und Dehnbarkeit des Leders. Infolge größeren Hautsubstanzverlustes wird das Leder leer, der Narben mürbe und leicht brüchig. Die Reißfestigkeit solch überbeizten Leders ist meist beträchtlich herabgesetzt, das Leder weist eine mehr oder weniger lose und schwammige Beschaffenheit auf, durch die die Wasserdurchlässigkeit stark vergrößert wird. Ist der Angriff der Beizenzyme stärker, so kommt es zu einer Schädigung der feinen Faserfibrillen der Narbenschicht, die sich in einem „blinden", glanzlosen Narben bemerkbar macht und am fertigen Leder durch ungleichmäßige Gerbstoff-, Farbstoff- und Fettaufnahme als Fleckenbildung noch stärker in die Erscheinung tritt, weiter zur Bildung sogenannter „Beizstippen" (Abb. 10), kleinerer lochartiger Anfressungen der Narbenschicht, meist von Haarbälgen ausgehend und schließlich zu einem vollständigen stellenweisen Ablösen des Narbens oder lochartigen Anfressungen der ganzen Haut. Beizschäden zeigen

---

[1] W. Eitner: Geflinkerte und faltige Narbe. Gerber 1910, 77.

keinerlei prinzipielle Unterschiede gegenüber „Fäulnisschäden" und können am fertigen Leder von diesen meist auch nicht einwandfrei unterschieden werden.

Zur Verhinderung einer Überbeizung der Blößen muß der Beizprozeß sorgfältigst der Hautart, den angewandten Äschermethoden und der herzustellenden Lederart angepaßt werden. Ein Überbeizen der Blößen läßt sich im allgemeinen vermeiden, wenn mit schwächeren Beizlösungen bei nicht zu hoher Temperatur etwas länger gebeizt wird, als wenn die Beizwirkung infolge Anwendung stärkerer Enzymlösungen und höherer Beiztemperatur auf kürzere Zeit zusammengedrängt wird. Nach E. Stiasny[1] wird die Gefahr der Narbenbeschädigung beim Beizen wesentlich vermindert, wenn man die Blößen nicht in prallem, alkaligeschwelltem, stark kalkhaltigem Zustande in die Beize bringt, sondern sie erst entkälkt und verfallen läßt, ehe man sie der Einwirkung der tryptischen Fermentbeize aussetzt.

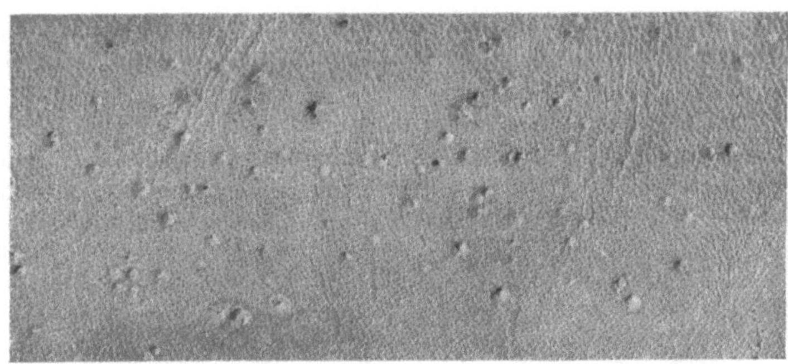

Abb. 10. Beizstippen auf unzugerichtetem Vachettenleder. Natürl. Größe.

Nach G. D. McLaughlin, J. H. Highberger, F. O'Flaherty und K. Moore[2] zeigt das Muskelgewebe, das in der Papillarschicht der Lederhaut vorhanden ist (Musculus erector pili), ein unterschiedliches Quellungsverhalten gegenüber den Kollagen- und Elastinfasern, es quillt sehr stark im Äscher, erleidet durch die Beize eine starke Quellungsverminderung und einen starken Wiederanstieg der Quellung beim Auswaschen (Abb. 11 u. 12). Dieses Verhalten verursacht bei Ziegenfellen einen als Beizfehler anzusprechenden, rauhen, gänsehautähnlichen Narben, wenn die warm gebeizte Ziegenblöße in kaltes Wasser gebracht wird. Daß bei anderen Ledern, insbesondere Kalbledern, eine ähnliche Oberflächenveränderung nicht bemerkbar wird, dürfte mit der großen Anzahl und der Unentwickeltheit und verhältnismäßigen Kleinheit der Hautmuskeln in der Kalbsblöße zusammenhängen.

---

[1] E. Stiasny: Gerbereichemie (Chromgerbung) 1931.
[2] G. D. McLaughlin, J. H. Highberger, F. O'Flaherty und K. Moore: Some studies of the science and practice of bating. J. A. L. C. A. 1929, 339.

Auch bei der bei der Glacélederfabrikation noch viel angewandten Kleienbeize können verschiedenartige Beizfehler auftreten. Die frische Kleienbeize verursacht durch Gasentwicklung eine mechanische Auflockerung des Fasergewebes. Ist infolge zu hoher Beiztemperatur die Gasentwicklung in der Blöße zu groß, so kann ein hohler Narben und ein schwammiges Leder entstehen. Durchbrechen die Gase die etwa durch Überäschern der Blöße geschwächte Narbenschicht, so entstehen runde, glatt-

Abb. 11. Vertikalschnitt durch enthaarte und gebeizte Ziegenblöße (D. Mc.Laughlin, H. Highberger, F. O'Flaherty und E. Moore).

randige Piquierlöcher. Ein Piquieren des Narbens durch Entstehung von Faulstippen kann bei der Kleienbeize auftreten, wenn das „faule Umschlagen" der Beize eintritt, d. h. wenn die Beize eine schwach alkalische Reaktion annimmt (W. Merlier).[1] Eine Überhandnahme der Säurebildung in der Kleienbeize kann zu einer glasigen, mürben Beschaffenheit

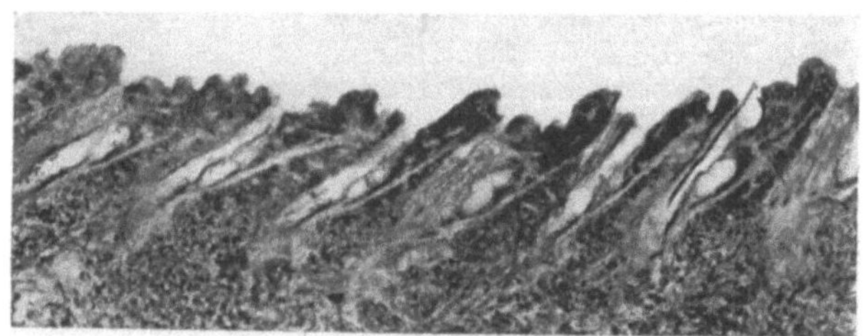

Abb. 12. Vertikalschnitt durch enthaarte und gebeizte Ziegenblöße nach 1stündigem Einlegen in kaltes Wasser (D. Mc.Laughlin, H. Highberger, F. O'Flaherty und E. Moore).

der Blöße, insbesondere der Narbenschicht, führen (W. Eitner).[2] Nach J. Jettmar[3] kann ein Umschlagen der Kleienbeize durch Bacillus megatherium verursacht werden, wobei der Narben der Blöße, von einem schleimigen Rasen bedeckt, angeätzt, glanzlos und „blind" erscheint. Nach der Gerbung solcher Blößen ist der Narben mit dunklen Flecken gesprenkelt.

---

[1] W. Merlier: Über den Fehler des Piquierens in der Weißgerberei. Coll. 1930, 333.

[2] W. Eitner: Merkwürdige Vorgänge aus eigener Praxis. Gerber 1904, 2.

[3] J. Jettmar: Handbuch der Chromgerbung. Leipzig 1912.

Beschwerung, künstliche, des Leders.

Abgesehen von der Tatsache, daß ein lediglich zum Zwecke der Gewichtserhöhung künstlich beschwertes Leder vom richtig kalkulierenden Lederverbraucher stets als eine nicht einwandfreie, fehlerhafte Ware betrachtet werden muß, können durch eine künstliche Beschwerung der Leders verschiedenerlei Fehler des Leders verursacht werden. Eine künstliche Beschwerung des Leders kann auf verschiedene Weise bei einem Leder vorgenommen worden sein. Die Einlagerung größerer Mengen Mineralstoffe, Alkalien, Magnesiumverbindungen, Bariumverbindungen muß ebenso als eine künstliche Beschwerung des Leders angesehen werden wie die Einlagerung größerer Mengen nicht an die Hautsubstanz gebundener Gerbstoffe, zuckerartiger Stoffe, wie Stärkezucker, Kartoffelzucker, Traubenzucker, Dextrin usw. Gesetzliche Vorschriften darüber, wann ein Leder als künstlich beschwert anzusprechen ist, bestehen in Deutschland nicht, doch muß nach Ansicht des Verfassers bei pflanzlich gegerbtem Unterleder eine künstliche Beschwerung des Leders angenommen werden, wenn der Mineralstoffgehalt des Leders 2,5% oder der Gesamtauswaschverlust (auswaschbare organische und anorganische Stoffe) 18,0% oder der Gehalt an Bittersalz ($MgSO_4 . 7 H_2O$) 4,0% oder der Gehalt an zuckerartigen Stoffen 2,0% übersteigt. Ein übermäßiger Gehalt eines Leders an Mineralstoffen, insbesondere an Magnesiumverbindungen, ist die Ursache des größten Teils der Ausschläge auf pflanzlich gegerbtem Unterleder (siehe Mineralstoffausschläge!). Ebenso kann eine Füllung des Leders mit zuckerartigen Stoffen zu Zuckerausschlägen (siehe diese!) Veranlassung geben. Größere Mineralstoffgehalte des Leders oder Gehalte an zuckerartigen Stoffen bewirken nicht selten Wasseranziehen des Leders und ein damit verbundenes Weichwerden des Leders und können hierdurch wiederum indirekt die Ursache von Schimmelflecken (siehe diese!) werden. Die Füllung des Leders mit nicht an die Hautsubstanz gebundenen Gerbextrakten macht die Lederfaser spröde und brüchig und verursacht vor allem eine spröde Brüchigkeit der empfindlichen Narbenschicht, verringerte Reißfestigkeit des Leders und häufig ein glattes, brettartiges Durchbrechen des Leders bei stärkerem Biegen, während die durch die übermäßige Füllung mit auswaschbaren Stoffen vorgetäuschte Festigkeit und Kernigkeit des Leders häufig beim Dampfmachen des Leders oder beim ersten Naßwerden des Schuhes verlorengeht und eine lose und schwammige Beschaffenheit als wirkliche Lederbeschaffenheit zum Vorschein kommt. Eine stärkere Füllung des Leders mit auswaschbaren Gerbstoffen führt stets zu einer Dunklung der Lederfarbe und unter Umständen zu Gerbstoffflecken (siehe diese!) und wird dadurch in vielen Fällen indirekte Ursache der durch stark wirkende freie Säuren im Leder hervorgerufenen Lederschädigungen (siehe diese!), da solches stark gefülltes Leder, um ansprechend zu sein, meist mit Säuren gebleicht werden muß. Enthält Sohlen-, Vache- oder Brandsohlleder größere Mengen auswaschbarer Gerbstoffe, so kann es beim Naßwerden der Schuhe zu Gerbstoffflecken auf hellfarbenem Oberleder Veranlassung geben. Eine

Fixierung in größerer Menge in die Lederfaser eingelagerter Gerbstoffe durch eiweißartige Stoffe vermag die angeführten, durch starke Füllung verursachten Lederfehler im allgemeinen keineswegs zu verhindern. Ein Ausbrechen des „Risses" bei Unterleder ist häufig auf die Einlagerung größerer Mengen auswaschbarer Stoffe in das Leder zurückzuführen.

Bei einer sachgemäßen Gerbung des Leders können alle die durch eine Einlagerung größerer Mengen auswaschbarer Stoffe verursachten Fehler des Leders vermieden und eventuell auch wieder aufgehoben werden, wenn das Leder genügend ausgewaschen wird.

Blechige Beschaffenheit des Leders.

Der Begriff „blechiges" Leder, der hauptsächlich für Ober- und Feinlederarten, weniger für schwere Unterlederarten in Frage kommt, deckt sich in weitem Maße mit dem Begriff des „leeren" Leders und teilweise auch mit dem des „harten" Leders. Man bezeichnet ein Leder als „blechig", wenn es eine für die betreffende Lederart erwünschte Weichheit und Fülle vermissen läßt und dafür eine gewisse unerwünschte Härte aufweist, ohne direkt brüchig zu sein.

Die Ursache einer blechigen, leeren Beschaffenheit des Leders kann in der unzweckmäßigen Durchführung des Konservierungsprozesses der Rohhaut und der vorbereitenden Arbeiten der Wasserwerkstatt ebenso wie in irgendwelchen Fehlern der Gerbung und Zurichtung des Leders zu suchen sein.

Wird die Rohhaut in zu praller Sonnenhitze getrocknet, so kann eine stellenweise oder über die ganze Haut sich erstreckende Veränderung der Hautsubstanz eintreten, durch die ihre normale Quellbarkeit verlorengeht (vgl. Sonnenbrandige Haut!). Solche zu scharf getrockneten Häute lassen sich nur schwer oder ungenügend erweichen, gehen im Äscher nicht genügend auf, sind der Einwirkung der Beizenzyme nicht genügend zugänglich und zeigen demgemäß eine ungenügende Gerbstoffaufnahme und dadurch bedingten blechigen Charakter des fertigen Leders. Ungenügendes Weichen getrockneter Häute und dadurch bedingter ungenügender Hautsubstanzaufschluß im Äscher und in der Beize sind eine der häufigsten Ursachen für blechiges Leder überhaupt. Natürlich kann auch ungenügendes Äschern (siehe Äscherfehler!) einer normal geweichten Haut eine ungenügende Gerbstoffaufnahme und damit den Erhalt blechigen Leders verursachen, wie ganz allgemein eine ungenügende Durchgerbung des Leders oder eine ungenügende Gerbstoffaufnahme einen mehr oder weniger blechigen Charakter des Leders bedingen.

Die Gerbstoffaufnahme einer Blöße kann auch durch Fäulnisprozesse der Rohhaut vor oder während der Konservierung, während des Weichens und Äscherns (siehe Fäulnisschäden!) beeinträchtigt und dadurch ein blechiges Leder erhalten werden.

Außer den eine ungenügende Durchgerbung (siehe diese!) des Leders und dadurch einen blechigen Charakter dieses verursachenden Umständen kann bei der pflanzlichen Gerbung infolge ungenügender Gerbwirkung ein blechiges Leder erhalten werden, wenn das Leder in den Farbbrühen infolge ungenügender Schwellung nicht genügend aufging oder wenn zur Gerbung sehr nichtgerbstoffreiche Gerbextrakte oder sehr alte, an Nichtgerbstoffen stark angereicherte Gerbbrühen Verwendung fanden. Auch die Verwendung zu großer Anteile an sulfitierten Gerbextrakten, Sulfitzelluloseextrakten oder gewissen synthetischen Gerbstoffen kann unter Umständen für einen blechigen Charakter des Leders mitverantwortlich zu machen sein, ebenso wie eine ungenügende Darbietung an Gerbstoff für die Blöße oder eine ungenügende Gerbdauer einen blechigen Charakter pflanzlich gegerbten Leders verursachen können.

Bei der Chromgerbung führt in gleicher Weise die Anwendung ungenügender Mengen gerbenden Chromsalzes wie eine ungenügende Ablagerung von Chromverbindungen infolge Verwendung zu saurer, wenig basischer Chrombrühen zu einem klapprigen, blechigen Leder, ebenso wie eine ungenügende Durchgerbung infolge Anwendung zu hochbasischer Brühen besonders zu Beginn der Gerbung oder eine teilweise Entgerbung der Außenschichten infolge einer Überneutralisation des Chromleders zu einem blechigen Leder führen kann. Auch ein übermäßiger Salzzusatz zu Chrombrühen kann zu einem leeren, flachen Leder führen. Bei der Zweibadgerbung wird ein blechiges Leder erhalten, wenn infolge zu geringer Bichromataufnahme der Blöße im ersten Bad oder zu starken Ausblutens der Blöße im Reduktionsbad eine ungenügende Chromaufnahme erfolgt oder aber wenn im Reduktionsbad infolge Säureüberschusses gegenüber dem Thiosulfat eine unerwünschte Schwellung eintritt.

Bei Chromleder kann auch eine ungenügende Fettung des Leders oder ungenügendes Stollen für einen gewissen blechigen Charakter verantwortlich zu machen sein.

Bei weißgarem und glacégarem Leder wird ein blechiger Charakter ebenfalls fast ausschließlich durch eine ungenügende Aufnahme der Gare durch die Blöße infolge ungenügenden Weichens und Äscherns, Anwendung ungenügender Garenmengen oder ungenügender Walkwirkung bei der Gerbung verursacht.

Bei allen Gerbungsarten in gleicher Weise verursacht eine unzweckmäßige Temperaturerhöhung, besonders zu Beginn der Gerbung, ein Härter- und Blechigwerden des Leders (siehe Verbrennungsschäden!), ebenso wie durch ein zu heißes Färben des Leders oder zu warmes Brochieren von Glacéleder ein blechiger Charakter des Leders verursacht werden kann.

Bleiflecken.

Oberleder und Feinleder werden häufig durch Tränkung mit einer Bleisalzlösung (Bleichlorid, Bleiazetat) und nachfolgende Behandlung mit einer Schwefelsäure- oder Natriumsulfatlösung, also Ablagerung von weißem Bleisulfat auf der Lederfaser aufgehellt. Kommt solches Leder mit Schwefelwasserstoffdämpfen, wie sie häufig in der Luft von Fäulnisprozessen und Verbrennung von Gas und Kohle vorhanden sind, oder irgendwelchen freien Schwefel enthaltenden Gegenständen in Berührung, so entstehen auf dem Leder braune bis schwarze Flecken von schwarzem Bleisulfid. Besonders groß ist die Gefahr, wenn sich Lederlagerräume in der Nähe ungenügend verschlossener Abortgruben befinden. Solche Bleisulfidflecken können auftreten, wenn zweibadgegerbtes Chromleder, das stets mehr oder weniger große Mengen freien Schwefels enthält, mit Bleiverbindungen aufgehellt oder mit Bleiverbindungen enthaltenden Deckfarben zugerichtet wird. Wird zweibadgegerbtes Chromsohlleder mit einem mit Bleiverbindungen aufgehellten Oberleder verarbeitet, so bildet sich ein von den Berührungsstellen, also vom Rahmen ausgehender schwarzer Anflug von Bleisulfid auf dem Oberleder (B. Kohnstein).[1] Werden glacé- oder sämischgare Handschuhleder zur Erzielung einer blendend weißen Farbe mit bleihaltigen weißen Farbpigmenten, Bleiweiß, Kremserweiß, eingestaubt, so können beim Liegen an der Luft ebenfalls braune oder schwarze Bleisulfidflecken oder eine gelbliche Vergilbung des Leders auftreten (N. N.).[2]

Bleisulfidflecken auf Leder können unter Umständen durch Behandeln mit verdünnter Salzsäurelösung und Überführen des schwarzen Bleisulfids in das weiße Bleichlorid und nachfolgendes Abwaschen mit lauwarmem Wasser entfernt werden.

Bleiflecken auf Blöße können nach M. Auerbach[3] durch die Verwendung bleihaltiger Stempelfarben zum Kennzeichnen des Viehs oder der Haut entstehen (vgl. Farbzeichenflecke!).

Blinder Narben des Leders.

Weist die Narbenoberfläche einer Blöße oder eines Leders nicht einen gleichmäßigen Glanz auf, sondern ist stellenweise von matter, glanzloser Beschaffenheit, so spricht man von einem „blinden" Narben des Leders oder der Blöße.

Der natürliche Glanz des Narbens der Blöße und des Leders wird durch die innige Verflechtung der in der Narbenschicht besonders feinen Kollagenfibrillen bedingt und geht verloren, sobald eine Beschädigung dieses zarten Flechtwerks, gleichgültig ob chemischer oder mechanischer Natur, eintritt. So kommt als Ursache eines blinden, matten Narbens des Leders in erster Linie ein enzymatischer Angriff der feinen Kollagenfasern der Narbenschicht in Frage. Jeder leichte Hautsubstanzangriff durch beginnende Fäulnis infolge zu später, ungenügender oder unsachgemäßer Konservierung, unsachgemäßen Weichens, Äscherns und Beizens, Entwicklung von Fäulnisbakterien in den Farben usw. äußert sich zuerst in einem Matt- und Glanzloswerden der Narbenschicht (siehe Fäulnisschäden!). Auch das häufige Auftreten eines blinden Narbens bei auf der Fleischseite während der Konservierung rot oder blau angelaufenen

---

[1] B. Kohnstein: Zur Wahl der Chromgerbverfahren. Ref. Coll. 1920, 584.

[2] N. N.: Flecke im Handschuh. Gerbereitechnik 1932, 80.

[3] M. Auerbach: Rohhautschäden. Coll. 1931, 111.

Häuten und Fellen ist auf einen Angriff der Narbenschicht durch Bakterienenzyme zurückzuführen (siehe Verfärbung, rote und blaue!). Ein mäßiger Angriff der äußersten Narbenoberfläche durch Bakterien oder autolytische Erscheinungen verursacht ein Mattwerden des Narbens in der besonderen Form des „marmorierten Narbens" (siehe diesen!). In gleicher Weise kann durch eine zu starke Einwirkung von Beizenzymen ein Blindwerden des Narbens verursacht werden (siehe Beizfehler!). Ein chemischer Angriff der Fasern des Narbengewebes ist die Ursache des Blindwerdens des Narbens bei Verwendung die Hautsubstanz angreifender Stempelfarben zum Zeichnen des Viehs oder der Häute (siehe Farbzeichenflecken!), wie auch die narbenmatten Stellen an „pißbauchigen", durch Mist oder Urin beschädigten Häuten und Fellen teilweise auf einen solchen chemischen Angriff der Narbenfasern, teilweise auf nachfolgende Fäulnisschäden zurückzuführen sind (vgl. Mist- und Urinschäden!).

In gleicher Weise wie durch eine chemische Beschädigung der feinfaserigen Narbensubstanz kann durch eine mechanische Verletzung dieser durch Wundstreichen des Narbens beim Ausstreichen der Blöße nach dem Beizen oder durch Scheuern der Blößen oder Leder bei der Bewegung im Faß aneinander oder an der Faßwandung (siehe Scheuerflecken!) ein „blinder" Narben verursacht werden.

Während narbenmatte, blinde Stellen mäßiger Ausprägung auf Unterlederarten meist noch erträgliche Schönheitsfehler des Leders darstellen, entwerten sie Ober- und Feinlederarten in sehr starkem Maße, zumal der Schaden nicht auf die häufig nur äußerst schwache Schädigung der Narbenschicht beschränkt bleibt, sondern durch ungleichmäßige Gerbstoff-, Farbstoff- und Fettaufnahme und ein gänzlich andersartiges Verhalten bei den Zurichteoperationen sehr viel augenfälliger wird.

Abgesehen von dem durch eine Schädigung der äußersten Fasern der Narbenschicht bedingten „blinden" Narben des Leders können die verschiedenartigsten Schäden der Rohhaut, Brandzeichen, Geschwüre, Engerlingsnarben, Milbenschäden, ebenso zu Stellen minderen Glanzes am fertigen Leder Veranlassung geben, wie die Einlagerung oder Ausscheidung der verschiedensten Stoffe in oder auf der Narbenschicht des Leders, wie sie bei Kalkflecken, Gerbstoffflecken, Mineralstoffausschlägen, Schimmelflecken, Ellagsäureausschlägen, Zuckerausschlägen, Fettausschlägen usw. (siehe diese Stichworte!) auftreten können.

Blutflecken.

Pflanzlich gegerbte Leder weisen manchmal auf Narben- oder Fleischseite mäßig dunkel gefärbte, wolkenartige Fleckenbildungen meist größeren Ausmaßes auf (Abb. 13). Sie sind auf eine Beschmutzung der Rohhaut beim Schlachten oder Abziehen des Tieres mit Blut und ungenügende Entfernung des Blutes beim Salzen durch ungenügendes Abfließen der sich bildenden Salzlake oder zu frühzeitiges Bündeln der gesalzenen Häute zurückzuführen. Auf der Rohhaut äußern sich Blutflecken je nach dem Ausmaß der Beschmutzung meist als schwach bräunliche Flecke, die nach dem Äschern mit Schwefelnatrium mehr bläulich in der Farbe werden. Einmal vermag Blut selbst fleckenbildend auf Haut zu wirken (H. Vourloud[1], F. Stather[2]), weiter kann aus dem Hämoglobin des Blutes nach G. Abt[3] unter der Einwirkung verschiedener Mikroorganismen, wie z. B. Proteus vulgaris oder Bacillus mesentericus Eisen in Freiheit gesetzt werden, das sich an die Hautfaser bindet und später mit den pflanzlichen Gerbstoffen dunkel gefärbte

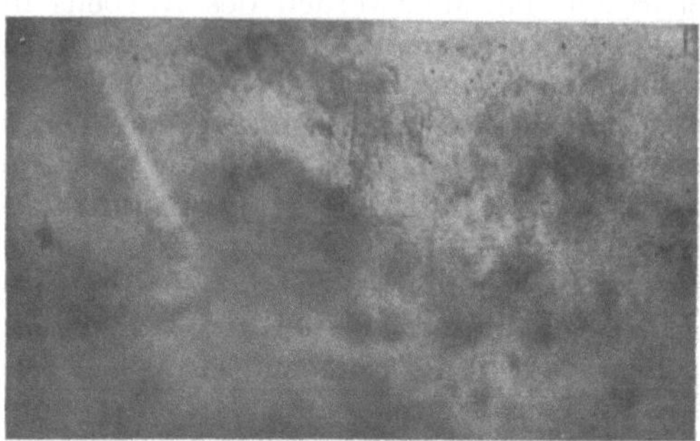

Abb. 13. Blutflecken auf Vacheleder. $^1/_4$ natürl. Größe.

Eisen-Gerbstoffverbindungen bildet. Blut enthält zirka 0,04% Eisen. Auch das bei der Oxydation von Hämoglobin entstehende Hämatin vermag nach H. Jocum[4] fleckenbildend zu wirken.

Brandzeichen.

Brandzeichen sind meist ein charakteristisches Merkmal von Wildhäuten und kennzeichnen Leder, das solche aufweist, als aus Wildhäuten hergestellt. Zur Kennzeichnung des Viehs auf seinen Besitzer wird das wildweidende Herdenvieh Nord- und Südamerikas, Australiens und Indiens mit glühenden Eisenstempeln gebrannt. Die dabei entstehende Brandwunde verheilt zwar allmählich wieder, hinterläßt aber eine dauernd sichtbare Narbe, den sogenannten Brand. Die Brandzeichen stellen ihrer Form nach Anfangsbuchstaben von Besitzernamen, Ziffern oder irgendwelche phantastische Gebilde dar und haben die Größe etwa einer Hand (Abb. 14). Seltener auf den Hals, meist auf den Schild des Tieres aufgedrückt, entwerten sie das Kernstück der Haut in sehr starkem Maße. Durch den starken Verleimungs- und Verbrennungsprozeß, der meist durch die ganze Dicke der Haut von der Narben- bis zur Fleischseite durchgeht, und die natürliche Vernarbung dieser Wunde am Körper des lebenden Tieres verliert die Haut an diesen Stellen vollkommen ihre Faserstruktur und nimmt eine harte, hornartige Beschaffenheit an. Die verhornten Stellen des Brandzeichens weichen nicht genügend, gehen im Äscher nicht genügend auf und bleiben deshalb bei der Gerbung häufig ungegerbt. Infolgedessen kann Leder aus Brandstellen häufig weder

[1] H. Vourloud: Étude sur la formation des taches de sel sur la peau en poil. Le Cuir Techn. 1925, 148.
[2] F. Stather: Untersuchungen über Salzflecken. Coll. 1928, 567.
[3] G. Abt: Sur l'origine des taches de sel. Coll. 1912, 388.
[4] H. Jocum: Salt stains. J. A. L. C. A. 1913, 22.

geschnitten noch sonstwie verarbeitet werden. Ist die Verleimung der Hautsubstanz beim Brennen der Haut so weit fortgeschritten, daß eine natürliche Vernarbung nicht mehr eintritt, so geht die verleimte Hautsubstanz beim Weichen solcher Häute in Lösung, der Brand fällt aus und es entstehen Löcher in der Haut in der Form und Größe des Brandzeichens. Brandzeichen finden sich häufig auf ein und derselben Haut in größerer Zahl, da bei Besitzwechsel das alte Brandmal durch Aufbrennen des umgekehrten Zeichens entwertet und das Tier daneben mit einem neuen Brandzeichen gekennzeichnet wird.[1] Selbst Häute mit 20 und mehr Brandzeichen kommen vor. Vereinzelt vorkommende, sich über die ganze Fläche der Haut erstreckende figurenartige Brandzeichen dürften mit rituellen Gebräuchen zusammenhängen.

Während man in Europa und speziell in Deutschland schon längere Zeit die ebenso grausame, wie volkswirtschaftlich schädliche Kennzeichnung des Viehes durch Brennen verlassen hat, ist sie in den Wildhäute

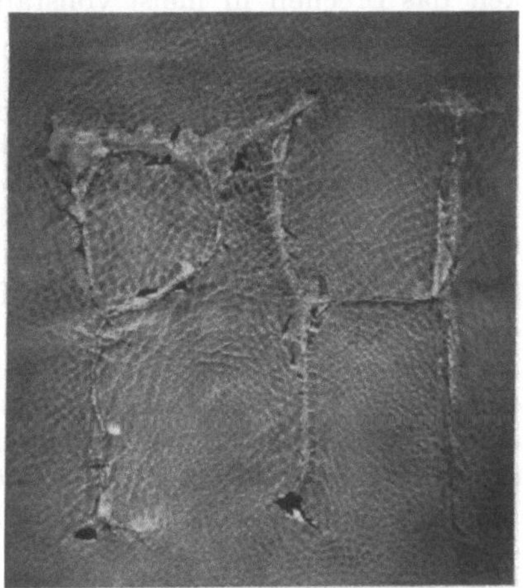

Abb. 14. Brandzeichen auf einem aus südamerikanischer Wildhaut hergestellten Fahlleder. $^{1}/_{2}$ natürl. Größe.

liefernden Ländern noch allgemein verbreitet, obwohl eine Kennzeichnung durch Ohrenmarken oder mit einer die Haut nicht angreifenden, unabwaschbaren Farbe ein Brennen vollkommen überflüssig machen würde. Neuerdings verpflichtet ein Gesetz der Provinz Buenos Aires in Argentinien die Großgrundbesitzer, die Brandmarken künftig nur noch an gerberisch weniger wichtigen Hautstellen, Stirn, Kinnbacken oder Hals, anbringen zu lassen.[2]

Brüchigkeit des Leders.

Eine mehr oder weniger starke Brüchigkeit des Leders gehört zu den häufigst vorkommenden Lederfehlern. Man kann bei pflanzlich gegerbtem wie chromgarem Leder zwei typische verschiedene Arten von Brüchigkeit unterscheiden, eine „mürbe" und eine „spröde" Brüchigkeit, die auf unterschiedliche Ursachen zurückzuführen sind. Unter Umständen kann eine mürbe Brüchigkeit durch eine mit ihr gleichzeitig auftretende spröde Brüchigkeit überdeckt sein. Eine Brüchigkeit des Leders äußert sich stets zuerst in einer Brüchigkeit der empfindlicheren, feiner struktu-

---

[1] A. Kaul: Die Wildhaut im internationalen Handel und in der Lederfabrikation. Freiberg 1910.
[2] Der Ledermarkt, Frankfurt, 1. Dezember 1933.

rierten Narbenschicht, zumal diese bei Biegungsbeanspruchung des Leders als Außenschicht am stärksten beansprucht wird. Während bei der mürben Brüchigkeit bei geringerem Ausmaß beim Biegen des Leders der Narben, bei stärkerem Ausmaß das ganze Leder in meist welliger Bruchlinie allmählich auseinanderbricht, erfolgt bei der spröden Brüchigkeit das Brechen in meist vollständig gerader Bruchlinie mehr plötzlich mit deutlich hörbarem Knacks.

Als Ursache der „mürben" Brüchigkeit des Leders kommt allgemein eine Schädigung der Hautfaser im Leder in Frage, während die spröde Brüchigkeit im allgemeinen durch eine stärkere Ablagerung irgendwelcher Substanzen auf oder innerhalb der Lederfaser zurückzuführen ist.

Eine mürbe Brüchigkeit des Leders kann in der Beschaffenheit des verarbeiteten Rohmaterials seine Ursache haben, wenn infolge unsach-gemäßer Konservierung die Hautfaser durch Bakterienenzyme während der Konservierung angegriffen worden ist. In gleicher Weise können Fäulniserscheinungen der Haut während des Weichens, Äscherns und Beizens eine mürbe Brüchigkeit des Leders verursachen. Eine der Hauptursachen einer mürben Brüchigkeit des Leders ist in einem übermäßigen Angriff der Hautfasern durch ein Überäschern (siehe Äscherfehler!) und Über-beizen (siehe Beizfehler!) der Blößen zu suchen. Eine Überhandnahme der Säure in der Kleienbeize kann bei Glacéleder zu einer mürben Brüchig-keit, insbesondere der Narbenschicht führen (W. Eitner[1]).

Ebenso häufig wie durch diese unrichtige Behandlung der Blößen in der Wasserwerkstatt wird aber eine mürbe Beschaffenheit des Leders, insbesondere pflanzlich gegerbten Leders, durch die schädliche Wirkung im Leder vorhandener stark wirkender, freier Säuren, Schwefelsäure, Salzsäure oder Oxalsäure, verursacht (siehe Säureschäden!). Stark wirken-de freie Säuren im Leder können von der Verwendung solcher während des Gerbprozesses herstammen, meist indessen ist eine unsachgemäße Durchführung des Bleichprozesses, Verwendung zu konzentrierter Säure-lösungen oder ungenügendes Auswaschen der Säure nach dem Bleichen, die Ursache der Schädigung.

Eine mürbe Brüchigkeit von pflanzlich gegerbtem Leder, besonders der Narbenschicht, wird auch durch die Anwesenheit von Eisenver-bindungen, die sich mit dem pflanzlichen Gerbstoff zu dunkelgefärbten Eisen-Gerbstoffverbindungen umgesetzt haben, verursacht (vgl. F. Stather und H. Sluyter[2]). Schon geringe Mengen solcher Eisenver-bindungen können Brüchigkeit verursachen. Eisenverbindungen können durch eine Beschmutzung der Rohhaut oder des Leders durch Eisenteile oder Eisenverbindungen, durch die Verwendung eisenhaltigen Wassers oder eisenhaltiger Gerbmittel (vgl. Eisenflecken!), besonders aber durch Verwendung eisenhaltiger Schwärzen in das Leder gelangen. Gefettete Leder, die viel freie Fettsäuren enthalten, können Eisen aus damit in

---

[1] W. Eitner: Merkwürdige Vorgänge aus eigener Praxis. Gerber 1904, 2.
[2] F. Stather und H. Sluyter: Über das Hart- und Brüchigwerden von Schuhoberleder beim Tragen am Schuh. Ledertechn. Rundschau 1932, 49.

Berührung kommenden Maschinenteilen, Riemenscheiben, Walzen, an Schuhen aus Schnallen, Ösen usw. lösen und nach Umsetzung der fettsauren Eisenverbindungen mit dem an die Hautfaser gebundenen Gerbstoffs mürbe brüchig werden. Bei durch Eisen brüchig gewordenen Landarbeiterstiefeln aus pflanzlich gegerbtem Leder stammen die Eisenverbindungen nicht selten aus eisenhaltigen Unkrautvertilgungsmitteln, mit denen die Schuhe in Berührung gekommen sind. In gleicher Weise wie Eisenverbindungen können auch Kupferverbindungen in pflanzlich gegerbtem Leder zu einer mürben Brüchigkeit Veranlassung geben.

Da die mürbe Brüchigkeit des Leders auf eine eingetretene Schädigung der Hautfasern zurückzuführen ist, kann sie durch keinerlei Mittel mehr behoben werden.

Die spröde Brüchigkeit des Leders hat im Gegensatz zur mürben Brüchigkeit sehr häufig ihre Ursache in einer zu starken Einlagerung oder Ablagerung irgendwelcher Substanzen innerhalb oder zwischen den Fasern des Leders.

Kommt die Blöße ungenügend entkälkt zur Gerbung oder haben sich durch Umsetzung des in den Blößen vorhandenen Kalks mit der Kohlensäure der Luft oder des Wassers Abscheidungen von Kalziumkarbonat in der Blöße gebildet, so färbt sich das Leder bei der pflanzlichen Gerbung nicht nur dunkler an solchen Stellen, sondern die dunkler gefärbten Stellen sind häufig auch narbenbrüchig (siehe Kalkflecken!). Bei der Alaun- und Chromgerbung kann sich nach ungenügendem Entkälken in der Haut verbliebener Kalk mit der Schwefelsäure eines Schwefelsäure-Pickels, des Alauns oder schwefelsaurer Chromverbindungen zu schwefelsaurem Kalk (Gips) umsetzen und eine Brüchigkeit des Leders verursachen, ebenso wie sich auch bei diesen Lederarten Kalkschatten durch Narbenbrüchigkeit äußern können. Aus den gleichen Gründen können Alaunflecken und Gipsflecken (siehe diese!) an der Rohhaut zu brüchigen Stellen des Leders führen. Auch die an der Rohhaut entstandenen Narbensalzflecken (siehe Salzflecken!) zeigen infolge der an diesen Stellen erhöhten Kalk- und Gerbstoffaufnahme fast durchweg eine mehr oder weniger große Brüchigkeit. Eine ungenügende Reinigung der Blöße in den vorbereitenden Prozessen der Wasserwerkstatt kann zu einer spröden Narbenbrüchigkeit des Leders dadurch Veranlassung geben, daß der hauptsächlich in der Narbenschicht verbliebene „Gneist" aus teilweise abgebauter Haar- und Hautsubstanz, emulgiertem Fett usw. in den sauren Gerblösungen ausgefällt und durch die Gerbung in eine spröde Masse verwandelt wird (W. Eitner[1]) (siehe Beizfehler!).

Pflanzlich gegerbte und chromgare Leder weisen eine spröde Narbenbrüchigkeit auf, wenn sich infolge unsachgemäßer Gerbung in den äußeren Schichten des Leders zu viel Gerbstoff abgelagert hat. Das kann bei der pflanzlichen Gerbung der Fall sein, wenn die Blößen zu Beginn der Gerbung mit zu starken, insbesondere sauren Gerbbrühen behandelt werden oder aber wenn durch Säuren oder saure Brühen stark geschwellte

---

[1] W. Eitner: Mürbe Narbe und deren Vermeidung. Gerber 1913, 295.

Blößen unmittelbar in süße Gerbbrühen gebracht werden, oder wenn infolge Verwendung ungenügend geklärter Brühen sich größere Mengen unlöslicher Gerbstoffe in den Außenschichten der Haut ablagern, bei chromgarem Leder, wenn die Blößen ungenügend entkälkt zur Gerbung gelangen, oder wenn zu Beginn der Gerbung zu stark basische Chrombrühen zur Verwendung gelangen (siehe Durchgerbung, ungenügende!). Wird chromgares Leder zu stark neutralisiert, insbesondere unter Verwendung von starken Alkalien, die wenig Tiefenwirkung besitzen, so resultiert infolge der Bildung zu stark basischer Chromkomplexe in den Außenschichten der Haut unter Umständen eine Brüchigkeit des Leders.

Bei pflanzlich gegerbtem wie chromgarem Leder ist eine der Hauptursachen der spröden Brüchigkeit die Einlagerung größerer Mengen auswaschbarer Stoffe in das Leder. Das Füllen des Leders mit größeren Mengen ungebundenen Gerbextrakts führt ebenso zu einer Brüchigkeit des Leders wie die Einlagerung größerer Mengen von zuckerartigen Stoffen und Mineralsalzen (F. Stather und H. Sluyter[1]) (vgl. Beschwerung, künstliche!). Durch die Ausfüllung der Faserzwischenräume im Leder mit solchen spröde auftrocknenden Materialien verliert die Lederfaser selbst ihre Biegsamkeit und wird brüchig. Aus diesem Grunde weisen auch meist die durch ein Heraustreten von ungebundenem Gerbstoff an die Lederoberfläche verursachten Gerbstoffflecken (siehe diese!) an pflanzlich gegerbtem Leder eine mehr oder weniger große Brüchigkeit auf, ebenso wie durch eine stärkere Ablagerung von sogenannter „Blume“, einer Ellagsäure- bzw. Chebulinsäureabscheidung aus bestimmten Gerbmitteln, wie Valonea, Divi-Divi, Myrobalanen (siehe Ellagsäureausschlag!), unter Umständen eine spröde Brüchigkeit der empfindlichen Narbenschicht verursacht sein kann (B. Kohnstein).[2] Bei Treibriemenledern kann die Benützung ungeeigneter Riemenadhäsionsmittel, insbesondere solcher, die Kolophonium oder andere harzartige Stoffe enthalten, durch Einlagerung dieser Substanzen in das Leder eine spröde Brüchigkeit verursachen; Unterleder können durch den Auftrag ungeeigneter Appreturen hart und brüchig werden.

Während die durch Einlagerung auswaschbarer Stoffe in das Leder verursachte spröde Brüchigkeit des Leders durch Entfernung der eingelagerten Stoffe, also durch genügendes Auswaschen des Leders im allgemeinen vollkommen wieder beseitigt werden kann, ist die durch die Ablagerung unlöslicher oder durch den Gerbprozeß unlöslich gewordener Stoffe verursachte Lederbrüchigkeit nicht mehr zu beheben. Aus diesem Grunde verliert auch ein mit pflanzlichen Gerbstoffen gefülltes, brüchiges Leder, bei dem der eingelagerte ungebundene Gerbextrakt durch besondere Fixierungsmittel, insbesondere Eiweißstoffe, unlöslich gemacht wurde, im allgemeinen auch nach dem Auswaschen seine Brüchigkeit nicht.

---

[1] F. Stather und H. Sluyter: Über das Hart- und Brüchigwerden von Schuhoberleder beim Tragen am Schuh. Ledertechn. Rundschau 1932, 49.

[2] B. Kohnstein: Fehlerquellen in der Gerberei. Narbenbruch des Leders. Gerber 1909, 225.

Bei Schuhoberleder wird beim Tragen am Schuh häufig auch bei Verarbeitung einwandfreien Ledermaterials ein vorzeitiges Hart- und Brüchigwerden hauptsächlich an den mechanisch stärkst beanspruchten Gehfalten des Vorderblattes beobachtet. Auch dieses Brüchigwerden ist in den meisten Fällen auf die Einlagerung irgendwelcher Substanzen in das Leder zurückzuführen, sei es, daß sich infolge starker aufgetragener Schuhcreme am Leder festklebende Schmutzstoffe mechanisch in das Leder einarbeiten, sei es, daß sich aus dem Sohlenmaterial oder den Futterstoffen unter dem Einfluß von Feuchtigkeit oder der feuchten Ausdünstungen des Fußes darin als Füll- oder Appreturstoffe enthaltene lösliche Substanzen, wie Gerbextrakt, Bittersalz, Traubenzucker, Dextrin usw., lösen und allmählich in das Oberleder übergehen. Bei Chromoberleder kann ein vorzeitiges Brechen der Narbenschicht im Vorderblatt auch auf ein allmähliches Basischerwerden der Chromkomplexe des Leders durch alkalisch gewordenen Fußschweiß zurückzuführen sein.

Verbranntes Leder (siehe Verbrennungsschäden!) weist je nach dem Grade der Verbrennung stets eine mehr oder weniger starke Brüchigkeit auf. Da pflanzlich gegerbtes Leder besonders in feuchtem Zustand gegen höhere Wärmegrade besonders empfindlich ist, ist eine durch Verbrennen verursachte Brüchigkeit bei pflanzlich gegerbtem Leder besonders häufig anzutreffen.

Eine spröde Brüchigkeit pflanzlich gegerbten Leders, und zwar insbesondere festen ungefetteten Unterleders, kann, ohne daß ein eigentlicher Lederfehler vorliegt, in einem ungenügenden Feuchtigkeitsgehalt des Leders seine Ursache haben. Jedes nicht sehr stark ausgewaschene und stärker ausgetrocknete Leder weist eine mehr oder weniger starke, in der Narbenschicht beginnende Brüchigkeit auf, die, falls keine anderen Ursachen für die Brüchigkeit vorliegen, nach Annahme des normalen Feuchtigkeitsgehalts von durchschnittlich 14% ohne weiteres wieder verschwindet. Besonders in strengen Wintern, wenn bei Temperaturen unter dem Gefrierpunkt die Luft sehr feuchtigkeitsarm ist und ein starkes Austrocknen offen gelagerten Leders eintreten kann, wird eine so verursachte spröde Brüchigkeit des Leders unberechtigterweise häufig reklamiert.

Chromflecken auf Chromleder.

An chromgarem Leder werden manchmal nach der Gerbung oder dem Neutralisieren dunkler gefärbte, wolkenartige Flecken verschiedenen Umfangs festgestellt, die sich vorzüglich an den abfälligeren Teilen der Haut, Kopf, Hals und Seitenteilen vorfinden (Abb. 15). Solche Flecken verschwinden, wenn das Leder nicht schwarz gefärbt wird, auch bei der weiteren Bearbeitung des Leders nicht und bleiben am fertigen Leder dunkler gefärbt sichtbar. Die Narbenschicht des Leders weist an solchen Fleckenstellen manchmal eine etwas verringerte Festigkeit auf. Die Fleckenbildung ist auf eine erhöhte Ablagerung von Chromoxyd an den fleckigen Stellen, insbesondere in der Narbenschicht zurückzuführen und kann auftreten, wenn zu stark basische Chrombrühen zur Gerbung des Leders verwandt werden oder aber, wenn das Leder ungenügend ausgewaschen, stärker neutralisiert wird. Chromflecken können auch entstehen, wenn Blößen ungleichmäßig entkälkt zur Chromgerbung kommen, wenn beim Basischermachen der Gerbbrühe während der Gerbung die Alkalilösung zu rasch oder in zu konzentrierter Lösung durch die hohle Achse des Fasses zugegeben wird, so daß lokale Überneutralisation auftritt, oder wenn Chromleder nach der Gerbung längere Zeit in der stark erschöpften Gerblösung liegen bleiben. Chromflecken können vom Leder nicht mehr entfernt werden.

Abb. 15. Chromflecken auf dem Narben eines unzugerichteten Boxkalbleders. Natürl. Größe.

Cockle, Rohhautschäden durch...

Als „Cockle" wird seit langem ein auf europäischen, australischen, Neuseeländer und nord- und südamerikanischen Schaffellen vorkommender Rohhautschaden bezeichnet, der sich auf der Narbenseite der entwollten Schaffelle als harte, scharf ausgeprägte Beulen- oder Knötchenbildung äußert. Die Knötchen finden sich im allgemeinen an Hals und Schultern, bedecken aber manchmal auch die ganze Haut. Sie sind meist von gelblicher Farbe und erscheinen auf pflanzlich gegerbtem Leder je nach Art des zur Gerbung verwandten Gerbstoffs als rotschwarze oder braunschwarze Beulen. Nach dem Falzen des Leders treten die Knötchen stärker hervor oder fallen ein und erscheinen dünner und härter als die gesunden Teile des Leders. „Cockle" ist zweifellos als eine schadhafte Veränderung der Rohhaut anzusprechen. Nach A. Seymour-Jones[1] sollen die kleinen harten Pusteln auf eine Anreicherung von Naturfett an den Wollwurzeln zurückzuführen sein, die wiederum in einer zu starken oder ungeeigneten Mastfütterung der Tiere seine Ursache haben soll. Die Pustelbildung setzt bei den Schafen etwa im Dezember ein und nimmt bis zur Schur der Schafe zu, um dann wieder abzunehmen. Einwandfrei geklärt kann indessen die Ursache der „Cockle"-Pusteln nicht gelten, da H. Blank und G. D. McLaughlin[2] bei histologischen Untersuchungen an

---

[1] A. Seymour-Jones: The sheep and its skin. London 1913.
[2] J. H. Blank und G. D. McLaughlin: Sheep skin defects. J. A. L. C. A. 1929, 545.

gepickelter Schafblöße mit Cockle in den Pusteln eine Fettanreicherung nicht feststellen konnten, dagegen eine starke Veränderung des Hautgewebes, die sich in einem unterschiedlichen Farbaufnahmevermögen bemerkbar machte. Außerdem stellten diese Forscher eine Anreicherung der nach den Beulen führenden Blutgefäße und der Zellkerne fest.

Dasselschäden.

Zu den verbreitetsten und schlimmsten Haut- und Lederschäden gehören die durch die Larven der Dasselfliege, Hypoderma bovis und Hypoderma lineatum, auch Ochsen- oder Rinderbiesfliege, Rinderbremse oder Rinderbreme genannt, hervorgerufenen Schäden. Die Dasselfliegen zählen als Gattung Hypoderma zur Familie der Oestriden, die wieder zur Ordnung der Zweiflügler (Diptera) gehören (F. Brauer[1]). Hypoderma bovis scheint in Nord- und Mitteleuropa (z. B. Skandinavien) besonders heimisch zu sein, während Hypoderma lineatum mehr in Südeuropa vorzukommen scheint. Hypoderma bovis (Abb. 16a) ist bedeutend größer als die in Aussehen, Größe und Farbe einer Stubenfliege ähnliche Hypoderma lineatum (Abb. 16b) und weist am Bruststück und Hinterteil eine lange und dichte, lebhaft helle Behaarung auf. Für beide Dasselfliegenarten, wie überhaupt für sämtliche Oestridenarten charakteristisch ist das langbehaarte, glattgedrückte Gesicht und die kugeligen Fühlerkolben, wodurch den Tierchen ein affenartiges Aussehen verliehen wird (A. Gansser[2]). Die Dasselfliege bekommt man selten zu Gesicht, sie lebt nur wenige Tage. Das Weibchen der Dasselfliege umschwärmt an heißen, schwülen Tagen zur Mittagszeit das weidende Vieh, stürzt sich auf sein Opfer, versenkt den Hinterleib, die Legeröhre bauchwärts vorstreckend, in die Tiefe des Haarkleids und verbindet die Platte des Eiansatzes, die aus einer klebrigen Masse besteht, mit dem Schaft des Haares möglichst nahe der Haut. Die Hauptschwärmzeit der Dasselfliege sind die Monate Juni bis August, und zwar schwärmt die kleine Dasselfliege mehr im Juni, die große mehr im Juli (A. Weinschenk[3]). Während Hypoderma bovis meist nur ein Ei, ganz selten zwei bis drei Eier am Grunde der Haare befestigt, klebt Hypoderma lineatum ihre Eier reihenweise — etwa 15 Stück — an die einzelnen Haare (B. Peter[4]). Die Eier werden meist an den unteren Körperteilen (Füße, Unterbauch, Unterbrust und Flanken), mit Vorliebe aber an den Hinterbeinen abgelegt, daher der Name Fersenfliege für die kleine Dasselfliege in Amerika, oder Huffliege (A. Weinschenk[3]). Ein befruchtetes Weibchen kann eine sehr große Anzahl Eier ablegen. Die Eier, die eine Größe von 1 bis 1,25 mm haben, sind gegen äußere Einflüsse sehr widerstandsfähig und sitzen so fest am Haar, daß sie weder durch

---

[1] Fr. Brauer: Monographie der Östriden. Wien 1863. Zoologisch-botanische Gesellschaft.

[2] A. Gansser: Häuteschäden und deren Bekämpfung. Gerber 1928, 97.

[3] A. Weinschenk: Die Bekämpfung der Dasselfliegenplage. Berlin 1933.

[4] B. Peter: Lederindustrie 1927, Nr. 58.

Bürste noch Striegel abgetrennt werden. Nach H. Gläser[1] kriechen aus den Eiern vom vierten bis zum zwölften Tage auf der Körperoberfläche des Tieres die jungen, 0,5 bis 1 mm großen Dassellarven aus. Diese sind zylindrisch, durch Querfurchen geteilt und von weißlicher, durchsichtiger Farbe (Abb. 16c). Sie sind sehr empfindlich und vertrocknen im Freien schon nach etwa $1^1/_2$ Stunden. Während nun früher angenommen wurde, daß die an der Körperoberfläche abgelegten Eier der Dasselfliege oder auch die mittlerweile ausgeschlüpften jungen Larven vom Wirtstier abgeleckt werden, so in den Schlund gelangen, diesen durchbohren und von dort eine Wanderung im Wirtstier antreten, besteht heute wohl kein Zweifel mehr, daß sich die jungen Larven dank ihrer kräftigen Mundwerkzeuge nach ihrem Ausschlüpfen so rasch als möglich durch die Haut des Wirtstieres in den Körper einbohren (J. Spann[2]; B. Peter[3]; A. Gansser[4]). Nur durch das Eindringen der Larve durch Hautporen oder Haarbälge erklärt sich, daß die so empfindliche junge Larve schadlos und in großer Menge unter die Haut gelangt. Nach dem Verschwinden unter der Haut werden die inzwischen größer gewordenen Larven meist zuerst wieder im Bindegewebe des Schlundes, vom Mageneingang bis zum Schlundkopf, festgestellt. Von dort treten sie nach J. Spann[5] eine

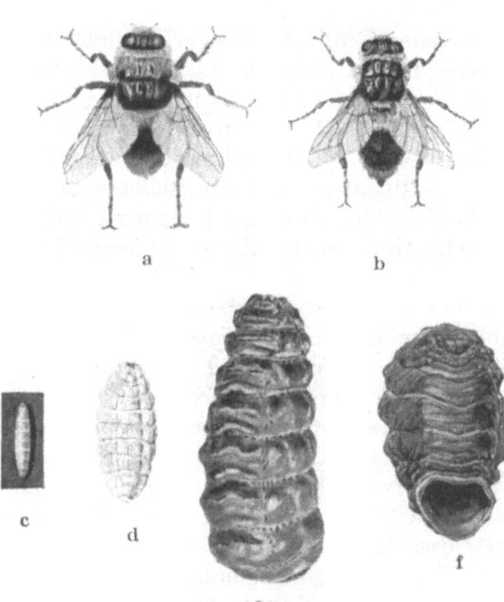

Abb. 16. a Hypoderma bovis; b Hypoderma lineatum; c Hypodermalarve; d Hypodermalarve; e Engerling; f Hypodermapuppe.

neuerliche Wanderung im Wirtstier an, und zwar durch die Brust- und Bauchhöhle der Rücken- und Lendengegend zu. In den Monaten November bis Mai dringen die Dasseln in den Rückgratkanal und wandern von dort durch das intramuskuläre Bindegewebe in das Unterhautbinde der Rückengegend. Die ersten Dasseln in der Rückenhaut werden frühestens im Dezember angetroffen. Die jetzt 10 bis 16 mm großen, weißlichgelben Larven (Abb. 16d) bohren schief gerichtete Löcher durch die Haut, die

[1] H. Gläser: Mitteilungen zur Bekämpfung der Dasselplage. Berlin 1912—1919.
[2] J. Spann: Die Dasselfliegenplage, ihre Schäden und ihre Bekämpfung.
[3] B. Peter: Lederindustrie 1927, Nr. 58.
[4] A. Gansser: Häuteschäden und deren Bekämpfung. Gerber 1928, 97. Ledertechn. Rundschau 1927, 5.
[5] J. Spann: Münchner tierärztliche Wochenschrift 1932, Nr. 32.

sie zur Atmung benützen, und wachsen unter mehrmaliger Häutung im Verlauf von etwa $3^1/_2$ Monaten zum etwa 24 bis 28 mm langen, birnen- oder eiförmigen, bräunlichen „Engerling" aus (Abb. 16e). Während dieses Auswachsens im Unterhautbindegewebe entstehen unter Entzündung und Eiterung auf dem Körper des Tieres taubeneigroße Geschwüre, so- genannte „Dasselbeulen" (Abb. 17). Die Dasselbeulen treten in den Monaten Januar bis Mai auf. Die reife Larve zwängt ihren elastischen Leib durch das strohhalmbreite Atemloch, fällt zu Boden und verpuppt sich (Abb. 16f). Die Auswanderung der Dassellarven dauert den ganzen Sommer über bis Ende Juli und geschieht hauptsächlich in den frühen Morgenstunden. Nach einer Puppenruhe von etwa 30 Tagen bei Hypo- derma lineatum und von 45 Tagen bei Hypoderma bovis entschlüpft der Puppe das fertige Insekt, das nun während seines kurzen Lebens von höchstens 7 Tagen erneut sich der Fortpflanzung widmet und die Wirtstiere belästigt.

Die Dasselfliege ist in Deutsch- land im Nordosten und Nord- westen verbreitet, aber auch im Süden (Schwarzwald und bayri- sche Berge) übt sie ihr Un- wesen. Sie ist nach neueren Be- obachtungen (A. Gansser[1]) ein durchaus bodenständiges Insekt mit nur geringem Flugradius, eine Erkenntnis, die für eine lokale Bekämpfung wichtig sein dürfte.

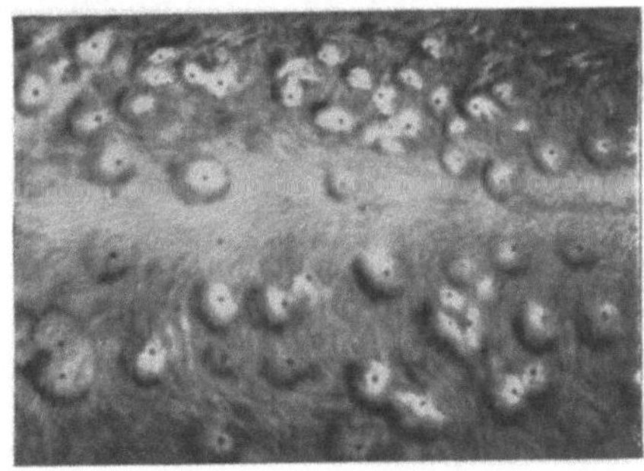

Abb. 17. Starker Dasselbefall auf dem Rücken eines Jungrindes (Freyberg-Delitsch).

Mit Vorliebe krabbelt sie im Grase herum. Der Befall des Viehs durch die Dasselfliege wird durch Witterungs- und Bodenverhältnisse, Art des Weidebetriebes und durch Alter und Geschlecht der Tiere beeinflußt. Es ist statistisch erwiesen, daß die männlichen Tiere einen bedeutend höheren Dasselbefall aufweisen als die weiblichen (A. Weinschenk[2]).

Die Dasselfliege richtet einen immensen volkswirtschaftlichen Schaden an. Abgesehen davon, daß durch das Schmarotzertum zahl- reicher Dassellarven eine Minderung der Lebendgewichtszunahme, der Milchergiebigkeit der Tiere und des Fleisch- und Fettansatzes bewirkt wird, erleidet die Haut des dasselbefallenen Tieres für die Zwecke der Lederindustrie infolge der Durchlöcherung gerade des besten Hautteils eine große Wertminderung. Zahlreiche Löcher von zirka 1 bis 10 mm Durchmesser sind die Folge des Durchbruchs der reifen Dassellarven durch die Haut (Abb. 18). Im besten Fall können die Dassellöcher am lebenden Tier noch vernarben (Abb. 19), bleiben aber auch dann noch als linsengroße Narben, sogenannte „geschlossene Engerlingslöcher", am

---

[1] A. Gansser: Bericht über die Dasselplage. Coll. 1931, 751.
[2] A. Weinschenk: Die Bekämpfung der Dasselfliegenplage. Berlin 1933.

fertigen Leder immer sichtbar und bedingen meist eine Festigkeitsverminderung, so daß solche Häute für Leder, die wie z. B. Riemenleder auf Festigkeit beansprucht werden, nicht verwendet werden können.

Die starken Zerstörungen des Hautgewebes durch Dassellarven wurden neuerdings durch F. O'Flaherty und G. D. McLaughlin[1] an

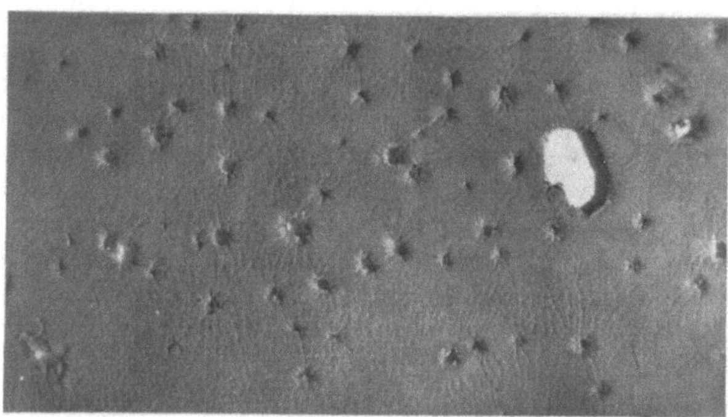

Abb. 18. Fahlleder mit offenen Engerlingslöchern. $^1/_3$ natürl. Größe.

konservierter Haut histologisch eingehend untersucht. Abb. 20 gibt einen ihrer Schnitte durch ein offenes Dasselloch, Abb. 21 durch eine geschlossene, verheilte Dasselnarbe wieder.

Der durch die Dasselfliege verursachte volkswirtschaftliche Schaden ist enorm. So waren z. B. im Bezirk des Verbandes Norddeutscher Häuteverwertungen im Jahre 1930 und 1931 20% aller eingelieferten Kuh-, Ochsen-, Färsen- und Bullenhäute durch Dasselschäden stark entwertet. Man schätzt den Wertverlust durch Minderwert des aus dasselbeschädigten Häuten hergestellten Leders allein bei Rindshäuten in Deutschland auf jährlich 6 bis 7 Millionen Mark (Centralverein der Deutschen Lederindustrie[2]). In England wird sogar einer neueren Berechnung zufolge die jährliche Entwertung der Rindshäute auf 500.000 Pfund Sterling geschätzt, in Dänemark auf 6 Millionen Kronen, in der Schweiz auf 1 Million Franken

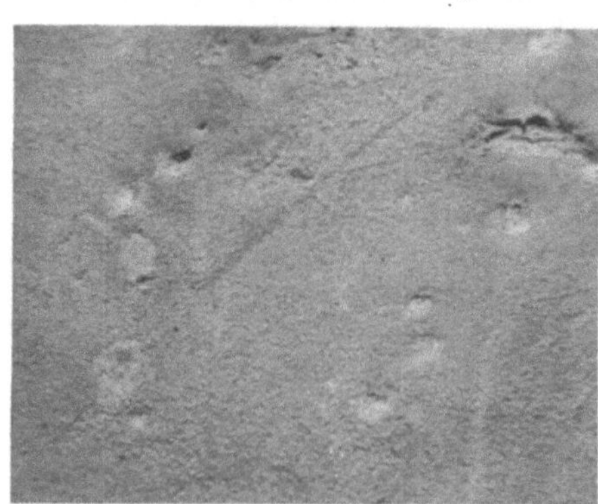

Abb. 19. Verheilte Engerlingsnarben auf Sämischleder. $^1/_3$ natürl. Größe.

---

[1] F. O'Flaherty und G. D. McLaughlin: J. A. L. C. A. 1930, 266.

[2] Centralverein der Deutschen Lederindustrie, Berlin, Geschäftsbericht 1930.

(J. Spann[1]). Das amerikanische Ackerbauministerium nahm 1906 den durch die Dasselfliegenschäden für das Nationalvermögen verursachten Verlust mit jährlich 35 bis 60 Millionen Dollar an (Washburn[2]).

Die Dasselfliege schmarotzt keineswegs nur auf Rindern. Die Larven von Hypoderma lineatum kommen auch auf Ziegen vor (A. Gansser[3]; G. Lubecki[4]). Besonders verheerend soll nach A. Gansser[3] die vorzüglich in Skandinavien, Rußland und Sibirien auftretende Dasselfliege des Renntiers, Hypoderma tarandi, wirken, wie sich überhaupt die Dasselfliege beim Wild, z. B. Reh und Rothirsch, besonders verbreitet findet. Auch eine Dasselfliege, die auf dem Elch parasitiert, ist bekannt (B. Peter[5]). Eine Hypodermose, ähnlich der der Rinder, verursacht durch Hypoderma oegagri und Hypoderma Crossii, kommt bei kleineren Wieder-

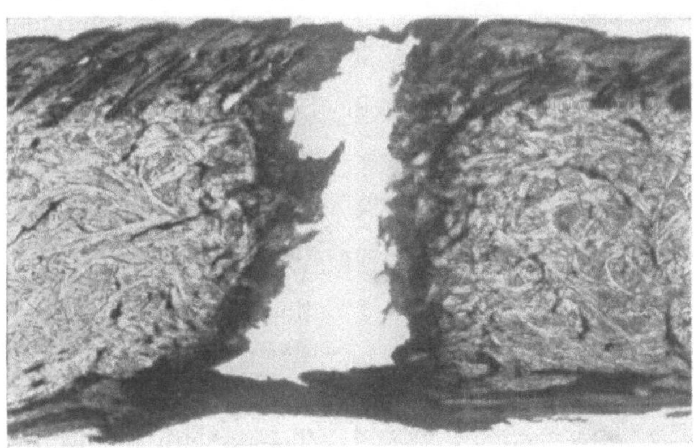

Abb. 20. Vertikalschnitt durch Rindshaut mit offenem Engerlingsloch. Zirka 10fache Vergrößerung (F. O'Flaherty und G. D. Mc.Laughlin).

käuern vor und verursacht Schädigungen der Rohhaut, die den Wert des daraus hergestellten Leders etwa um die Hälfte vermindern (Amiel[6]).

Die Methoden zur Bekämpfung der Dasselschäden kommen, da nach den Erfahrungen der Praxis auf dem Wege der Vorbeugung (Einreiben mit Teer usw.) dem Übel nicht zu steuern ist, alle auf den Kampf gegen die in das Wohntier eingedrungene Larve hinaus. Die Dassellarve läßt sich im Frühjahr, sobald sie sich unter der Rückenhaut des Tieres an-

[1] J. Spann: Die Dasselfliegenplage, ihre Schäden und ihre Bekämpfung. Ledertechn. Rundschau 1927, 5.

[2] Washburn: 14. anual report of the agricultural experiment station of the university of Minnesota, 1906.

[3] A. Gansser: Häuteschäddn und deren Bekämpiung. Gerber 1928, 97.

[4] G. Lubecki: La fabrication du chevreau glacé par le tannage au chrome à deux bains. Le Cuir Technique 1930, 440.

[5] B. Peter: Lederzeitung 1927, Nr. 112.

[6] Amiel: Sur l'hypodermose des petits ruminants. Halle aux Cuirs. (Supl. techn.) 1929, 37.

gesiedelt hat und die Bildung der Dasselbeulen beginnt, verhältnismäßig leicht mechanisch vernichten. Vom Abtöten der Dasellarven durch Quetschen junger Beulen oder Anstechen der Larven ist man aus prinzipiellen Gründen wieder abgekommen. Daß dagegen ein einfaches Ausdrücken der Dasselbeulen mit den Fingern, sogenanntes „Abdasseln", und Vernichtung der ausgedrückten Larven bei systematischer Durchführung den gewünschten Erfolg hat, beweist die Tatsache, daß in Dänemark, wo seit 1923 das Abdasseln gesetzlich vorgeschrieben ist, der Prozentsatz an Dasselschäden von 26% im Jahre 1922 auf 4 bis 5% in den letzten Jahren zurückgegangen ist (Th. Zaubzer[1]). In Deutschland wird eine mechanische Vernichtung der Dasellarve durch Herausziehen mit Häkelnadel und Pinzette aus der Dasselbeule als äußerst einfach und erfolgreich neuerdings wieder lebhaft befürwortet. Zur Bekämpfung der Dasselschäden sind im In- und Ausland eine große Anzahl chemischer Mittel bereits ausprobiert worden. Einreiben der dasselbefallenen Tiere mit phenolhaltiger Salbe, mit Vaseline, Schmierseife, Naphthalinsalbe, Chloroformsalbe, die Verwendung von Birkenteeröl und schwefelhaltigen Präparaten, Einreiben mit Abkochungen von Tabakstaub, das Einführen larventötender Salze in die Beulen in Stäbchenform, die Verwendung von Derris-Präparaten und eine große Anzahl der verschiedensten chemischen Stoffe und unbekannten, mit Phantasienamen bezeichneten Präparate konnten zwar teilweise mehr oder weniger gute Bekämpfungsresultate ergeben, bleiben aber im Ergebnis im allgemeinen bisher hinter dem der mechanischen Bekämpfung zurück.

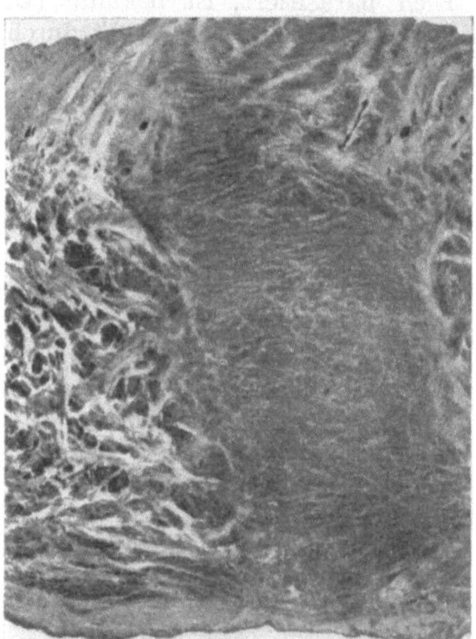

Abb. 21. Vertikalschnitt durch Rindshaut mit vernarbtem Engerlingsloch. 10fache Vergrößerung (F. O'Flaherty und G. D. Mc.Laughlin).

Seit einer Reihe von Jahren hat sich in Deutschland ein besonderer „Ausschuß zur Bekämpfung der Dasselfliege" gemeinsam mit den Staatsbehörden der Bekämpfung dieses gefährlichen Hautschädlings angenommen. Als erfreulicher Erfolg dieser Bemühungen ist der Erlaß des Reichsgesetzes zur Bekämpfung der Dasselfliege vom 7. Dezember 1933 zu werten, durch das jeder Viehhalter verpflichtet wird, alle an seinem

---

[15] Th. Zaubzer: Entwicklung und Stand der Dasselfliegenbekämpfung im Ausland. Die Lederindustrie, 14. Juni 1933.

Rindvieh während der Monate Februar bis Mai auftretenden Larven bis 31. Mai zu töten. Vorbedingung für die Zulassung von Vieh auf Weideplätze, zum öffentlichen Verkauf, zu einer öffentlichen Tierschau oder einer öffentlichen Körnung ist die vorherige Abtötung sämtlicher etwa vorhandener Dassellarven.

Deckfarbe, ungenügende Haftfestigkeit der . . . auf Leder.

Mit der ständig zunehmenden Anwendung von Deckfarben zur Zurichtung der verschiedensten Ledersorten sind auch die durch Anwendung von Deckfarben bedingten Lederfehler naturgemäß häufiger geworden. Abgesehen von ungenügender Lichtechtheit, Wasserbeständigkeit, Bügelechtheit solcher Deckfarbenfilme ist eine ungenügende Haftfestigkeit der Deckfarbe auf dem Leder der am meisten vorkommende Fehler. Durch die ungenügende Haftfestigkeit der Deckfarbe wird ein Abscheuern der Deckfarbe an mechanisch stärker beanspruchten Lederteilen, unter Umständen auch ein vollständiges Abblättern der Deckfarbenschicht vom Leder verursacht.

Eine ungenügende Haftfestigkeit der Deckfarbe auf dem Leder kann auf die verschiedensten Ursachen zurückzuführen sein. Sie kann zunächst einmal in der Zusammensetzung und Beschaffenheit der zum Decken des Leders verwendeten Deckfarbe selbst ihre Ursache haben. Die verschiedenartigen Anforderungen, die an die verschiedenen Ledersorten gestellt werden, machen eine verschiedenartige Einstellung der zur Deckung dieser Leder verwendeten Deckfarben hinsichtlich Art und Menge der zur Herstellung der Deckfarbe benützten Bindemittel (Nitrozellulose, wasserlösliche Eiweißstoffe), Weichhalter (Öle, Phosphorsäureester, Adipinsäureester, Phthalate), Farbpigmente (anorganische und organische Farbstoffe) und der Verdünnungs- und Lösemittel (Alkohole, Ketone, Äther, Ester, Kohlenwasserstoffe, Wasser) notwendig. Werden Deckfarben erfahrener Herstellungsfirmen zum Decken des Leders benützt, so scheidet eine unsachgemäße Zusammensetzung der Deckfarbe als Ursache ungenügender Haftfestigkeit meist aus. Vorbedingung für eine einwandfreie Aufnahme und damit Haftfestigkeit einer Deckfarbe ist eine gute Saugfähigkeit des Leders, die durch geeignete Führung des Äschers und der Gerbung zu erzielen ist. Die Aufnahmefähigkeit des Leders wird stark herabgesetzt durch Schmutz und Fettstoffe, die sich auf der Außenschicht des zu deckenden Leders befinden. So kann durch nicht vorgenommenes oder ungenügendes Reinigen der Leder von Schmutz und Fett durch Ausreiben mit einer verdünnten Milchsäurelösung oder einem Gemisch von Milchsäure und geeigneten organischen Lösungsmitteln bei Kollodiumdeckfarben bzw. mit verdünnter Milchsäurelösung oder einem Gemisch von Ammoniak und Spiritus bei Wasserdeckfarben eine ungenügende Haftfestigkeit der Deckfarbe verursacht werden. Ein Ausreiben des mit Kollodiumdeckfarbe zu deckenden Leders mit alkalischen Entfettungsmitteln, Sodalösung, Seife, Ammoniak, kann ebenfalls die Haftfestigkeit der Deckfarbe vermindern. Stark naturfetthaltige Häute nehmen die Deckfarbe schlecht an und müssen entfettet werden. Unter Umständen kann auch eine ungeeignete Fettung des Leders bei einem Abblättern der Deckfarbe eine Rolle spielen. So kann die Verwendung größerer Mengen Mineralöls beim Lickern von Leder dazu führen, daß dieses allmählich an die Oberfläche des Leders tritt und eine aufgetragene Kollodiumdeckfarbe ablöst (H. Prien[1]). Werden bereits appretierte, gedeckte, lackierte oder glanzgestoßene Leder zur Änderung des Farbtons ohne vorherige Entfernung der bereits vorhandenen Appreturen anderer Art als die Deckfarbe mit Deckfarben behandelt, so weist die nachträglich aufgetragene Deckfarbe meist eine ungenügende Haftfestigkeit auf. Wird Leder in nicht genügend wasserfreiem Zustand mit Kollodiumdeckfarben gedeckt oder scheidet sich bei Verwendung zu schnell flüchtiger Lösungsmittel infolge der bei der schnellen Verdunstung entstehenden Temperaturerniedrigung Feuchtigkeit aus der Luft auf dem Leder ab, so kann die Haftfestigkeit der Deckfarbe ungünstig beeinflußt werden. Die Gefahr einer schädlichen Wasserdampfkondensation ist besonders groß, wenn das Decken des Leders in zu kalten und zu feuchten Räumen vorgenommen wird. In gleicher Weise kann die Haftfestigkeit der Deckfarbe unbefriedigend ausfallen, wenn bei Verwendung zu schnell flüchtiger Lösungsmittel diese größtenteils während des Aufspritzens schon verdunsten und die Deckfarbe in zu konzentrierter Form auf das Leder gelangt. Eine der Hauptursachen für das Abblättern der Deckfarbe ist im allmählichen Entweichen des Weichhalters aus dem Deckfilm zu sehen. Während eine Verdunstung zu niedrig siedender Weichhalter wohl zu den selteneren Fällen zu zählen ist, tritt recht häufig, besonders bei ungeeigneter Fettung des Leders oder bei großer Saugfähigkeit des Leders, z. B. lohgarem Leder, ein allmähliches Abwandern des Weichhalters aus der Deckfarbenschicht in das Leder ein, wodurch der Deckfarbenfilm spröde und brüchig werden und vom Leder abblättern kann. Diesem Übelstand muß durch Zusatz genügender Weichmachermengen zur Deckfarbe vorgebeugt werden. Da Wärme die Abwanderung von Weichhaltern beträchtlich befördern kann, darf, abgesehen von andern auftretenden Schwierigkeiten, die Bügeltemperatur gedeckter Leder 60° C keinesfalls überschreiten. Bügeln gedeckten Leders bei zu hoher Temperatur ist recht häufig die Ursache für ein Abblättern der Deckfarbe. Bei Wasserdeckfarben kann ein zu starkes Härten der Deckfarbe mit Formaldehyd zu einem Brüchigwerden und Abblättern Veranlassung geben. Schließlich kann ein Abblättern der Deckfarbe vom Leder auf die Verwendung ungeeigneter Firnisse und Reinigungsmittel zurückzuführen sein.[2] Insbesondere kann die Verwendung von alkoholischen Schellackappreturen oder Schellack-Boraxappreturen zu einem Abblättern von Kollodiumdeckfarben Veranlassung geben.

---

[1] H. Prien: Beobachtungen in der Praxis über Fettungsmethoden. Coll. 1928, 295.

[2] Merkblatt für die Behandlung feinfarbiger Oberleder. Coll. 1929, 278.

Dornheckenrisse.

Durchstöbert Weidevieh dichte Hecken und niedrige Waldbestände, so wird durch die Dornen des Gestrüpps die Haut unregelmäßig aufgerissen. Tiefe blutige Verletzungen der Haut in unregelmäßiger Rißform sind die Folge. Nicht selten scheuern sich die Weidetiere, um den durch Insektenstiche oder starke Schweißabsonderung hervorgerufenen Juckreiz zu mildern, absichtlich am Dorngestrüpp oder Stacheldraht (siehe Stacheldrahtrisse!) der Weideumzäunung und verursachen so die Hautverletzung. Die Risse vernarben mehr oder weniger wieder an der Haut des lebenden Tieres, wenn dieses nicht mit den offenen Rissen geschlachtet wird, hinterlassen aber dauernd sichtbare Narben. Je tiefer die Risse in die Haut eingedrungen waren, um so mehr entwerten sie die Haut. An

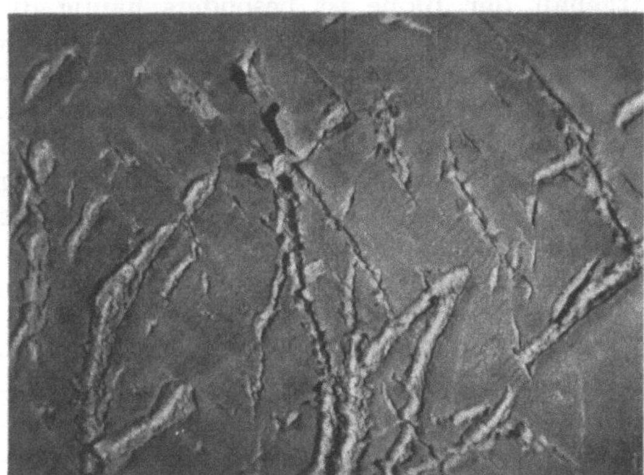

Abb. 22. Offene Dornheckenrisse auf Brandsohlleder. $^2/_3$ natürl. Größe.

der Rohhaut bleiben Dornheckenrisse meist infolge des Haarkleides unsichtbar und werden erst auf dem Narben der enthaarten Blöße augenfällig. Während Dornheckenrisse auf Zahmhäuten im allgemeinen seltener und nur mehr vereinzelt auf einer Haut anzutreffen sind, sind Wildhäute von Dornrissen häufig völlig zerschnitten (Abb. 22). Dorngestrüpp ist keinesfalls ein geeignetes Umzäunungsmaterial für Weideplätze.

Durchgerbung, ungenügende . . . des Leders.

Eine ungenügende Durchgerbung des Leders äußert sich bei allen Lederarten in einer mehr oder weniger harten und blechigen Beschaffenheit des Leders und einer verminderten Widerstandsfähigkeit gegenüber den verschiedenartigsten Beanspruchungen. Der Querschnitt eines ungenügend durchgerbten Leders läßt im Innern einen helleren Streifen ungegerbter bzw. ungenügend gegerbter Hautsubstanz erkennen, das Leder hat einen „speckigen" oder „splissigen" Schnitt. Die nicht oder ungenügend gegerbte innere Hautschicht quillt beim Einlegen eines Streifens solchen Leders in 30%ige Essigsäure mehr oder weniger stark an und wird im durchfallenden Licht wachsgelb durchsichtig.

Als Ursache einer ungenügenden Durchgerbung eines Leders können verschiedenartige Umstände in Betracht kommen: ungeeignete Beschaffenheit des verarbeiteten Rohmaterials, unsachgemäße Durchführung der Vorarbeiten der Wasserwerkstatt und vor allem unsachgemäße Durchführung des Gerbprozesses selbst.

Wird bei Häuten mit hohem Naturfettgehalt das Hautfett nicht durch genügende Verseifung und Emulgierung im Äscher oder der Beize oder durch einen besonderen Entfettungsprozeß entfernt, so dringt häufig der Gerbstoff an den Stellen mit höherem Fettgehalt nicht genügend in die Blöße ein und es resultiert eine ungenügende Durchgerbung des Leders. Zu hoher Naturfettgehalt der Blöße ist besonders häufig die Ursache ungenügender Durchgerbung bei Schafledern. Auch durch Fäulnisschäden der Rohhaut kann unter Umständen die Gerbstoffaufnahme behindert und eine ungenügende Durchgerbung verursacht werden. In besonderem Maße tritt eine ungenügende Durchgerbung bei solchen Häuten in die Erscheinung, bei denen durch unsachgemäße Durchführung des Trocknungsprozesses eine Verleimung oder eine bakterielle Schädigung der inneren Schichten der Haut eingetreten ist (vgl. Selbstspalten!). Kommen ungenügend durchweichte getrocknete Häute in den Äscher, so genügt häufig die normale Äscherdauer nicht, die notwendige Erweichung und den notwendigen Hautaufschluß zu bewirken, der Gerbstoff dringt in solche Blößen nicht genügend ein. Ungenügendes Erweichen und Aufgehen im Äscher ist besonders häufig die Ursache stellenweiser ungenügender Durchgerbung, wenn die Häute bei zu hoher Temperatur in der prallen Sonnenhitze getrocknet werden, wodurch stellenweise die normale Quellbarkeit der Hautproteine vollkommen verlorengeht (vgl. Sonnenbrandige Haut!). Eine Behandlung der geschädigten Hautstellen mit verdünnter Ammoniaklösung soll den Übelstand beseitigen und die Gerbfähigkeit wieder herstellen (P. Polus und G. Biro[1]). Auch durch ungenügende Reinmachearbeiten kann unter Umständen das Eindringen des Gerbstoffs behindert und eine ungenügende Gerbung verursacht werden.

Vorbedingung für den Erhalt eines genügend durchgerbten Leders ist die Einhaltung der „goldenen Gerberregel" beim Gerbprozeß, nach der jede Gerbung mit schwachen, gerbstoffarmen Gerblösungen begonnen und mit allmählich und stetig im Gerbstoffgehalt steigenden Brühen fortgesetzt werden muß. Werden die Blößen zu Beginn der pflanzlichen Gerbung in stärker konzentrierte Gerblösungen gebracht, so werden die Gerbstoffe so schnell und stark in den äußeren Schichten der Haut abgelagert, daß die Gerbstoffe nicht mehr weiter in das Innere der Blöße diffundieren können und eine „Totgerbung" des Leders eintritt. Da die Gerbstoffaufnahme durch die Hautsubstanz bei niedrigeren p_H-Werten, also größerem Säuregehalt der Gerbbrühen, rascher und stärker erfolgt als bei höheren p_H-Werten (G. Parker und A. Gilman[2]), ist die Gefahr des Totgerbens durch übermäßige Gerbstoffablagerung in den äußeren

---

[1] P. Polus und G. Biro: Über örtliche ungenügende Durchgerbung. Westnik der Lederindustrie und der Lederherstellung. 1929, 688. Ref. Coll. 1932, 96.

[2] G. Parker und A. Gilman: The effect of the hydrion concentration of tan liquors on the absorption of tannin by hide. J. I. S. L. T. C. 1927, 213.

Schichten in stärker sauren Gerbbrühen besonders groß. Da weiterhin nach Versuchsergebnissen von E. Stiasny und L. Vogl[1] die Hauptursache der Beeinflussung der Gerbstoffaufnahme durch den Säuregehalt der Gerbbrühen in dem verschiedenen Quellungsgrad zu suchen ist, den die Haut durch die Gerbbrühe erhält, weniger in einer Änderung der Teilchengröße der in den Gerbbrühen vorhandenen Gerbstoffe, so ist verständlich, daß auch bei Überführung von stärker säuregeschwellten Blößen in süße Gerbbrühen besonders leicht eine übermäßige Ablagerung des Gerbstoffs in den Außenschichten und damit eine Totgerbung erfolgen kann. Außer der Azidität und Konzentration der Gerblösungen spielt zweifellos auch das spezifische Pufferungsvermögen, das weitgehend, wenn auch nicht ausschließlich durch die Menge und Natur der in den Gerblösungen vorhandenen Nichtgerbstoffe beeinflußt wird, bei der „milderen" oder „abstringenteren" Wirkung der Gerbbrühe auf die Blöße eine Rolle (B. Pleass[2]). Aus diesem Grunde ist die Gefahr einer Totgerbung bei Angerbung der Blößen in nichtgerbstoffreicheren Gerblösungen beträchtlich geringer. Durch Bewegen der Häute im Faß wird die Möglichkeit der übermäßigen Ablagerung von Gerbstoff in den Außenschichten auch bei Verwendung stärker konzentrierter Gerblösungen wenn auch nicht ausgeschlossen, so doch herabgesetzt.

Eine ungenügende Durchgerbung pflanzlich gegerbten Leders kann erfolgen, wenn die verwendeten Gerbbrühen größere Mengen an unlöslichem Satz enthalten, also ungenügend geklärte Gerbextrakte zur Verwendung gelangen. Die gröberteiligen unlöslichen Anteile können die Poren der äußeren Hautschichten so verstopfen, daß kein weiterer Gerbstoff mehr in die inneren Schichten gelangen kann, so daß eine ungenügende Durchgerbung des Leders eintritt, unter Umständen die Gerbung überhaupt vollständig zum Stillstand kommt.

Nicht selten ist die Ursache stellenweiser ungenügender Durchgerbung des Leders in der Bildung von Schleimflecken (siehe diese!) in den ersten Farbbrühen zu suchen. Gewisse Mikroorganismen vermögen bei stärkerer Entwicklung aus Zucker- und Eiweißstoffen in älteren Gerbstoffbrühen schleimartige Substanzen zu erzeugen, die sich stellenweise auf der Blöße ablagern und das Eindringen des Gerbstoffs in diese verhindern. Durch ein rechtzeitiges Ausstreichen oder Ausbürsten der Blöße kann eine normale Durchgerbung erreicht werden.

Eine ungenügend satte Durchgerbung pflanzlich gegerbten Leders kann erhalten werden, wenn die zur Gerbung verwandten Gerbstoffmengen zu einer satten Gerbung nicht ausreichen, wenn das Leder in den Gerbstofflösungen „verhungert" oder aber wenn dem Gerbstoff nicht genügend Zeit zur Bindung an die Hautsubstanz gegeben wird, der Gerbprozeß in zu kurzer Zeit beendet wird.

Bei der Chromgerbung können ebenfalls verschiedene Umstände

---

[1] E. Stiasny und L. Vogl: Coll. 1926, 416; vgl. Bergmann, Handbuch der Gerbereichemie und Lederfabrikation, II. Bd., 1. Teil, S. 476.

[2] B. Pleass: The determination and control of the buffer index of tan liquors. J. I. S. L. T. C. 1931, 73.

zu einer ungenügenden bzw. nicht genügend satten Durchgerbung des Leders führen. Werden zu Beginn der Chromgerbung zu stark basische Chrombrühen angewandt, so kommt es genau wie bei der pflanzlichen Gerbung bei Anwendung stärker konzentrierter Brühen niedrigeren p_H-Wertes zu einer starken Ablagerung von Chromverbindungen in den Außenschichten der Blöße, durch die die Poren der Haut verstopft und ein genügendes Eindringen des Gerbstoffs in die inneren Schichten verhindert wird, also zu einer „Totgerbung". Während die Gefahr einer solchen Totgerbung von Chromleder im allgemeinen stark verringert ist, wenn die Blößen in gepickeltem Zustand der Chromgerbung unterworfen werden, ist die Gefahr besonders groß, wenn Blößen in ungenügend entkälktem Zustand zur Gerbung kommen, da sich in diesem Falle auch bei Verwendung weniger stark basischer Chrombrühen übermäßig basische Chromsalze in der Blöße grob abscheiden können. Eine ungleichmäßige Durchgerbung von Chromleder kann auch erhalten werden, in diesem Fall weisen die äußeren Schichten eine ungenügende Gerbung auf, wenn das Chromleder durch zu starke Neutralisation bei Anwendung ungeeigneter Neutralisationsmittel (starke Alkalien) in den Außenschichten wieder entgerbt wird (P. Chambard und M. Queroix[1]). Eine ungenügend satte Chromgerbung wird erhalten, wenn die verwendeten Chromgerbbrühen ungenügende Chrommengen enthalten oder wenn die Chrombrühen in zu wenig basischem Zustand zur Gerbung verwandt werden, so daß eine ungenügende Ablagerung von Chromverbindungen auf der Hautfaser erfolgt. Die Basizität der Chrombrühen muß zum Erhalt einer satten Gerbung allmählich während der Gerbung zunehmen.

Bei der Weiß- und Glacégerbung kann ein ungenügend durchgerbtes oder ungenügend gegerbtes, notgares Leder erhalten werden, wenn die Felle in ungenügend geäschertem oder gebeiztem Zustand zur Gerbung kommen, wobei die Gare nicht genügend in das Innere des Fells eindringt, wenn zu wenig Alaun zum Ansatz der Gare verwendet wird oder die Bestandteile der Gare nicht die richtigen Mengenverhältnisse zueinander aufweisen, wenn die Gare zu dünn- oder dickflüssig ist oder bei unrichtiger Temperatur, vor allem zu niedriger Temperatur damit gegerbt wird oder wenn die mechanische Bearbeitung der Felle während der Gerbung ungenügend ist (W. Eitner[2]).

Bei der Sämischgerbung wird ein ungenügend gegerbtes Leder erhalten, wenn die Häute bei den Vorarbeiten der Wasserwerkstatt nicht genügend aufgeschlossen wurden, wenn der zur Gerbung benützte Tran nicht die genügende Gerbfähigkeit aufweist, d. h. eine ungenügende Oxydationsfähigkeit besitzt, wenn die Blößen bei der Gerbung nicht genügend mechanisch mit dem Tran gewalkt oder wenn dem Tran nicht vor der Entfernung des überschüssigen Trans genügend lange Gelegenheit zur Bindung an die Hautsubstanz gegeben wird.

---

[1] P. Chambard und M. Queroix: La résistance du cuir au chrome à l'action des solutions alcalines. J. I. S. L. T. C. 1924, 209.

[2] W. Eitner: Fachkorrespondenz. Lammleder. Notgare. Gerber 1886, 109, 122.

Eierflecken auf Glacéleder.

Glacégare Leder weisen manchmal über die ganze Fläche des Narbens verteilt größere oder kleinere, unregelmäßig umrandete, gelbe Flecken auf. Solche Flecken, die nach dem Auftrocknen in die Erscheinung treten, werden als sogenannte „Eierflecken" bezeichnet und können nach W. Eitner[1,2] auf verschiedene Weise entstehen. Frische Eier können Eierflecke bei der Glacégerbung verursachen, wenn zum Ansatz der Gare zu viel Eigelb verwandt wird, so daß dieses nicht vollständig sich in die Blößen einwalken läßt und nur eine stellenweise Aufnahme durch die Blöße erfolgt oder aber wenn zum Ansatz der Gare zu wenig Mehl verwendet wird, so daß diese nicht die notwendige Konsistenz aufweist. Auch wenn die Blöße durch ungeeignete Vorbehandlung oder von Natur aus hart, unrein und daher nicht saugfähig ist, so daß das Eigelb teilweise auf dem Narben verbleibt, können Eierflecke verursacht werden. Häufig trägt dabei eine zu langsame Trocknung des Leders zur Verschlimmerung der Fleckenbildung bei. Ebenso können mehr dunkel gefärbte Flecken auf dem Narben von Glacéleder entstehen, wenn die zum Gerben verwandte Gare „klumpig" war, d. h. das Eigelb nicht gleichmäßig in der Gare verteilt war. Gehen Faßeier infolge zu warmer Lagerung und ungenügender Konservierung in Zersetzung über, so wird das Eieröl mit dem in ihm enthaltenen gelben und roten Farbstoff aus der feinen Verteilung mit den Eiweißstoffen gebracht. Wird solches verdorbenes Eigelb zum Ansatz von Glacégare benützt, so werden die Bestandteile des Eidotters, namentlich die den gelben Farbstoff enthaltenden Ölteile schwieriger von der Blöße absorbiert als in der feinen Verteilung mit dem Eiweißkörper, sie bleiben auf dem Leder sitzen und markieren beim Trocknen des Leders gelbe Stellen.

Eierflecken machen sich beim Färben von Glacéleder durch ungleichmäßige Farbaufnahme des Leders an solchen Stellen unangenehm bemerkbar.

Eisenflecken.

Eisenflecken äußern sich in der verschiedensten Stärke und Gestalt auf der rohen Haut als bräunliche bis dunkelbraune Flecken, auf der mit Schwefelnatrium geäscherten Blöße als blauschwarze Flecken, auf ungefärbtem alaungarem, glacégarem, sämischgarem und chromgarem Leder als bräunliche Flecken, während sie auf pflanzlich gegerbtem Leder als graue bis tief dunkle, schwarze Flecken sehr stark in Erscheinung treten (Abb. 23). Der Narben insbesondere pflanzlich gegerbten Leders ist an mit Eisenflecken behafteten Stellen häufig mürbe und brüchig und löst sich unter Umständen beim Biegen oder der mechanischen Bearbeitung ab (R. Lauffmann[1]). Eisenflecken können in jedem Stadium der Lederfabrikation von der rohen Haut bis zum fertigen Leder entstehen.

---

[1] W. Eitner: Handschuhindustrielle Phänomene. Gerber 1878, 173.
[2] W. Eitner: Eierflecke. Gerber 1883, 281.
[3] R. Lauffmann: Häute- und Lederfehler. Ledertechn. Rundschau 1926.

Besonders gefährlich sind die Eisenflecken, die bereits an der ungegerbten Haut durch Berührung mit Eisenteilen oder Eisenverbindungen entstehen, da sie sich am fertigen Leder infolge eintretender Eisengerbung der Haut nicht oder nur sehr schwer vollständig entfernen lassen. Nach W. Eitner[1] können Eisenflecken in Form körniger, gelber Fleckchen auf der Fleischseite der Rohhaut entstehen, wenn sogenannter Steinrötel, auch Rötelbolus, eine Tonerde, die beträchtliche Mengen Eisenoxyd und Eisenoxydhydrat enthält, als Denaturierungsmittel des Konservierungssalzes benützt wird. Wenn diese Eisensalze auch wenig löslich sind, so können sie doch durch die in der Haut vorhandene Milchsäure in Lösung gebracht werden und eine mehr oder minder starke Eisengerbung der Haut bewirken. In gleicher Weise verursacht jede Berührung der rohen Häute mit Eisensalzen oder Eisenteilen während der Lagerung

Abb. 23. Eisenflecken auf pflanzlich gegerbtem Leder, verursacht durch Eisenverunreinigungen des Gerbmaterials. $^{1}/_{2}$ natürl. Größe.

oder des Transportes (Eisennieten am Boden von Eisenbahnwaggons) Eisenflecken. Besonders gefährlich sind auch Anhänger aus Eisenblech zur Bezeichnung der Häute oder das Befestigen der Anhänger mit Eisendraht. Zum Bezeichnen von Häuten müssen aus diesem Grunde mit Zwirn befestigte Holztäfelchen Verwendung finden. Beim Weichen der Häute kann ein Aufhängen an eisernen Haken starke Eisenflecken an den Aufhängestellen verursachen, weshalb grundsätzlich nur gut verbleite Aufhängehaken Verwendung finden sollten.

Unter Umständen kann auch das verwandte Betriebswasser zur Bildung von Eisenflecken in irgendeinem Fabrikationsstadium Veranlassung geben. Wasser kann Eisen von Natur aus aus dem Erdboden gelöst enthalten, oder es kann Eisen durch einen Angriff der Eisenrohrleitungen durch die im Wasser gelöste Kohlensäure in das Wasser gelangt sein. Das so gebildete Ferrobikarbonat $FeH_2(CO_3)_2$ bildet fast farblose

---

[1] W. Eitner: Salzflecke. Gerber 1888, 258.

Lösungen und wird bei Luftzutritt zu Eisenocker Fe(OH)$_3$ oxydiert, das sich als gelbroter Niederschlag abscheidet. Die so entstehenden unlöslichen Eisenverbindungen setzen sich vor allem beim Weichen oder Spülen auf der Haut oder Blöße fest, werden allmählich gelöst und von der Haut gebunden und geben so zu Eisenflecken Veranlassung. Wasser mit einem höheren Eisengehalt, besonders mit einem Gehalt an doppeltkohlensauren Eisenverbindungen, muß demgemäß einem besonderen Enteisnungsverfahren unterworfen werden, zumal auch in Lösung verbleibendes Eisen zu Dunkelfärbung der pflanzlichen Gerbbrühen Veranlassung geben kann.

Eisenflecken meist kleineren Umfangs und rundlicher Form über die ganze Lederfläche verteilt entstehen, wenn die zum Ausgerben oder Versetzen benützten zerkleinerten pflanzlichen Gerbmaterialien kleine metallische Eisenteilchen enthalten, die vom Mahlen der Gerbmittel in eisernen Mühlen herrühren, wie dies nicht selten bei Sumach und Trillo der Fall ist. Auch durch Verunreinigungen der Gerbmittel durch eisenhaltigen Sand können Eisenflecke verursacht werden. Solche Gerbmittel müssen demgemäß vor Verwendung zweckmäßig vor allem auf die Abwesenheit metallischer Eisenteilchen geprüft werden. Auch während des Gerbprozesses ist das Leder gegen die Einwirkung jeglicher Eisenverbindungen oder Berührung mit Eisenteilen sehr empfindlich und es können eiserne Schuhnägel des einen Versatz leerenden Arbeiters ebenso zu Eisenflecken Veranlassung geben wie der Gebrauch einer Eisenschaufel zum Auswerfen der Lohe. Nicht selten sind auch von eisernen Deckenträgern, Rohren usw. auf das Leder fallende Rostteilchen oder vom Schleifen eiserner Werkzeuge im Betriebe, z. B. dem Schleifen der Messerwalze der Falzmaschine, herrührende Eisenteilchen oder eisenhaltiger Zementstaub die Ursache von Eisenflecken. Eisenhaltiger Zement, der zur Herstellung von Farb- oder Gerbgruben verwendet wurde, kann ebenfalls zu Eisenflecken Veranlassung geben, wenn die Gruben nicht mit einem zweckmäßigen Schutzanstrich versehen sind. Schließlich können auch Appreturen, die eisenhaltige Mineralstoffe, Eisenerdfarben oder eisenhaltigen Ton enthalten, Eisenflecken verursachen.

Pflanzliche Gerbextrakte sind im allgemeinen bemerkenswert frei von gelösten Eisenverbindungen, so daß normale Gerbbrühen selten mehr als 0,005% des Gesamtlöslichen Eisen enthalten. Solche Eisenverbindungen können in den schwächeren Farben zu einer Mißfärbung des Narbens Veranlassung geben, die aber bei der weiteren Gerbung wieder verschwindet (P. Balfe und H. Phillips[1]). Nach P. Vignon[2] geben gelöste Eisensalze in größeren Mengen in Gerbbrühen zwar zu einer gleichmäßigen Verfärbung des Leders ins Graustichige, nicht aber zu einer ausgesprochenen Fleckenbildung Veranlassung.

---

[1] P. Balfe und H. Phillips: The iron and copper in vegetable tan liquors and tanning extracts and the absorption and deposition of iron and copper impurities during tannage. J. I. S. L. T. C. 1931, 226.
[2] P. Vignon: Sur la presence de traces de metaux lourds dans les extraits tannants. J. I. S. L. T. C. 1931, 385.

Eisenflecken auf Glacéleder stammen, wenn sie nicht durch Berührung mit Eisenteilen verursacht sind, meist aus eisenhaltigen Verunreinigungen der verwendeten Gare, insbesondere des Alauns oder Mehls.

Zur Entfernung von Eisenflecken reibt man das Leder am besten mit verdünnter (0,5%iger) Salzsäurelösung oder 0,5 bis 1%iger Oxalsäurelösung aus oder behandelt es mit solchen Lösungen. Zur Vermeidung einer Schädigung des Leders durch aufgenommene Säure müssen die Leder anschließend gut wieder ausgewaschen werden. Eine Salzsäurebehandlung des Leders zur Entfernung von Eisenflecken ist einer Oxalsäurebehandlung vorzuziehen, weil häufig bei gutem Auswaschen des oxalsäurebehandelten Leders die Eisenflecken, wenn auch in schwächerem Ausmaße, wiederkehren. Während auf diese Weise während der Gerbung und Zurichtung des Leders entstandene Eisenflecken meist sich wieder entfernen lassen, ist eine Beseitigung bereits an der Rohhaut oder der Blöße entstandener Eisenflecken häufig nicht mehr möglich.

Ellagsäure- und Chebulinsäureausssschläge auf pflanzlich gegerbtem Leder.

Einige wichtige pflanzliche Gerbmaterialien haben die Eigenschaft, in und auf dem damit gegerbten Leder eine hellgelbe bis hellbräunliche Abscheidung zu erzeugen, die der Gerber als „Blume" oder „Mud" bezeichnet. Die Ausscheidung besteht in den meisten Fällen aus Ellagsäure, in einem Fall (Myrobalanen) auch teilweise aus Chebulinsäure, die aus dem Gerbstoff dieser Gerbmittel sehr leicht abgespalten werden. Als blumebildende Gerbmittel kommen hauptsächlich Valonea und Trillo, Divi-Divi, Algarobilla und Myrobalanen in Betracht, aber auch das Holz und die Rinde der Edelkastanie und der Eiche bilden „Blume" auf dem damit gegerbten Leder. Die Bedingungen für die Abscheidung der Blume in und auf den Gerbmitteln sind noch nicht erforscht. Feststeht, daß Blumebildung in und auf dem Leder nur innerhalb eines bestimmten p_H-Bereiches erfolgt, und zwar scheint der günstigste p_H-Wert für die einzelnen Gerbmittel verschieden zu sein, aber stets unterhalb 5 zu liegen (H. Gnamm[1]). Die Blumeabscheidung wird bei manchen Lederarten, insbesondere Unterleder, als Zeichen einer guten Gerbung gern gesehen, zumal sie zu einer Aufhellung der Lederfarbe beiträgt. Bei anderen Lederarten aber, insbesondere solchen, die gefärbt und auf der Narbenseite weiter zugerichtet werden sollen, ist die Blume durchaus unerwünscht, da Farbstoffe und Appreturen an mit Ellagsäure bedeckten Narbenstellen nicht oder nur mangelhaft aufgenommen werden und dadurch eine ungleichmäßige Färbung und Zurichtung des Leders verursacht wird. Ellagsäure- und Chebulinsäureausschläge lassen sich im allgemeinen durch Abreiben mit lauwarmem Wasser, notfalls durch Ausbürsten des Leders mit verdünnter Sodalösung und nachfolgendes Aufhellen mit Säure wieder vom Leder entfernen.

---

[1] H. Gnamm: Bergmann, Handbuch der Gerbereichemie und Lederfabrikation, II. Bd., 1. Teil. Wien 1931.

Falten im Leder.

Häute von Tieren, die durch Mastfütterung ernährt wurden, weisen meist eine mehr oder weniger ausgeprägte Faltenbildung in der Haut, besonders in der Halsgegend (Halsringe) auf, die auch am fertigen Leder sichtbar bleibt und das Aussehen beeinträchtigt. Auch bei Häuten von Zugtieren ist häufig eine solche Faltenbildung festzustellen. Solche gewachsene Falten können natürlich weder an der Rohhaut noch an dem fertigen Leder irgendwie beseitigt werden. Faltenbildung am fertigen Leder kann dadurch verursacht werden, daß die Häute während den vorbereitenden Arbeiten, der Gerbung und Zurichtung, sich nicht stets in ausgerecktem, glattem Zustand befinden. Können sich die Blößen bei der Gerbung im Faß nicht genügend bewegen, so können die sich bildenden Falten mehr oder weniger festgerben, ebenso wie bei der Zweibadgerbung beim Einbringen der Blößen mit Falten und Knicken in das Reduktionsbad die Falten sich festgerben und häufig nur sehr schwer oder gar nicht mehr entfernen lassen. Besonders groß ist die Gefahr schwer entfernbarer Falten, wenn Chromleder auf dem Bock oder sonstwie in nicht vollständig glattem Zustande antrocknen (N. N.[1]).

Zur Vermeidung unerwünschter Falten am fertigen Leder müssen Blößen und Leder, solange sie feucht sind, stets in möglichst ausgerecktem glattem Zustand gehalten werden. Bereits entstandene Falten können in feuchtem Zustand durch mehrmaliges Ausrecken des Leders und Trocknen im aufgespannten Zustand meist weitgehend wieder entfernt werden. Schwächere Faltenbildung ist häufig auch durch mehrmaliges stärkeres Stoßen des Leders, eventuell auch durch ein Bügeln bei höherer, dem Leder eben noch zuträglicher Temperatur am fertigen Leder entfernbar.

Faltenbildung am fertigen Leder durch Auftreten eines „gezogenen Narbens" (siehe diesen!) kann am fertigen Leder nicht mehr behoben werden und muß durch sachgemäße Führung der Vorarbeiten und des Gerbprozesses vermieden werden.

Falzfehler.

Schwankende Stärke eines Oberleders an nicht allzufern voneinanderliegenden Hautstellen oder ein zerhacktes oder aufgerauhtes Aussehen der Fleischseite des Leders, sogenannte „Treppen", sind häufig auf ein unsachgemäßes Falzen des Leders zurückzuführen. Durch das ungleichmäßige Ausfalzen der Fleischseite des Leders wird nicht nur diese unansehnlich, sondern es fällt bei solchen Ledern auch der Glanz auf der Narbenseite unregelmäßig aus, da bei einer ungleichmäßigen Egalisierung die stärker gebliebenen Lederstellen beim Glanzstoßen mehr Druck erhalten und demgemäß gegenüber den dünneren Partien meist dunkler und fleckig erscheinen (A. Wagner[2]). Die Messerwalze der Falzmaschine

---

[1] N. N.: Unebenheiten im Chromleder und ihre Vermeidung. Ledertechn. Rundschau 1909, 267.

[2] A. Wagner: Das Falzen der Leder durch Maschinen. Ledertechn. Rundschau 1920, 97.

muß möglichst mit einem Schnitt alles vom Leder abfalzen, was abgefalzt
werden soll, da es schwierig ist, besonders bei Chromleder, an einer bereits
bearbeiteten Stelle zum zweitenmal einen guten Schnitt zu erzielen.
Die Einlaufgeschwindigkeit, mit der das Leder der Maschine zugeführt
wird, ist von der betreffenden zu falzenden Ledersorte abhängig. Ist
die Geschwindigkeit zu klein, so kann das Leder zerrieben werden, ist
sie zu groß, so können infolge gewisser Ungenauigkeiten der Falzmaschine
(ausgelaufene Messerwalzlager, exzentrischem Lauf der Messerwalze,
schwankende Aufstellung der Falzmaschine) die gefürchteten „Falz-
treppen" entstehen. Kommt pflanzlich gegerbtes Leder in zu trockenem
Zustand zum Falzen oder wird infolge zu starken Andrucks des Leders
an die Messerwalze die Reibung zu groß, so kann ein Verbrennen des
Leders eintreten (siehe Verbrennungsschäden!).

Farbzeichenflecken.

Rohhautschädigungen, die manchmal das Aussehen von Brandzeichen haben und besonders bei Narbenledern den Wert des fertigen
Leders herabsetzen können,
entstehen nicht selten dadurch, daß auf dem
Schlachthof zur Kennzeichnung des Viehstücks oder
der Haut Stempel mit einer
Stempelfarbe, die freies Alkali oder freie Säure enthält, aufgedrückt werden.
Die Haut wird an solchen
Stellen häufig so stark angeätzt, daß ein Abbau der
Hautproteine eintritt, der
die Beschädigung manch-
mal bei schwächeren Fellen
sogar auf der Fleischseite
erkennen läßt. Die Narben-

Abb. 24. Farbzeichenflecken auf schwarzem
Boxkalbleder. $^1/_3$ natürl. Größe.

oberfläche solcher angeätzter Stellen ist am fertigen Leder im Gegensatz zu den gesunden Stellen matt und rauh und andersartig gefärbt
(Abb. 24).

M. Auerbach[1] beschreibt schwarze Flecken auf der Fleischseite
von Salzhäuten, die von einem dunkleren Mittelkreis ausgehend sich
kreisartig, in der Farbe immer schwächer werdend, ausdehnten und auf
die Stemplung der Felle mit einer bleihaltigen Farbe zurückzuführen
waren. Unter dem Einfluß des Salzes war ein Teil der Farbe in Lösung
gegangen, vom Narben nach der Fleischseite hindurchdiffundiert und
dabei hatte sich das Blei mit dem durch geringe Fäulniserscheinungen
gebildeten Schwefelwasserstoff als schwarzes Schwefelblei niederge-

---

[1] M. Auerbach: Rohhautschäden. Coll. 1931, 111.

schlagen. Nach Angabe des Autors lassen sich solche Bleifarbenflecke durch Behandeln der Häute mit verdünnter Salpetersäure entfernen.

Nach E. Belavsky und G. Wanek[1] können durch Verwendung kupferhaltiger Farbstoffe zum Kennzeichnen der Tiere, wie Bremergrün ($Cu(OH)_2$), Berggrün ($CuCO_3 . Cu(OH)_2$), Schweinfurter Grün ($Cu(C_2H_8O_2)$ . . $3 CuAs_2O_4$), Kupferblau ($Cu(OH)_2$), Vandykrot ($Cu_2Fe(CN)_6$) usw., Flecken entstehen, die auch beim Äschern und Gerben der Häute nicht verschwinden und am fertigen Leder als schmutzig grüne Flecken sichtbar bleiben.

Fäulnisschäden.

Als Eiweißstoff bildet die tierische Haut einen vorzüglichen Nährboden für alle Arten von Mikroorganismen. Nach J. Zeißler[2] darf man wohl ohne großen Fehler annehmen, daß sämtliche in den oberen Schichten des Erdbodens vorhandenen Bakterien auch auf der Haut der Tiere vorhanden sind. Da sich unter den auf der Haut des lebenden Tieres vorfindenden Mikroorganismen wie auch denen der Luft, des Erdbodens und Wassers eine große Anzahl solcher befindet, die proteolytische Enzyme abzuspalten vermögen, besteht die Gefahr einer Fäulnisschädigung der Haut immer dann, wenn diesen Mikroorganismen durch zu späte, ungenügende oder unsachgemäße Konservierung und Lagerung der Häute oder durch unsachgemäße Durchführung der vorbereitenden Arbeiten der Wasserwerkstatt, durch zu langes oder zu warmes Weichen, durch die Verwendung zu alter Weich- oder Äscherbrühen Gelegenheit zu übermäßiger Entwicklung auf der Haut gegeben wird. Die von den Bakterien abgespaltenen Enzyme bewirken einen unerwünschten Hautsubstanzabbau, durch den einmal die physikalischen Eigenschaften des Leders allgemein ungünstig beeinflußt und weiter unter Umständen auch direkt sichtbare Beschädigungen einzelner Stellen der Haut verursacht werden. Im allgemeinen führt der Angriff der Mikroorganismen besonders leicht zu einer Beschädigung der empfindlichen Narbenschicht und verursacht, falls es sich um Fäulniserscheinungen mäßigen Umfangs handelt, zunächst einen „matten" oder „blinden" Narben. Auch Losnarbigkeit des Leders oder leichtes Loslösen der ganzen Narbenschicht kann mit solchen mäßigen Fäulniserscheinungen an der Rohhaut in Zusammenhang stehen, wenn die Fasern der Thermostatschicht der Haut, die die Verbindung zwischen der Narbenschicht und Retikularschicht darstellen, durch enzymatischen Hautsubstanzabbau geschwächt werden. Ebenso können Fäulniserscheinungen für ein unerwünschtes Hervortreten der Blutgefäße (siehe Adern, starkes Hervortreten!), einen marmorierten Narben (siehe diesen!) und das Auftreten von Fettausschlägen (siehe diese!) verantwortlich sein.

Auch die manchmal zu konstatierende „Haarlässigkeit" konservierter Häute und Felle ist auf Fäulnisvorgänge zurückzuführen. Die Bakterien bzw. die von ihnen abgeschiedenen Enzyme lösen besonders

---

[1] E. Belavsky und G. Wanek: Brandzeichen. Gerber 1932, 110.
[2] J. Zeißler: Die Bakterien der Erde und der Rohhaut. Coll. 1926, 21.

leicht die wenig widerstandsfähigen Epithelzellen der Schleimschicht der Epidermis auf und bewirken dadurch ein Loslösen der ganzen Epidermis und des Haares von der übrigen Haut. Diese Wirkung ist an und für sich nicht gefährlich, aber die Bakterien beginnen bei dem lediglich graduellen Unterschied der Angreifbarkeit der Eiweißstoffe der Oberhaut und der Lederhaut bald auch die Fasern der Narbenschicht anzugreifen und bedingen dann einen matten Narben oder noch stärkere Fäulnisschäden. Haarlässige Felle fühlen sich meist klebrig, schlüpfrig und schleimig an. Auch die Schäden an sogenannten „erhitzten Häuten" sind als solche Fäulnisschäden infolge vermehrten Bakterienwachstums zurückzuführen.

Eine besondere Form stärkerer Fäulniserscheinungen an der Rohhaut sind die sogenannten „Faulstippen", das „Piquieren" des Narbens. Die

Abb. 25. Faulstippen auf schwarzem Boxkalbleder. $^1/_3$ natürl. Größe.

Faulstippen werden erst nach dem Enthaaren der Häute und Felle als vereinzelte oder unregelmäßig über die ganze Narbenfläche verteilte kleinere, nadelstichartige Vertiefungen oder Löcher bemerkbar (Abb. 25). W. Eitner[1] führt die Faulstippen auf ein Sprengen der durch Fäulnis geschwächten Narbenschicht durch den Druck von Fäulnisgasen aus dem Innern der Haut zurück. Ist der Fäulnisprozeß unterbrochen worden, bevor der Narben durch den Druck der Gase gesprengt wurde, so ist an der enthaarten Blöße gewöhnlich nur ein trübes glanzloses Aussehen des Narbens auffallend, der Narben ist unter Umständen brüchig und streicht sich leicht wund. Ist der Narben noch nicht aufgesprengt, so können sich nach Eitner[2] solche Faulstippen an gefettetem Leder in Form kleiner, mit Fett angefüllter warzenartiger Erhebungen äußern (siehe Fettstippen!). Faulstippen können auch entstehen, wenn nach

---

[1] W. Eitner: Das Piquieren des Glacéleders. Gerber 1877, 110.
[2] W. Eitner: Fachkorrespondenz. Zur Fleckenbildung. Gerber 1886, 205.

bereits eingetretener Haarlässigkeit an den Rohhäuten die Haarbälge von den Bakterien angegriffen werden.

Stärkere Fäulniserscheinungen an der Rohhaut bedingen einen ausgesprochenen Fäulnisfraß an der Haut. Die Haut erscheint über kleinere oder größere Stellen angefressen und gar durchlöchert (Abb. 26). Leeres oder blechiges, auch mürbes oder schwammiges Leder kann unter Umständen durch Hautsubstanzverluste, die mit Fäulniserscheinungen der Rohhaut zusammenhängen, zurückzuführen sein.

Auf Fäulniserscheinungen an der Rohhaut kann unter Umständen auch das sogenannte „Selbstspalten" des fertigen Leders (siehe dieses!) zurückzuführen sein. Werden Häute zur Konservierung in der prallen Sonne zu rasch angetrocknet, so kann die Feuchtigkeit durch die stark angetrockneten Außenschichten nicht entweichen, die Innenschicht bleibt feucht und unterliegt einem allmählichen Fäulnisprozeß. Nach W. Eitner[1] kann der

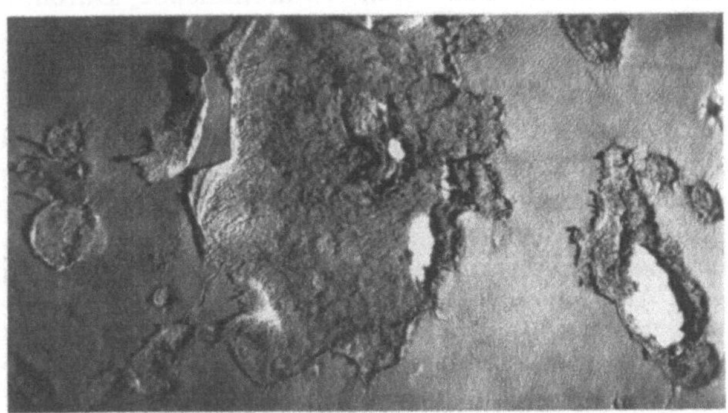

Abb. 26. Chromkalbleder aus stark angefaulter Haut.

gleiche Übelstand auch bei gesalzenen Häuten auftreten, und zwar besonders leicht an den stärksten Teilen der Haut, also Rücken und Kopf, wenn die Häute nicht genügend durchgesalzen werden.

Zur Verhinderung von Fäulnisschäden, die stets als eine Folge zu später, ungenügender oder unsachgemäßer Konservierung oder einer unsachgemäßen Durchführung der Vorarbeiten der Wasserwerkstatt zu betrachten sind, ist folgendes zu beachten:

Die Häute und Felle müssen möglichst rein, insbesondere von Schmutz und Kot befreit, zur Konservierung kommen. Abgesehen davon, daß Schmutz und Kot stets besonders große Mengen hautsubstanzabbauender Mikroorganismen enthalten, wird durch anhaftenden Schmutz, Blut usw. ein Trocknen der Haut ebenso verzögert wie das Eindringen des konservierenden Salzes (G. D. McLaughlin und E. Rockwell[2]). Der Konservierungsprozeß muß bald nach dem Abziehen und Erkalten

[1] W. Eitner: Salzen und Salzschäden. Gerber 1911, 29.

[2] G. D. McLaughlin und E. Rockwell: Science of hide curing. J. A. L. C. A. 1922, 376.

der Haut, besonders in heißen Sommermonaten, vorgenommen werden, damit nicht schon übermäßige Bakterienentwicklung oder gar Fäulnisprozesse einsetzen, bevor der Konservierungsprozeß hemmend zu wirken vermag. Das Trocknen der Häute muß gleichmäßig bei nicht zu hoher Temperatur erfolgen, damit alle Schichten der Haut durchtrocknen können und nicht im Innern der Haut eine fäulnisfähige Schicht verbleibt. Bei der Konservierung durch Kochsalz ist es zweckmäßig, die gewaschene Haut zunächst 12 Stunden in eine 30%ige Kochsalzlösung einzuhängen, damit alle Teile der Haut gleichmäßig von der Kochsalzlösung durchdrungen werden, und anschließend mit festem Kochsalz einzustreuen. Wiederholte Verwertung der Salzlake oder des Konservierungssalzes bewirkt starke Erhöhung des Bakteriumwachstums und damit erhöhte Gefahr von Fäulnisschäden (G. D. McLaughlin, J. H. Blank und E. Rockwell[1]). Zum Einstreuen mit Kochsalz muß so viel Salz verwendet werden, daß nach vollkommener Durchdringung der Haut mit Salz und Abfließen der gebildeten Salzlake noch ungelöstes Salz auf der Haut vorhanden ist. Nach M. Bergmann und L. Seligsberger[2] verdient mittelkörniges Konservierungssalz (1 bis 2 mm Korngröße) wegen der schnelleren und stärkeren Aufnahme vor fein- und grobkörnigem Salz den Vorzug. Die Lagerung der Häute muß, um eine Bakterienentwicklung hintanzuhalten, in kühlen Räumen vorgenommen werden (vgl. F. Stather und H. Herfeld[3]).

Zum Weichen der Häute muß zur Verhinderung von Fäulnisschäden bakterienfreies Wasser verwandt werden, dessen Temperatur nicht zu hoch sein soll, keinesfalls aber 20^0 C übersteigen darf (am besten etwa 12 bis 16^0 C). Infolge der größeren Keimfreiheit und der gleichmäßigeren Jahrestemperatur ist aus diesem Grunde ein Tiefenwasser (Brunnenwasser) einem Oberflächenwasser für Gerbereizwecke stets vorzuziehen. Zur Entfernung der von der Haut abgewaschenen Mikroorganismen und der diesen als Nährboden dienenden Blut- und gelösten Eiweißstoffe soll das erste Weichwasser möglichst bald gewechselt werden. Nach G. D. McLaughlin und E. Rockwell[4] soll die maximale Weichdauer nicht länger sein als die kürzeste Zeit, die die Hautbakterien zu starker Vermehrung benötigen. Diese ,,latente Periode" des Bakterienwachstums beträgt z. B. beim Weichen von Kalbsfellen bei einem Weichwasserverhältnis 1 : 4 bei einer Weichtemperatur von 10^0 C 36 Stunden, bei 15^0 C 18 Stunden. Die Gefahr von Fäulnisschäden in der Weiche kann durch Zusatz geeigneter Sterilisations- bzw. Desinfektionsmittel zum Weichwasser stark herabgesetzt werden. Als solche kommen in Betracht: 0,05 bis $0,1^0/_{00}$ (des Weichwassers) Zinkchlorid, 0,1 bis 0,2% Natrium-

---

[1] G. D. McLaughlin, J. H. Blank und E. Rockwell: On the re-use of salt in the curing of animal skins. J. A. L. C. A. 1928, 300.

[2] M. Bergmann und L. Seligsberger: Zur Praxis der Häutesalzerei mit Sodasalz. Ledertechn. Rundschau 1932, 73.

[3] F. Stather und H. Herfeld: Beiträge zur Salzkonservierung tierischer Haut. Coll. 1934, 166.

[4] G. D. McLaughlin und E. Rockwell: On the bacteriology of calf skin soaking. J. A. L. C. A. 1925, 312.

bisulfit, $0,01^0/_{00}$ Chlor, $0,05^0/_{00}$ Merkurichlorid, $0,05^0/_0$ Parachlormetakresol u. ä. m.

Da Äscherbrühen eine bakterienwachstumhemmende Wirkung ausüben, ist die Gefahr von Fäulnisschäden im Äscher nicht besonders groß, falls nicht zu alte, mit Mikroorganismen angereicherte Äscherbrühen verwandt werden. Daß bei Anwendung des Schwitzprozesses als einem absichtlich zum Zwecke der Haarlockerung herbeigeführten Fäulnisprozeß die Gefahr einer Schädigung der Haut durch Fäulnis besonders groß ist, sei nur nebenbei erwähnt.

Färbung, ungleichmäßige . . . des Leders.

Eine ungleichmäßige Färbung des Leders, die sich als ausgesprochene Fleckenbildung oder durch eine unterschiedliche Tönung oder Schattierung der Lederfarbe am fertigen Leder bemerkbar machen kann, kann auf recht verschiedene Ursachen zurückzuführen sein.

Zunächst kann die Beschaffenheit des zu färbenden Leders zu einer ungleichmäßigen Färbung Veranlassung geben. Ist der Narben des zu färbenden Leders durch Fäulniserscheinungen (siehe diese!) an der Rohhaut während des Konservierungs- oder Weichprozesses oder im Zusammenhang mit der roten Verfärbung (siehe diese!) der Fleischseite der Rohhaut, durch Fäulniserscheinungen an der Blöße während des Äscherns (siehe Äscherfehler!) oder Beizens (siehe Beizfehler!), durch die ätzende Wirkung von Mist und Urin an der Rohhaut (siehe Mistschäden!) mehr oder weniger leicht angegriffen oder durch ein Wundstreichen der Blößen beim Enthaaren oder Glätten oder durch Scheuern des Leders beim Walken im Haspel oder Faß (siehe Scheuerflecken!) mechanisch verletzt, so nehmen diese beschädigten Narbenstellen den Farbstoff aus der Farblösung andersartig, meist stärker auf als das einwandfreie Narbengewebe und geben zur Bildung dunkler gefärbter Flecken oder Schattierungen auf dem gefärbten Leder Veranlassung. Blutflecken, Kalkflecken, Chromflecken oder Gerbstoffflecken (siehe diese Stichworte!) auf dem zu färbenden Leder, auch Flecken, verursacht durch eine ungenügende Entfernung des Gneistes bei den Reinmacharbeiten (siehe Äscherfehler!), können ebenso zu einer ungleichmäßigen Färbung des Leders Veranlassung geben, wie Schimmelwucherungen, Schwefelausschläge oder Ellagsäure- oder Chebulinsäureablagerungen (siehe diese!) in der Narbenschicht die Farbaufnahme des Leders erschweren und eine ungleichmäßige Färbung verursachen können. Enthält das zu färbende Leder größere Mengen Naturfett in ungleichmäßiger Verteilung und weist Fettflecken (siehe diese!) auf, so zieht an den stärker fetthaltigen Stellen, wenn das Leder nicht vor dem Färben entfettet wird, der Farbstoff nur schwer und ungleichmäßig auf. Wird pflanzlich gegerbtes Leder vor der Trocknung zur Vermeidung einer zu schnellen Trocknung und deren Folgen auf der Narbenseite abgeölt und dabei das Öl nicht gleichmäßig aufgetragen, so nehmen die Leder beim Färben die Farbe ungleichmäßig an und auf. Bei Glacéleder, das Eierflecke (siehe diese!) aufweist, nimmt das Leder an den Fleckenstellen den Farbstoff schwer an.

Eine der Hauptursachen für eine ungleichmäßige Färbung des Leders ist ein ungenügendes Auswaschen des Leders vor dem Färben. Pflanzlich gegerbtes Leder muß vor dem Färben wenigstens in den äußeren Schichten sorgfältig von eingelagertem, ungebundenem Gerbstoff befreit werden, da dieser zu Ausflockungen basischer Farbstoffe und damit einer ungleichmäßigen Farbstoffaufnahme Veranlassung geben kann. Auch ungenügend ausgewaschene Mineralstoffeinlagerungen oder Einlagerungen zuckerartiger Stoffe können eine ungleichmäßige Lederfärbung verursachen. Wird Chromleder vor dem Färben nicht gut ausgewaschen und sorgfältig neutralisiert, so kann die im Leder verbliebene Säure zu Farbstoffällungen und ungleichmäßiger Färbung Anlaß geben. Sorgfältiges Brochieren des Glacéleders vor dem Färben ist Vorbedingung einer gleichmäßigen Färbung dieses Leders, insbesondere wenn das Glacéleder Salz- oder Alaunausschläge aufweist (siehe Krätzigwerden!). Sämischleder färbt ungleichmäßig fleckig an, wenn der überschüssige Tran von der Sämischgerbung vor dem Färben nicht genügend entfernt wird oder bei der Gerbung der Tran ungleichmäßig oxydiert und gebunden wurde. Stark gefettetes Leder muß zum Erhalt einer gleichmäßigen Färbung wenigstens in den zu färbenden Außenschichten sorgfältig entfettet werden.

Zum Färben des Leders müssen vollkommen klare, frisch angesetzte Farblösungen ohne unlösliche Bestandteile benützt werden, da trübe Farbbrühen eine ungleichmäßige, fleckige Färbung verursachen. Zur Vermeidung von Farbstoffniederschlägen darf zum Ansatz der Farblösungen kein hartes Wasser, insbesondere kein solches mit viel temporärer Härte verwandt werden, da die die temporäre Härte des Wassers verursachenden doppeltkohlensauren Kalk- und Magnesiaverbindungen mit manchen basischen Farbstoffen und gewissen pflanzlichen Farbstoffen unlösliche Niederschläge bilden, die eine Fleckenbildung auf dem Leder verursachen können. Eine größere temporäre Härte des zum Färben verwendeten Wassers kann auch mit den als Beize verwendeten Aluminium-, Eisen-, Antimon-, Titan- und Zinnsalzen unlösliche Niederschläge bilden, die eine ungleichmäßige Farbstoffaufnahme an den Stellen ihrer Ablagerung im Leder verursachen. Wird mit sauerziehenden Farbstoffen bei Gegenwart von Säure gefärbt, so ist eine temporäre Wasserhärte weniger störend, da die doppeltkohlensauren Verbindungen durch die Säure zersetzt werden. Die die permanente Härte des Wassers bedingenden Sulfate des Kalziums und Magnesiums sind beim Färben weniger nachteilig.

Eine ungleichmäßige Färbung des Leders beim Auftragen der Farbstofflösung von Hand mit der Bürste infolge ungleichmäßigen Auftrages der Farbe wird besonders dann leicht erhalten, wenn der gewünschte Farbton durch einmaligen Auftrag einer stärkeren Farblösung an Stelle mehrmaligen Auftrages schwächerer Farbstofflösungen zu erzielen gesucht oder das Leder in stark ausgetrocknetem Zustand gefärbt wird, statt es durch Ausbürsten mit Wasser vor der Färbung anzufeuchten. Bei Bürstfärbungen kann eine ungleichmäßige Färbung erhalten werden, wenn das

Leder beim Färben nicht gleichmäßig durchfeuchtet ist, da die weniger durchfeuchteten Stellen mehr Farbstoff aufnehmen und sich dunkler färben als die stärker durchfeuchteten Stellen. Werden Leder mit eingepreßtem künstlichem Narben mit der Bürste gefärbt, so wird meist an den tiefgepreßten Stellen der Farbstoff schlechter vom Leder aufgenommen, weil die Poren des Leders durch das Zusammenpressen geschlossen sind. Das Aufpressen eines künstlichen Narbens erfolgt deshalb bei einheitlicher Färbung besser erst nach dem Färben des Leders.

Zum Erhalt einer gleichmäßigeren Lederfarbe darf ebensowenig eine zu geringe Farbstoffmenge zum Färben des Leders benützt werden, wie die Verwendung zu großer Farbstoffmengen zu einer ungleichmäßigen Färbung Veranlassung geben kann. Besonders beim Färben mit basischen Farbstoffen tritt im letzteren Falle leicht ein „Bronzieren" des Leders an einzelnen Stellen ein. Zum Erhalt einer satten, gleichmäßigen Färbung muß zweckmäßig die Stärke der Farblösung allmählich gesteigert werden. Wird das Leder sofort mit stärkeren Farblösungen in Berührung gebracht, so kann, besonders wenn das Leder ohne genügenden Feuchtigkeitsgehalt in die Farblösung eingebracht wird, infolge des raschen Aufziehens des Farbstoffs an einzelnen, zuerst mit der Farblösung in Berührung kommenden Stellen eine ungleichmäßige, fleckige Färbung entstehen. In gleicher Weise wird eine ungleichmäßige Färbung erhalten, wenn die Leder, vor allem zu Beginn der Färbung, in gefaltetem Zustand in der Farblösung ohne Bewegung liegen oder wenn die ausgefärbten Leder in der nicht restlos erschöpften Farbbrühe unbewegt liegen bleiben.

Eine ungleichmäßige Färbung des Leders kann nach dem Färben durch die Verwendung ungeeigneter, saurer oder alkalischer Fettlicker verursacht werden. Insbesondere durch die Verwendung stärker alkalischer Fettlicker beim Fetten von gefärbtem Chromleder kann das Alkali den Farbton des Farbstoffs und des Leders stellenweise verändern oder Ausfällungen und Umsetzungen bewirken, die eine fleckige Beschaffenheit des Leders verursachen. Ungeeignete Zusammensetzung des Fettlickers, insbesondere ein größerer Gehalt dieses an Mineralöl führen leicht zu einer Dunklung der Flämen, durch die ein ungleichmäßiges Farbbild verursacht wird. Auch eine unsachgemäße Trocknung des Leders kann zu einer ungleichmäßigen Färbung Veranlassung geben ebenso wie die Verwendung ungeeigneter säure- oder alkalihaltiger Appretur- und Zurichtstoffe stellenweise Veränderungen des Farbtons verursachen kann.

Nicht selten ist eine ungenügende Bügelechtheit der verwendeten Farbstoffe oder die Anwendung zu hoher Bügeltemperaturen die Ursache der ungleichmäßigen Färbung des Leders. Bei Ledern, die mit Deckfarben gedeckt sind, die aus Farbmischungen bestehen, tritt beim Bügeln des Leders bei zu hoher Temperatur nicht selten eine Entmischung der Farbpigmente ein und verursacht eine fleckige Färbung des Leders. Beim Decken sumachgaren Leders mit Kollodiumdeckfarben können, wenn das Leder nicht genügend ausgewaschen wurde, die organischen Lösungsmittel der Deckfarbe gewisse Bestandteile des Gerbstoffs, insbesondere Chlorophyll lösen und bei hellen Farbtönen zu grünlichen Verfärbungen des Leders Veranlassung geben.

Häufig wird eine ungleichmäßige Färbung des Leders durch unsachgemäße Trocknung des Leders verursacht.

Bei alaun- und glacégaren Ledern ist eine ungleichmäßige, fleckige Färbung des Leders, die häufig erst nach längerer Lagerung des Leders sichtbar wird, häufig darauf zurückzuführen, daß die zum Färben des Leders verwendeten Farbstoffe, insbesondere Holzfarbstoffe, nicht genügend säureecht sind und durch hydrolytisch aus dem Alaunleder abgespaltene Säure verändert werden. Bei einem Gehalt des Leders an stark wirkenden freien Säuren besteht neben anderen Schadensmöglichkeiten bei ungenügender Säureechtheit der zum Färben benützten Farbstoffe stets die Gefahr der allmählichen Entstehung einer ungleichmäßigen Lederfärbung. Strich- oder streifenförmige Zeichnung der Färbung auf Glacéleder, die beim Strecken des Leders quer zur Längsrichtung in die Erscheinung tritt, ist darauf zurückzuführen, daß infolge ungenügenden Äscherns und Beizens eine gewisse Faltenbildung im Narben einen „geflinkerten Narben", d. h. eine ungleichmäßige Anfärbung verursacht (W. Eitner[1]).

Beim Schwärzen pflanzlich gegerbten Leders nach der alten, unzweckmäßigen Methode mit Blauholzextrakt und Eisenschwärze wird eine ungleichmäßige Färbung des Leders erhalten, wenn die Blauholzbrühe vor Auftrag der Eisenschwärze nicht genügend eingedrungen oder zu sehr eingetrocknet ist, auch wenn infolge ungenügender Entfettung des Leders die mit Alkali versetzte Blauholzlösung durch die Bildung eines Seifen-Fettschaumes ein gleichmäßiges Grundieren verhindert.

Festigkeit, ungenügende ... des pflanzlich gegerbten Bodenleders.

Eine der häufigsten Beanstandungen von Sohl- und Vacheleder ist die einer ungenügenden Festigkeit bzw. zu geringen Standes des Leders. Der Übelstand kann auf verschiedenartige Ursachen zurückzuführen sein. Jeder stärkere Hautsubstanzverlust infolge Fäulniserscheinungen der Rohhaut während des Konservierungsprozesses, durch zu langes oder zu warmes Weichen der Haut, oder durch ein zu starkes Äschern oder Beizen der Blößen, eine übermäßige Auflockerung des Hautfasergefüges durch zu starke Schwellung der Haut im Äscher oder stärkere mechanische Beanspruchung durch starkes Walken der Haut, insbesondere in geschwelltem Zustand (Faßäscher), bewirkt eine mehr oder weniger starke Verminderung der Festigkeit und des Standes des fertigen Leders. Die häufigste Ursache ungenügender Festigkeit von Bodenleder ist in einem ungenügenden Aufgehen der Blößen bzw. einer ungenügenden Schwellung im Farbengang und einer dadurch bedingten ungenügenden Gerbstoffaufnahme zu sehen. In einem durch Verwendung säurebildender Gerbstoffe und eventuelle Mitverwendung von schwachen organischen Säuren, Milchsäure,

---

[1] W. Eitner: Geflinkerte und faltige Narbe. Gerber 1910, 77.

Essigsäure, sachgemäß angestellten Schwellfarbengang soll der Säuregehalt der Farbbrühen von der ersten bis zur mittelsten Farbe allmählich gleichmäßig ansteigen, um sich dann bis zur letzten Farbe etwa auf der gleichen Höhe zu halten. Außerdem müssen Säuregehalt der Farbbrühen und ihr Gehalt an Gerbstoffen und Nichtgerbstoffen zueinander im richtigen Verhältnis stehen. Die Beschaffenheit eines Leders hinsichtlich Stand und Festigkeit hängt von der Art, wie die Gerbung durchgeführt wird, mehr ab als von den spezifischen Eigenschaften der zur Gerbung benützten Gerbmittel. Aus diesem Grunde können Gerbmittel, die eine hinreichende Menge von Säurebildnern aufweisen, für feste und weichere Ledersorten verwendet werden, während an Säurebildnern arme Gerbmittel für sich allein sich zur Herstellung fester Leder nicht eignen (J. Paeßler[1]). Gewissen Gerbmitteln, wie Eichenrinde, Valonea, Trillo, Knoppern, Mimosarinde, Eichenholzextrakt und Kastanienholzextrakt, werden besonders festmachende Eigenschaften zugeschrieben, während Mangrovenrinde, Myrobalanen, Divi-Divi, Gambir und Sumach weichere Leder liefern (W. Vogel[2]). Die Verwendung größerer Mengen sulfitierten Quebrachoextraktes kann ebenfalls eine ungenügende Festigkeit des Leders verursachen, ebenso wie durch die Einlagerung größerer Mengen von Mineralstoffen oder zuckerartigen Stoffen in das Leder oder stärkeres Abölen die Festigkeit des Leders vermindert werden kann.

Fettausschläge.

Gefettetes pflanzlich gegerbtes und insbesondere chromgares Leder weist häufig nach kürzerer oder längerer Lagerung einen manchmal stellenweise auftretenden, manchmal über die ganze Fläche des Leders sich erstreckenden weißen Belag auf, der häufig nur in der Form eines leichten weißlichen Anflugs oder Schleiers auftritt. Er kann auch bei ungefettetem Leder vorkommen. Hält man ein brennendes Streichholz gegen den Ausschlag, so schmilzt und verschwindet er. Der Ausschlag ist auf ein Heraustreten von festen Fettstoffen bzw. von festen Anteilen flüssiger Fettstoffe aus dem Leder auf den Narben zurückzuführen und kann durch das von Natur aus in der Haut vorhandene Fett, durch das der Haut nach dem Abziehen im Unterhautbindegewebe anhaftende Fett oder durch die zum Fetten des Leders verwendeten Fettstoffe verursacht sein.

Schaf-, Ziegen- und Lammfelle, auch Schweinshäute und die Häute anderer Masttiere weisen meist einen beträchtlichen Naturfettgehalt auf, besonders in den Hals- und Rückenpartien. Wird dieses Naturfett nicht vor der Gerbung entfernt oder doch mindestens gleichmäßig in der ganzen Haut verteilt, so tritt dieses Naturfett, das hauptsächlich aus schwer verseifbarem Cholesterin besteht, in Form eines grießlichen

---

[1] J. Paeßler: Welche Farbe erteilen pflanzliche Gerbmaterialien dem Leder? Coll. 1908, 48.
[2] W. Vogel: Bericht des Enquête-Ausschusses für die Deutsche Lederindustrie 1930.

Ausschlags an die Narbenoberfläche speziell ungefetteten Leders
(G. Grasser[1]). Der Fettausschlag gibt im allgemeinen deutliche Choleste-
rinreaktion. Bei Fettung solchen Leders mit hauptsächlich flüssigen
Fettstoffen, Tran, Klauenöl usw., tritt ein Naturfettausschlag weniger
leicht auf, weil das Cholesterin durch die in das Leder gebrachten flüssigen
Fette emulgiert und gleichmäßiger verteilt wird. Mit dem Unterhautbindegewebe der Haut anhaftendes Naturfett kann zu Fettausschlägen
auf dem fertigen Leder Veranlassung geben, wenn die betreffende Haut
in großer Wärme zur Konservierung getrocknet wurde, das anhaftende
Fett dabei zum Schmelzen kam und die Haut an diesen Stellen mit Fett
durchtränkte (siehe Fettflecken!). Während des Äscherns bereits ver-
seifte Fette können bei der nachfolgenden Entkälkung in feste Fettsäuren gespalten werden, die dann bei der Trocknung des fertigen Leders
als Ausschlag aus dem Leder austreten.

Die durch den Naturfettgehalt der Rohhaut verursachten Fettausschläge auf dem fertigen Leder sind wesentlich seltener als die durch die
zum Fetten des Leders verwendeten Fettstoffe verursachten Fettausschläge.

B. Kohnstein[2] weist darauf hin, daß freie Fettsäuren im allgemeinen
einen höheren Schmelzpunkt aufweisen als ihre Glyzeride. Wenn nun
im Leder durch Spaltung der Glyzeride durch Säurewirkung, Bakterien-
fermentwirkung oder Schimmelwirkung oder aber durch Seifen-
spaltung freie Fettsäuren abgeschieden werden, so können diese infolge
ihres hohen Erstarrungspunktes Fettausschläge auf dem Narben des
Leders verursachen.

W. Fahrion[3] gibt folgende Erklärung der Entstehung der Fettausschläge auf Leder: Neutralfette enthalten in Form der Glyzeride feste
und flüssige Fettsäuren, sind aber doch verhältnismäßig einheitliche
Körper, da sie einen konstanten Schmelzpunkt haben und daher einen
Ausgleich in dem verschiedenen Aggregatzustand der festen und flüssigen
Fettsäuren sowie in dem verschiedenen Schmelzpunkt der festen Fettsäuren bedingen. Erleidet nur das im Leder vorhandene Neutralfett
unter dem Einfluß von Säuren oder Fermenten eine partielle oder vollständige Spaltung, so ergibt sich ein verhältnismäßig leicht trennbares
Gemisch von festen und flüssigen freien Fettsäuren, das zum Teil infolge
der durch den Spaltungsvorgang bedingten Temperaturerhöhung an die
Oberfläche des Leders tritt. Hier wird das Gemisch abgekühlt, der flüssige
Anteil zieht wieder in das Leder ein, während die festen Fettsäuren,
hauptsächlich Palmitin- und Stearinsäure, in Form eines dünnen weißen
Belages auf der Oberfläche zurückbleiben. In einer späteren Arbeit
stellt W. Fahrion[4] nach Untersuchung eines Fettausschlages fest, daß

---

[1] G. Grasser: Ausschlag auf Chromleder und seine qualitative Analyse.
Ref. Coll. 1930, 177.

[2] B. Kohnstein: Ausschlag auf Leder. Ref. Coll. 1913, 68.

[3] W. Fahrion: Über das Neutralfettverbot in der Lederindustrie.
Chemische Revue über die Fett- und Harzindustrie 1915, 78.

[4] W. Fahrion: Über das Verhalten des Fettes im Leder. Chem. Umschau 1917, 29.

ein Fettausschlag keineswegs ausschließlich aus freien Fettsäuren zu bestehen brauche, daß vielmehr auch ungespaltene Glyzeride aus dem Leder austreten können. Einem solchen Ausschlagen ungespaltener Glyzeride geht nach Fahrion eine Fraktionierung des im Leder vorhandenen Fettes voraus, bei der die gesättigten festen Fette sich im Fettausschlag anreichern.

Auch Oxyfettsäuren können zu Fettausschlägen Veranlassung geben (C. Rieß[1]); aus diesem Grunde kann eine zu reichliche Verwendung von Dégras und Moellon zum Fetten des Leders Ausschläge verursachen (Clariscope[2]).

Die festen Fettsäuren der bei der Lederfettung verwendeten Seifen können Fettausschläge verursachen. Nach E. Immendörfer und H. Pfähler[3] und F. Stather und R. Lauffmann[4] werden Seifen und andere Lickerfette bei der Aufnahme durch Chromleder und in diesem selbst größtenteils unter Freiwerden von Fettsäuren gespalten. Eine solche Spaltung tritt besonders leicht ein, wenn ein nicht genügend entsäuertes Chromleder mit einem Seifenlicker gefettet wird. Die leichte Spaltung von Fetten in Chromleder dürfte besonders für das häufigere Auftreten von Fettausschlägen auf Chromleder verantwortlich zu machen sein.

Zu den Fettausschlägen sind auch die durch ein Heraustreten von Oxydations- und Polymerisationsprodukten von hochoxydabeln Fetten verursachten „Ausharzungen" (siehe diese!) zu zählen.

Der Fettausschlag tritt um so leichter auf, je mehr das Leder solche Fettstoffe enthält, die zu einer Ausschlagsbildung neigen. Weiterhin ist die Struktur des Leders auf die Ausschlagsbildung von Einfluß, Leder mit lockerer Lederstruktur neigt weniger zur Fettausschlagsbildung als solches mit festem Lederfasergefüge. Temperatur- und Feuchtigkeitsschwankungen befördern das Auftreten von Fettausschlägen, solche werden in den kälteren Jahreszeiten häufiger beobachtet als in der warmen. Fettausschläge treten besonders gern an solchen Stellen auf, an denen der Narben, wenn auch nur leicht, beschädigt ist (D. J. Lloyd[5], F. Stather und E. Liebscher[6]), da an diesen Stellen das Fett leichter aus dem Narben austreten kann. Fettausschläge treten häufig zusammen mit Mineralstoffausschlägen auf, wenn beträchtliche Mengen von Salzen im Leder vorhanden sind, insbesondere bei ungenügendem Auswaschen des neutralisierten Chromleders. Bei geglänzten Ledern tritt ein Fettausschlag besonders gern nach dem Glanzstoßen oder Bügeln auf, ein

---

[1] C. Rieß: Coll. 1926, 419.

[2] Clariscope: Ausschlag auf Leder. Ref. Coll. 1931, 119.

[3] E. Immendörfer und H. Pfähler: Über das Schicksal der Seifen im Chromleder. Chem. Umschau 1922, 73.

[4] F. Stather und R. Lauffmann: Über die Veränderung von Lickerfetten in Chromleder. Coll. 1933, 723.

[5] J. Jordan Lloyd: The preservation of hides with brine and salt. British Leather Manufactures Research Assoc. 7. Annual Report 1927.

[6] F. Stather und E. Liebscher: Über das Rotwerden gesalzener Rohhäute. Coll. 1929, 436.

Umstand, der mit der dabei auftretenden erhöhten Temperatur und dem dadurch erleichterten Austreten des Fettes aus dem Leder zusammenhängen dürfte. Infolge zu feuchter Lagerung des Leders eintretende Schimmelbildung kann neben Schimmelflecken auch Anlaß zur Entstehung eines Fettausschlages geben. Auch im Leder vorhandene Metallverbindungen, wie z. B. Eisenverbindungen in geschwärzten Ledern sollen die Fettausschlagsbildung begünstigen.

Zur Verhinderung von Fettausschlägen auf Leder müssen stark naturfetthaltige Häute und Felle im Blößenzustand oder als Leder vor der Fettung und weiterer Zurichtung entfettet werden. Zum Fetten des Leders, insbesondere Fetten des Chromleders, dürfen Fette, die größere Mengen freier, fester Fettsäuren und überhaupt größere Mengen fester Anteile enthalten, besonders solcher, die zum Kristallisieren neigen, nicht verwandt werden. Speziell für Chromleder sollen nur kältebeständige Öle, d. h. solche, die auch bei niedrigeren Temperaturen keine festen Fettstoffe ausscheiden, verwendet werden. Von sulfonierten Ölen sind im allgemeinen kaum Fettausschläge zu befürchten, auch von Eigelb nicht. Eine stärkere Verwendung von Dégras und Moellon ist wenig ratsam, ebenso sind Seifen, die feste Fettsäuren abzuspalten vermögen, möglichst zu vermeiden. Durch Mitverwendung von Mineralöl zum Fetten des Leders kann die Neigung zur Fettausschlagsbildung herabgesetzt werden, ebenso durch ein nachträgliches Abölen des Leders mit Mineralöl. Genügende Neutralisation des Chromleders und sorgfältiges Auswaschen nach dem Neutralisieren zur Entfernung der löslichen Mineralstoffe trägt ebenfalls zur Fettausschlagsverhinderung bei.

Zur Entfernung eines aufgetretenen Fettausschlages reibt man das Leder am besten mit einem mit einem Fettlösungsmittel, Benzin, Petroleum usw., getränkten Lappen aus und ölt den Narben zur Verhinderung einer Wiederkehr des Ausschlages mit etwas gutem, neutralem Mineralöl ab. Wenn auch in den meisten Fällen dadurch ein Wiederauftreten des Fettausschlages verhindert wird, so ist ein erneutes Auftreten doch nicht ausgeschlossen.

Fettflecken.

Ebenso wie die Fettausschläge können Fettflecken sowohl durch den natürlichen Fettgehalt der verarbeiteten Häute wie durch die zum Fetten des Leders verwandten Fettmaterialien verursacht sein.

Häute mit einem hohen Naturfettgehalt, wie insbesondere Schaf-, Ziegen- und Schweinshäute, müssen im allgemeinen vor der Gerbung oder nach der Gerbung vor der Zurichtung einem besonderen Entfettungsprozeß unterzogen werden, weil andernfalls an den stark fettreichen Hals- und Rückenpartien unregelmäßig umrandete, mehr oder weniger dunkel gefärbte Fettflecken am fertigen Leder entstehen (E. Belavsky[1]). Aber auch Leder aus Rindshäuten, die normalerweise einen

---

[1] E. Belavsky: Über einige interessante Fehler an trockenen Ziegenfellen. Coll. 1933, 551.

nur mäßigen Naturfettgehalt, meist unter 1%, aufweisen, können höhere Naturfettgehalte zeigen, unter Umständen an einzelnen Stellen bis zu 25%. Nach W. Frey, D. Clarke und S. Stuart[1] findet sich ein solch höherer Naturfettgehalt von Rindshäuten hauptsächlich in der Gegend des Schildes (Nierengegend), weniger hoch in den Halspartien und wird hauptsächlich durch Mastfütterung der betreffenden Tiere verursacht. Auch das Alter, Geschlecht und die Geschlechtstätigkeit der Tiere können den Naturfettgehalt beeinflussen.

Ein höherer Naturfettgehalt der Häute kann im allgemeinen an der grünen, geweichten und geäscherten Haut nicht erkannt werden und tritt erst nach der Gerbung und dem Trocknen auf Narben und Fleischseite

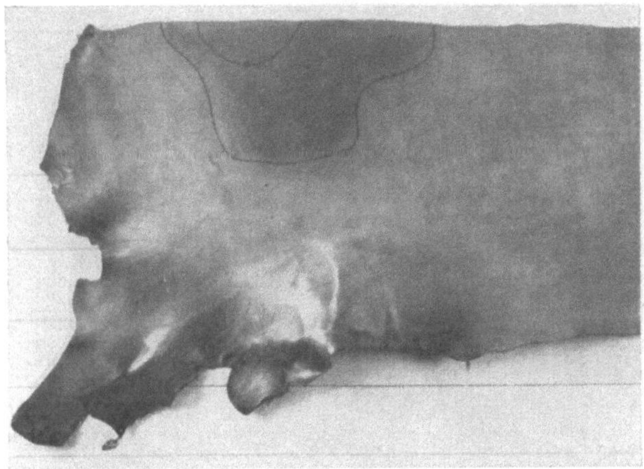

Abb. 27. Naturfettflecken auf gewalztem Vacheleder. Der kleine Kreis bezeichnet den Fleckenumfang vor dem Walzen (W. Frey, D. Clarke und S. Stuart).

des Leders in Form größerer, unregelmäßig umrandeter, dunklerer Fettflecken in die Erscheinung. Besonders ausgeprägt werden die Fettflecken nach dem Walzen, bei dem sie gewöhnlich auch eine stärkere Vergrößerung erfahren (Abb. 27). Das die Fettflecken verursachende Naturfett ist in Gruppen von großen, auseinanderliegenden Fettzellen zwischen den Fasern des Lederhautgewebes abgelagert. Häufig weisen demgemäß solche stark naturfetthaltige Leder besonders nach dem Entfetten eine etwas lose Faserstruktur und entsprechend geringere Festigkeit auf (Abb. 28). Nach S. Rogers[2] besteht das im Lederhautgewebe solcher fleckiger Leder vorhandene Naturfett aus einem Gemisch von flüssigen und festen Fetten mit einem spezifischen Gewicht von etwa 0,89 bis

---

[1] W. Frey, D. Clarke und S. Stuart: „Kidney grease" in heavy hides and leather. J. A. L. C. A. 1933, 490.
[2] S. Rogers: Removal of kidney grease stains. J. A. L. C. A. 1933, 511.

0,94, das bei Temperaturen über 34⁰ C schmilzt und bei 45 bis 50⁰ C dünnflüssig wird.

Bei schweren Häuten, manchmal auch bei Schaf-, Ziegen- und Schweinshäuten braucht nach W. Eitner[1,2] nicht ein erhöhter Naturfettgehalt der Haut selbst die Ursache der Fettfleckenbildung am Leder zu sein, das im Leder vorhandene Naturfett kann vielmehr auch aus dem der Haut mit dem Unterhautbindegewebe anhaftenden Naturfett stammen. Werden solche Häute mit brockenweise an der Fleischseite anhaftendem Fett in der Wärme getrocknet, so schmilzt das Fett und durchdringt die ganze Haut. Gelangen Häute mit größeren Mengen anhaftendem Fett

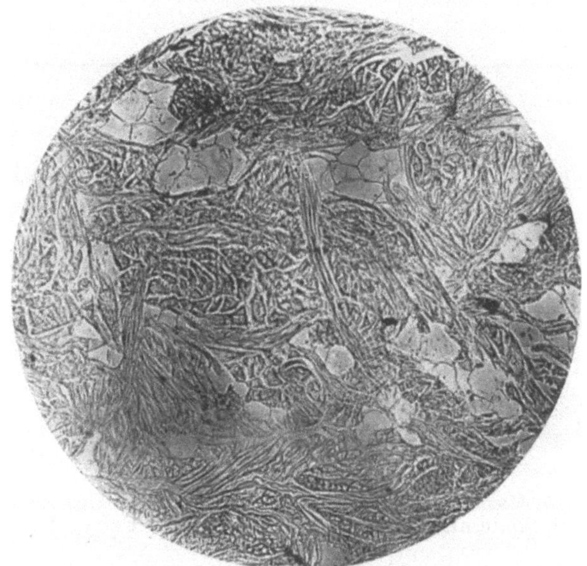

Abb. 28. Dünnschnitt durch eine stark naturfetthaltige Rindshaut nach der Entfettung (W. Frey, D. Clarke und S. Stuart).

in den Äscher, so wird ein Teil des anhaftenden Fettes verseift, die gebildete Kalkseife bleibt in der Haut zurück. Beim nachfolgenden Entkälken mit Säure oder in den sauren Gerbbrühen wird die zurückgebliebene Seife zersetzt und freie Fettsäuren abgeschieden, die beim Auftrocknen der Leder bis zum Narben durchschlagen und die dunklen Fettflecke verursachen.

Zur Vermeidung von Fettflecken auf dem fertigen Leder müssen stark naturfetthaltige leichtere Leder einem besonderen Entfettungsprozeß mit Fettlösungsmitteln unterzogen werden. Eventuell kann die

[1] W. Eitner: Die Extraktgerberei in Anpassung an unsere Verhältnisse. Gerber 1881, 28.
[2] W. Eitner: Ursache und Vermeidung der Fettflecke bei Fichtensohlleder. Gerber 1884, 219.

Entfettung auch schon im Blößenzustand vorgenommen werden. Eine besondere Entfettung von Unterlederarten stellt sich im allgemeinen zu teuer. Zur Verhütung der störenden Fettflecken auf solchen Lederarten müssen die Häute nach dem Weichen beim Strecken gründlich von den der Fleischseite anhaftenden Fettresten befreit werden. Nach W. Frey, D. Clarke und S. Stuart[1] kann in der Praxis eine genügende Entfernung des Naturfettgehalts durch entsprechendes Weichen und Äschern nicht erwartet werden, da schon zur teilweisen Entfernung des Naturfettes zum Weichen 1%ige Natriumhydroxydlösungen oder beträchtlich erhöhte Temperatur notwendig sind. Auch Zusätze verschiedenster Fettlösungsmittel beim Äschern führen nicht zum gewünschten Ziel. Für die Entfernung von Fettflecken auf fertigen Unterledern empfiehlt S. Rogers[2], die fettfleckigen Leder 24 bis 48 Stunden in eine warme (nicht über 50° C), schwach gärende, schwach saure Zucker-Bittersalzlösung unter zeitweisem kurzem Bewegen einzulegen. Das bei der höheren Temperatur geschmolzene und dünnflüssig gewordene Naturfett soll infolge seines geringeren spezifischen Gewichts gegenüber der Lösung aus dem Leder austreten und sich auf der Flüssigkeitsoberfläche abscheiden und so bis zu 90% aus dem Leder entfernt werden können, ohne daß eine Schädigung dieses eintritt. Die zucker- und salzhaltige Lösung soll ein übermäßiges Auswaschen von Gerbstoff verhindern. Nach dieser Entfettung können die Leder, eventuell nach einer kurzen Nachgerbung, zugerichtet werden.

Fettflecken am fertigen Leder, die durch den Fettungsprozeß selbst verursacht sind, können verschiedene Ursachen haben. Wird beim Fettlickern von Leder eine nicht genügend gleichmäßige Fettemulsion verwendet, so ziehen die Öl- und Fettstoffe ungleichmäßig in das Leder ein und verursachen fettige Flecke auf den Außenseiten, die vor allem ein nachfolgendes, gleichmäßiges Färben vereiteln, aber auch das Glanzstoßen unter Umständen erschweren. Leder, die lösliche Chrom- und Aluminiumsalze enthalten, neigen dazu, mit freien Fettsäuren der verwendeten Fette und Öle unlösliche Metallseifen zu bilden, die beim Fettlickern sich auf der Oberfläche des Leders niederschlagen, nur sehr schwer zu entfernen sind und so Fleckenbildung verursachen (Clariscope[3]). Beim Fetten des Leders durch Auftragen einer Fettschmiere oder Schmieren im Faß können Fettflecken dadurch verursacht werden, daß das Leder nicht an allen Stellen gleichmäßig durchfeuchtet zur Fettung kommt. Auch die Verwendung ungeeigneter, ungleichmäßig gemischter Fettschmieren kann zu Fettflecken Veranlassung geben. Ebenso wird unter Umständen durch ein zu rasches Trocknen der Leder nach dem Schmieren ein ungleichmäßiges Einziehen des Fetts und dadurch eine Fettfleckenbildung verursacht (Lamb-Jablonski[4]).

---

[1] W. Frey, D. Clarke und S. Stuart: „Kidney grease" in heavy hides and leather. J. A. L. C. A. 1933, 490.

[2] S. Rogers: Removal of kidney grease stains. J. A. L. C. A. 1933, 511.

[3] Clariscope: Ausschlag auf Leder. Ref. Coll. 1931, 119.

[4] Lamb-Jablonski: Lederfärberei und Lederzurichtung. 2. Aufl., Berlin 1927.

Den Fettflecken sind auch die sogenannten „Eierflecken" (siehe diese!) auf Glacéleder zuzurechnen.

Maßnahmen zur Verhinderung von Fettflecken beim Fetten von Leder ergeben sich aus dem Vorstehenden.

Zur Entfernung einzelner Fettflecken auf Leder, insbesondere solcher, die beim Gebrauch entstehen können, empfiehlt es sich, nach guter Reinigung Fließpapier auf das Leder aufzulegen und mit einem mäßig warmen Bügeleisen darüberzufahren, wobei das Fett von dem Fließpapier aufgesaugt wird. Man kann auch einen durch Verrühren von Tonerde oder Pfeifenton oder frisch gebrannter Magnesia mit Wasser hergestellten Brei auf den Fettflecken auftragen, in der Wärme trocknen und hierauf abbürsten (N. N.[1]). Die störende Wirkung eines ungleichmäßigen Fettgehalts von Leder beim Färben kann durch eine oberflächliche leichte Entfettung des Leders durch Ausreiben mit einer verdünnten Alkalilösung vermieden werden.

Fettstippen auf Leder.

Lederarten von weicherer Beschaffenheit, insbesondere pflanzlich gegerbtes Fahlleder, können unter Umständen einige Zeit nach der Fettung auf der Narbenseite kleine, dunkelgefärbte, nadelkopfartige, verhärtete

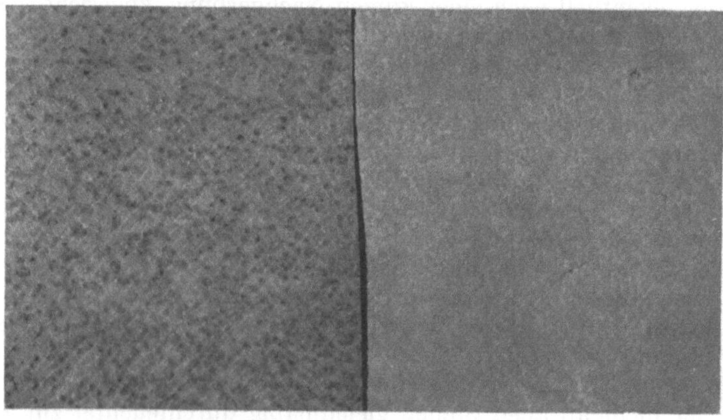

Abb. 29. Fahlleder mit starken Fettstippen vor und nach der Entfettung.
²/₃ natürl. Größe.

Erhebungen aufweisen, die sich meist angehäuft dicht nebeneinander auf dem Leder vorfinden und häufig über die ganze Lederfläche verteilt auftreten (Abb. 29). Bei mikroskopischer Untersuchung solcher Fleckchen ist irgendeine Beschädigung der Faserstruktur an den Fleckenstellen nicht festzustellen, abgesehen von einer stellenweisen stärkeren Auflockerung

---

[1] N. N.: Das Entfernen von Fettflecken aus Leder. Ledertechn. Rundschau 1909, 212.

des Fasergewebes in der Papillarschicht. Wird ein solches Leder scharf umgebogen, so verschwindet die dunkle Färbung der stippenartigen Narbenerhöhungen, die Verhärtung und Erhöhung bleibt unverändert erhalten. Wird das Leder entfettet, so verschwindet die ganze Schadenserscheinung vollkommen, an den Stellen der ursprünglichen Stippen ist lediglich eine um ein weniges hellere Lederfarbe, aber ebenfalls keine Beschädigung der Narbenschicht festzustellen. Die Entstehung der Fettstippen ist auf die Anhäufung größerer Mengen fester Fettanteile an einzelnen Stellen der von Natur aus loseren Papillarschicht des Leders zurückzuführen, durch die bei Lederarten weicherer Beschaffenheit die Fasern weiter auseinandergezerrt und der Narben über die normale Lederoberfläche ausgebeult wird. Da die verhärteten, erhöhten Fettstippen erst nach der Fettung des Leders beim Lagern dieses entstehen und hauptsächlich bei. Ledern, die unter Mitverwendung von oxydablen Ölen, wie Tran, gefettet wurden, auftreten, ist anzunehmen, daß die Ablagerung und Anhäufung fester Fettanteile unter der Narbenschicht erst durch nachträgliche Veränderung des zur Fettung benützten Fettes im Leder selbst, insbesondere die Abspaltung fester Fettsäuren und ein Herausdrücken dieser festen Fettanteile infolge oxydativer Veränderung des Fettes aus den Lederteilen festerer Struktur in die loserer Struktur verursacht wird. Es handelt sich demgemäß bei den Fettstippen um eine ähnliche Erscheinung wie das Ausharzen von Leder (siehe dieses!). Während beim Ausharzen indessen infolge oxydativer Veränderungen des Lederfetts flüssige. Fettbestandteile stippenartig an die Oberfläche des Leders gedrückt werden und dort allmählich eine harzige oder feste Beschaffenheit annehmen, werden bei den Fettstippen feste Fettanteile des Lederfetts an die loseren Stellen der Papillarschicht gedrückt und verursachen die Ausbeulung und Verhärtung des Narbens.

Fettstippen genau gleichen Aussehens und ähnlicher Beschaffenheit wie die beschriebenen, lediglich mit dem Unterschied, daß meist im mikroskopischen Bild eine Beschädigung der Narbenstruktur festzustellen ist, können nach W. Eitner[1] entstehen, wenn die Papillarschicht der Haut infolge Fäulniserscheinungen der Rohhaut oder unsachgemäßem Äschern oder Beizen oder unter Umständen auch Fäulniserscheinungen in den ersten Farben gelitten hat (siehe Fäulnisschäden!).

Fettriefen an Schafleder.

Nahezu alle feinwolligen und auch manche gröberwolligen Schaffelle weisen meist vom Rücken nach den Seiten parallel verlaufende Riefen auf. Ein Teil dieser Riefen ist praktisch auf der Narbenseite der Blöße und des fertigen Leders unsichtbar und kann nur bei Durchsicht gegen das Licht festgestellt werden. Er tritt meist an den Hals- und Schulterpartien auf. Ein anderer Teil tritt auch auf dem Narben deutlich in Erscheinung und kann sich über das ganze Fell erstrecken. Die Riefenbildung ist auf eine

---

[1] W. Eitner: Fachkorrespondenz. Zur Fleckenbildung. Gerber 1886, 205.

Fettablagerung im oberen Teile der Lederhaut selbst und unmittelbar unter den riefigen Stellen der Haut zurückzuführen, deren Ursache noch ungeklärt ist (H. Blank und G. D. McLaughlin[1]). Am fertigen Schafleder bleiben die Fettriefen häufig noch sichtbar durch unterschiedliche Färbung gegenüber dem einwandfreien Ledergewebe infolge höheren Fettgehalts, häufig auch zeichnen sich solche riefigen Stellen durch eine beträchtliche Losnarbigkeit gegenüber dem übrigen Ledergewebe aus. Wenn riefige Stellen an getrockneten Schaffellen infolge des hohen Fettgehalts in der Weiche nicht genügend weichen, bleiben sie bei der Gerbung nur unvollkommen gegerbt und treten am fertigen Leder als deutlich verhärtete Streifen in die Erscheinung.

Flecken, blauviolette, auf Rohhaut.

Während des Konservierungsprozesses treten auf der Fleischseite der Häute und Felle, besonders in den heißen Sommermonaten, einige Zeit nach dem Einsalzen nicht selten intensiv gefärbte rotviolette oder blauviolette, in großer Menge aneinandergereihte Fleckchen von durchschnittlich nicht mehr als 1 bis 2 mm Durchmesser auf. Die Einzelfleckchen sind nach F. Stather, G. Schuck und E. Liebscher[2] deutlich, aber ganz unregelmäßig berandet und gehen an den Berührungsstellen ineinander über. Häufig können innerhalb der Flecken einzelne, winzig kleine Pünktchen von dunklerer blauer bis schwarzer Farbe bemerkt

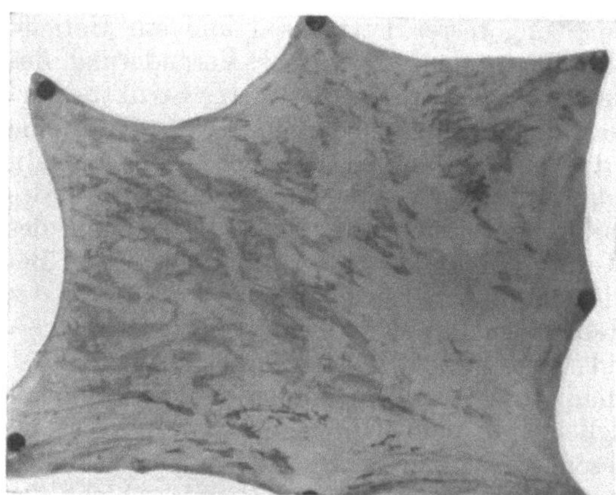

Abb. 30. Violette Narbenflecken auf einer auch auf der Fleischseite violettgefleckten Kalbsblöße. ¹/₄ natürliche Größe (F. Stather, G. Schuck und E. Liebscher).

werden. Haarlässigkeit ist, wenn nur blauviolette Flecken auf der Aasseite vorhanden sind, nie festzustellen. Das über den Flecken liegende Konservierungssalz nimmt teilweise die rot- und blauviolette Farbe der Flecken an. Der Farbstoff der violetten Flecken scheint nicht ganz einheitlich und in fast allen Lösungsmitteln nur sehr schwer löslich oder unlöslich zu sein. Geringste Säuremengen bewirken Entfärbung, Alkali

---

[1] J. H. Blank und G. D. McLaughlin: Sheep skins defects. J. A. L. C. A. 1929, 545.

[2] F. Stather, G. Schuck und E. Liebscher: Violette Flecken auf gesalzener Rohhaut. Coll. 1930, 153.

ist ohne Einfluß auf die Farbe. Beim Weichen und Äschern verhalten sich violettverfleckte Häute durchaus normal, ein erhöhter Verlust an Hautsubstanz tritt nicht ein. Die Farbflecken der Fleischseite verschwinden durch das Weichen und Äschern zum allergrößten Teil, dagegen finden sich bei zirka 60% der Blößen an Stellen, die auf der Fleischseite besonders stark verfleckt waren, eigentümlich geformte, unregelmäßig umrandete Flecken auf dem Narben (Abb. 30). Sonst ist keinerlei Veränderung oder Beschädigung des Narbens, auch keine „matten" Stellen zu bemerken. Auch die histologische Untersuchung läßt keinerlei Schädigung violettverfleckter Häute erkennen, Narben, Haarbälge, Haarwurzeln und das gesamte Lederhautgewebe sind durchweg vollkommen intakt und bakterienfrei. Das Unterhautbindegewebe ist dagegen mit reichlichen Anhäufungen von Mikroorganismen durchsetzt (Abb. 31). Diese Mikroorganismen dürften die Ursache der violetten Flecken auf gesalzener Rohhaut darstellen. F. Stather und E. Liebscher[1]

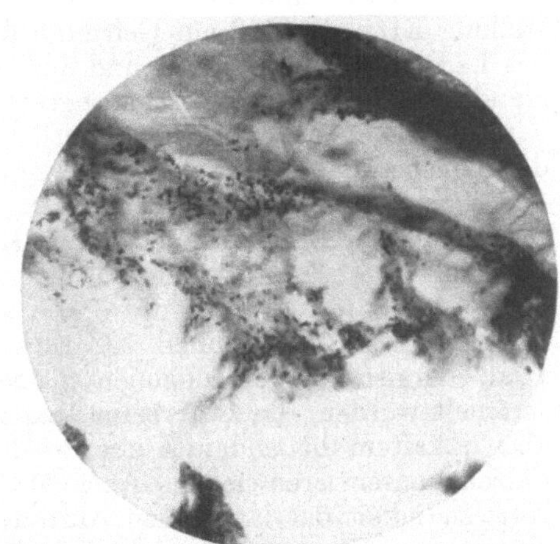

Abb. 31. Mikroorganismen im Unterhautbindegewebe eines violettverfleckten Kalbfells. 600fache Vergrößerung (F. Stather, G. Schuck und E. Liebscher).

konnten aus violettverfleckter Haut insgesamt neun Arten von aeroben Mikroorganismen isolieren und in Reinkultur untersuchen, und zwar zwei stäbchenförmige Bakterien, die violette bzw. gelbe Kolonien bilden, je eine rosarote, braunrote, gelbe und weiße Kolonien bildende Kokkenart und schließlich ein fadenförmiges Bakterium.

Frostschäden.

In kalten Ländern, wie Rußland, und in strengen Wintern besteht die Möglichkeit, daß ungesalzene und unter Umständen auch einmal salzkonservierte Häute gefrieren. Allgemein ist in Gerberkreisen die Meinung verbreitet, daß durch ein solches Gefrieren der Haut eine beträchtliche Schädigung dieser verursacht werde. So vertritt W. Eitner[2] die Meinung, daß für eine Konservierung von Rohhaut durch Kälte nur Temperaturen in Betracht kämen, die noch über dem Gefrierpunkt liegen, da die Haut ein Ausfrieren nicht vertrage, ohne in ihrer Qualität

[1] F. Stather und E. Liebscher: Zur Bakteriologie violettverfleckter gesalzener Rohhaut. Coll. 1930, 170.
[2] W. Eitner: Die Anwendung der Kälte in der Lederindustrie. Gerber 1910, 279.

Schaden zu erleiden und für die meisten Zwecke der Gerberei ganz oder teilweise unbrauchbar zu werden. Nach seinen Angaben sollen die das Lederhautgefüge aufbauenden Kollagenfibrillen durch die Vergrößerung des Volumens des gefrierenden Wassers teils in ihrem Zusammenhang zu Faserbündeln gelockert, teils ganz zerrissen werden, so daß das ganze Hautgewebe aufgelockert wird und aus solchen Häuten ein schwammiges, leicht reißbares und wenig haltbares Leder erhalten werde. Die Feststellung Eitners, daß ein Gefrieren der Rohhaut zu einer Auflockerung des Lederfasergefüges führe und aus solchen Häuten ein weiches, widerstandsloses Leder mit stark herabgesetzter Reißfestigkeit erhalten werde, wird durch eine weitere Veröffentlichung bestätigt (N. N.[1]). Es wird darin insbesondere darauf hingewiesen, daß der entstandene Schaden in der Wasserwerkstatt nicht bemerkt werde und sich erstmalig durch eine schnellere Durchgerbung gefrorener Häute bemerkbar mache.

Im Gegensatz zu dieser allgemein verbreiteten Meinung stellt R. Stokell[2] fest, daß Häute durch sachgemäßes Gefrieren einwandfrei konserviert werden können. J. Lokschin[3] führt an, daß in Sibirien, Ural, Kirgisien und Mongolien größere Mengen gefrorener Häute gesammelt würden, die zwar beim Transport Schwierigkeiten machen, sich aber in kaltem fließendem Wasser wieder auftauen und anschließend durch Salzen konservieren ließen. Auch M. Luxemburg[4] betont lediglich die Notwendigkeit des langsamen Auftauens gefrorener Häute bei niedriger Temperatur, ohne irgendwelche Schädigungen der Haut zu erwähnen. In einer neueren Arbeit stellten F. O'Flaherty und W. Roddy[5] an Hand von Mikrophotographien fest, daß eine Gewebsschädigung durch längeres Aufbewahren der Haut bei 0⁰ C und darunter nicht stattfindet. Durch das Gefrieren der Haut trete eine gewisse Entwässerung ein, die aber reversibel sei, besonders wenn vor dem Einweichen die Häute langsam auftauen würden. Bei einer mechanischen Beanspruchung der gefrorenen und hartgewordenen Haut kann ein Zerreißen gewisser Gewebeelemente stattfinden.

Besonders darauf hinzuweisen ist indessen, daß sich die Untersuchungen von F. O'Flaherty und Roddy lediglich auf Rohhaut und geäscherte Blöße erstreckten, dagegen nicht festgestellt wurde, ob sich in späteren Stadien der Lederfabrikation nicht doch Unterschiede zwischen gefroren gewesener und ungefrorener Haut zeigen.

Da nach den praktischen Erfahrungen doch mit einer Schädigung des fertigen Leders durch ein Gefrieren der Rohhaut zu rechnen sein dürfte, dürfte es zweckmäßig sein, ein Gefrieren der Rohhaut auf alle

---

[1] N. N.: Der Einfluß der Kälte auf rohe Häute und Felle. Ledertechn. Rundschau 1915, 44.

[2] R. Stokell: Storing hides and skins in cold storage. J. A. L. C. A. 1924, 481.

[3] J. Lokschin: Technische Fortschritte in der Lederindustrie der U. d. S. S. R. Coll. 1926, 548.

[4] M. Luxemburg: Über gefrorene Rohhäute. Coll. 1930, 403.

[5] F. O'Flaherty und W. Roddy: A microscopic study of the effects of cold temperatures upon skins and hides. J. A. L. C. A. 1931, 172.

Fälle zu verhindern, also insbesondere die noch ungesalzene Rohhaut nicht direktem Frost auszusetzen.

Starker Frost kann unter Umständen auch an fertigem Leder Schaden anrichten (N. N.[1]). Enthält das Leder eine große Menge Feuchtigkeit, so kann es vorkommen, daß durch die sich bildenden Eiskristalle eine Schädigung des Lederfasergefüges eintritt. Lackleder unterliegt leicht außerordentlichen Schädigungen durch die Kälte insofern, als der Lack spröde und starr wird und bei der geringsten Beanspruchung bei der niedrigeren Temperatur springt. Feinere Lederarten sollen, wenn sie starker Kälte ausgesetzt waren, bei normaler Temperatur häufig einen losen, faltigen Narben aufweisen. Daß durch Kälteeinwirkung das Auftreten von Fettausschlägen (siehe diese!) begünstigt wird, ist eine allgemeine Erfahrungstatsache.

Nach all diesem muß es als notwendig bezeichnet werden, starken Frost vom Lederlager zur Verhinderung solcher Frostschäden fernzuhalten.

Gerbstoffflecken auf pflanzlich gegerbtem Leder.

Pflanzlich gegerbte Leder können nach der Gerbung oder im fertigen Zustand unregelmäßig umrandete, größere oder kleinere, meist dunkelbraune Flecken aufweisen, die sich äußerlich von den „Kalkflecken" nicht oder nur unwesentlich unterscheiden, aber eine andersartige Ursache haben. Werden zur Ausgerbung des Leders Gerbextrakte mit größeren Mengen an unlöslichen Stoffen, also ungenügend geklärte Extrakte verwendet, so können sich diese an einzelnen Stellen der Haut, insbesondere im lockeren Fasergewebe der Fleischseite oder an Stellen, an denen die Narbenschicht weniger dicht ist, ablagern und eine Fleckenbildung verursachen (W. Eitner[2]). Besonders groß ist die Gefahr einer solchen Fleckenbildung durch schwerlöslichen Gerbstoff, wenn die aus starken Brühen sich abscheidenden schwerlöslichen Gerbstoffe warm gelöst zur Gerbung mitverwandt werden. Bei Abkühlung der Gerbbrühen während der Gerbung kann sich der schwerlösliche Gerbstoff in Form eines dunklen, zähen Satzes auf dem Leder abscheiden. Auch die Verwendung verregneter oder unsachgemäß getrockneter Gerbmaterialien kann zu Gerbstoffflecken Veranlassung geben (R. Lauffmann[3]). Wird der Schwellfarbengang mit süßen Brühen zugebessert, so können Ausflockungen von schwerlöslichen Gerbstoffen eintreten, die sich auf den Außenschichten des Leders ablagern und Gerbstoffflecken verursachen können. Bleiben Leder während der Faßgerbung längere Zeit mit stärkeren Gerbextraktbrühen unbewegt stehen, so kann infolge der Faltenbildung der Haut eine ungleichmäßige Gerbstoffaufnahme erfolgen und es resultieren Gerbstoffflecken. Das gleiche ist der Fall, wenn Leder nicht in glatt aus-

---

[1] N. N.: Der Einfluß der Kälte auf das Lederlager. Ledertechn. Rundschau 1915, 53.

[2] W. Eitner: Extraktflecke. Gerber 1907, 153.

[3] R. Lauffmann: Haut- und Lederfehler. Ledertechn. Rundschau 1926.

gestrecktem Zustand in der Grube ausgegerbt werden. Werden Leder
ungleichmäßig oder bei zu hoher Temperatur getrocknet, so wandert
häufig ungebundener Gerbextrakt aus dem Innern an einzelnen Stellen,
meist solchen lockerer Struktur, an die Oberfläche, nimmt infolge eintretender Oxydation des Gerbstoffs eine dunklere Färbung an (L. Manstetten[1]) und verursacht Gerbstoffflecken. Besonders stark treten solche
Flecken im allgemeinen in Erscheinung, wenn das Leder oberflächlich
ausgewaschen oder gar gebleicht worden war (Abb. 32). Ebenso kann
bei Leder mit einem höheren Gehalt an auswaschbarem Gerbstoff, wenn
dieses in feuchtem Zustand oder unter sehr starkem Druck gewalzt wird,
ungebundener Gerbstoff an die Oberfläche gedrückt werden und die
Bildung von Gerbstoffflecken verursachen.

Im Gegensatz zu Kalk- und Eisenflecken lassen sich Gerbstoffflecken
im allgemeinen, soweit sie nicht durch eine ungleichmäßige Gerbung be-

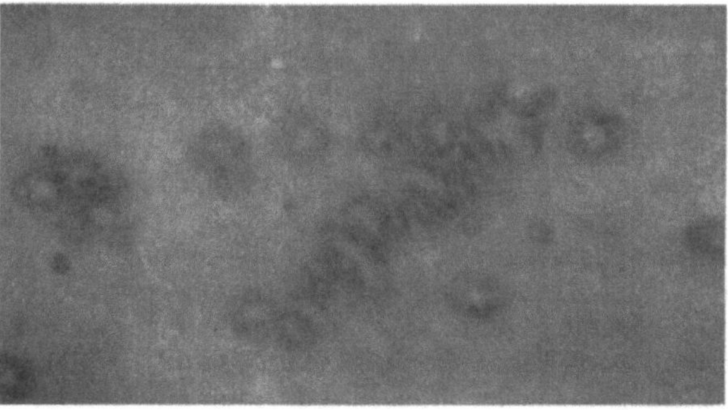

Abb. 32. Gerbstoffflecken auf pflanzlich gegerbtem Leder nach dem Bleichen.
$^1/_3$ natürl. Größe.

dingt sind, wieder beseitigen. Häufig genügt ein einfaches Auswaschen
der Leder oder Ausbürsten mit warmem Wasser. Führt dies nicht zum
Ziel, so bürstet man die Leder mit einer warmen verdünnten Sodalösung
aus, spült sie ab und hellt die dunkel gewordene Lederfarbe durch eine
Behandlung mit verdünnter Milchsäurelösung oder Lösungen anderer
organischer Säuren wieder auf. Anschließend muß zur Entfernung über-
schüssiger Säure wieder gut ausgewaschen werden.

Bei Berücksichtigung der oben angeführten Umstände, Verwendung klarer Gerbbrühen, gleichmäßiger, nicht zu hoher Trocken-
temperatur nach eventuellem leichten Abölen der Narbenseite mit etwas
Tran, sulfoniertem Öl, Mineralöl usw. und Walzen in nicht zu feuchtem
Zustand lassen sich Gerbstoffflecken, besonders wenn die Leder nicht
absichtlich mit ungebundenem Gerbextrakt gefüllt werden, von vorn-
herein vermeiden.

---

[1] L. Manstetten: Das Abölen des Narbens beim Trocknen von Leder.
Coll. 1905, 389.

Gesprengter Narben an der Blöße.

Ein bereits an der Blöße feststellbarer stellenweise gesprengter Narben kann verschiedenartige Ursachen haben, ist aber stets auf eine mechanische Verletzung der Haut oder der Blöße zurückzuführen.

Ein stellenweises Springen der Narbenschicht beim Abziehen der Haut vom Tierkörper kann besonders bei leichteren Fellen beim unsachgemäßen Ausstoßen der Haut mit einem ungeeigneten Instrument auftreten (siehe Ausstoßschäden!). Werden scharf getrocknete Häute bei der Verschiffung in gefaltetem Zustand in Ballen gepreßt, so kann der Narben an der Umbruchstelle mehr oder weniger stark brechen, besonders in der Rückenlinie sind solche Beschädigungen häufig, die Narbenbeschädigungen kommen an der enthaarten Blöße zum Vorschein. Häute, die in gefrorenem Zustand stärker durch Biegen beansprucht werden, können im Narben, unter Umständen auch vollständig brechen (M. Auerbach[1]). Schließlich kann ein Brechen der Narbenschicht an der Blöße durch einen übermäßigen Zug in der Entfleischmaschine verursacht werden.

Gesundheitsschädliche Stoffe im Leder.

Leder, die beim Gebrauch dauernd direkt mit der Haut des Trägers, Mensch oder Tier, in Berührung kommen, wie insbesondere Schweißleder, Bekleidungsleder, Halfter- und Geschirrleder, dürfen keine Bestandteile enthalten, die irgendwelche Reizerscheinungen oder andersartige krankhafte Veränderungen der Haut bewirken können. Erfreulicherweise besteht eine Gefahr einer Übertragung gesundheitsschädlicher Mikroorganismen, die von der Rohhaut her im Leder unter Umständen vorhanden sein könnten, so gut wie überhaupt nicht, da solche Bakterien, wenn sie einmal unglücklicherweise in einer Rohhaut vorhanden sein sollten, den vorbereitenden Arbeiten der Wasserwerkstatt und dem Gerbprozeß nicht standzuhalten vermögen und abgetötet werden. Insbesondere ist kein einwandfreier Fall bekannt, in dem durch Leder je einmal der gefürchtete Milzbrandbazillus auf Mensch oder Vieh übertragen worden wäre. Dagegen können unter Umständen gewisse chemische Bestandteile des Leders zu Hautreizungen, Entzündungen oder gar Ekzembildungen Veranlassung geben.

An erster Stelle ihrer Gefährlichkeit nach steht dabei wohl die Chromsäure mit ihren Salzen, den Chromaten und Bichromaten. Während die allein gerbenden Salze des dreiwertigen Chroms zu Gesundheitsschädigungen keinerlei Veranlassung geben, können Lösungen von Chromsäure und chromsauren Salzen Ätzungen der Haut verursachen, das Hautgewebe stirbt ab und unter heftiger Entzündung bilden sich sogenannte Chromgeschwüre, die äußerlich große Ähnlichkeit mit Geschwüren luetischen Ursprungs haben. Auch Ausschlagsbildungen können durch in die Haut, besonders an wundgeriebenen oder leicht verletzten Stellen

---

[1] M. Auerbach: Rohhautschäden. Coll. 1931, 111.

eindringende chromsaure Verbindungen verursacht werden.[1] Schweißleder, Bekleidungsleder, Halfterleder und Geschirrleder sollen demgemäß möglichst überhaupt keine auswaschbaren Chromsäureverbindungen enthalten, wie sie bei ungenügender Reduktion der chromsauren Verbindungen bei der Zweibadgerbung oder bei der Nachbehandlung des gefärbten Leders mit chromsauren Verbindungen zur Verbesserung der Färbung im Leder vorhanden sein können, wenngleich die Gegenwart von Mengen weniger als 0,14 mg CrO_3 pro Quadratzentimeter Leder nach D. J. Lloyd[2] noch als unschädlich angesehen werden kann. Chromsaure Verbindungen können durch einfaches Auswaschen aus dem Leder entfernt werden.

Zu Hautentzündungen (Dermatitis) bei besonders empfindlichen Personen können unter Umständen gewisse als synthetische Gerbstoffe benützte Phenol-, Kresol- oder Naphthol-Formaldehyd-Kondensationsprodukte Veranlassung geben, wenn sie infolge unrichtiger Anwendung in auswaschbarer Form im Leder vorhanden sind und daraus unter der Einwirkung des Schweißes phenolartige Körper abgespalten werden können (P. Galewsky[3]; A. Mayrhofer[4]).

Häufiger ist eine durch Hutfutterleder oder Bekleidungsleder verursachte Dermatitis auf einen, wenn auch nur geringen, Gehalt des Leders an m- oder p-Diaminen oder Aminophenolen zurückzuführen, die von den zum Färben von Leder häufig benützten Diaminfarbstoffen wie Chrysoidin und Bismarckbraun herrühren (T. Callan und U. Strafford[5]). Vor allem Farbstoffe, an deren Aufbau p-Phenylendiamin, ferner die m-Verbindung und p-Toluylendiamin beteiligt sind, können zu Hautentzündungen Veranlassung geben. Als giftig wirkende Substanzen kommen dabei nicht die vollständig oxydierten Farbstoffe, sondern halboxydierte Zwischenprodukte in Frage (D. J. Lloyd[2]).

Daß Formaldehyd in freier Form in einem Leder vorhanden ist, gehört zu den größten Seltenheiten, ist es der Fall, so kann er ebenfalls zu Hautreizungen Veranlassung geben. Daß durch die saure Reaktion frischen Schweißes Formaldehyd eventuell aus einer zum Decken von Schweißleder benützten, mit Formaldehyd gehärteten Kasein- oder Albumindeckfarbe abgespalten werden kann, erscheint wenig wahrscheinlich.

Bei empfindlichen Personen kann unter Umständen ein Gehalt des Leders an stark wirkenden freien Säuren Hautreizungen verursachen, ebenso wie bei Verwendung von Halfter- und Geschirrledern mit einem

[1] Literaturzusammenstellung siehe Wagner-Paeßler: Handbuch für die gesamte Gerberei und Lederindustrie. Leipzig 1925, S. 201.

[2] D. Jordan Lloyd: Die Prüfung gefärbter Bekleidungsleder auf Giftstoffe. Leather World 1932, 20 und 98; durch Ref. Coll. 1933, 657.

[3] P. Galewsky: Über Kriegsersatzstoffe und ihre Beurteilung. Zeitschr. angewandte Chemie 1920, 305.

[4] A. Mayrhofer: Phenolhaltiger Schweißlederersatz. Chemiker-Zeitung 1921, 742.

[5] T. Callan und U. Strafford: Die Prüfung farbiger Leder in Dermatitisfällen. Analyst. 1931, 625; durch Coll. 1932, I, 3374.

Gehalt an stark wirkenden freien Säuren oder mit größeren Gehalten an freien Fettsäuren schon Haarausfall und Entzündungen der Haut der Tiere beobachtet wurden.

Im Hinblick auf die Gefahr von Hautreizungen bei empfindlichen Personen ist es wenig empfehlenswert, Hutschweißleder mit wasserlöslichen Albumin- und Kaseindeckfarben zuzurichten. Der in frischem Zustand saure Schweiß nimmt leicht eine alkalische Reaktion an und bewirkt dadurch ein Ablösen der Kasein- oder Albumindeckfarbe, wobei sich die abgelösten Pigmente mechanisch in die Haut einreiben und Entzündungserscheinungen verursachen können. Die Gefahr solcher Hautentzündungen durch Deckfarben auf Eiweißbasis ist besonders groß, wenn die Deckfarbe irgendwelche giftige Pigmentfarben, Chromate, Blei-, Barium-, Titanverbindungen usw. enthält.

Gezogener Narben des Leders.

Die von der Oberfläche der ausschließlich zur Gerbung benützten Lederhaut bis zur Tiefe der Haarwurzeln und Schweißdrüsen sich erstreckende Papillarschicht, die in ihrem oberen Teil der als Narbenschicht bezeichneten Lederschicht entspricht, weist gegenüber dem übrigen Teil der Lederhaut, der Retikularschicht, neben einer Reihe von anderen Unterschieden als wesentliches Unterscheidungsmerkmal eine andere Stärke und Verflechtung der sie hauptsächlich aufbauenden Kollagenfasern auf. Während die Retikularschicht sich aus dickeren, unregelmäßig verflochtenen Kollagenfasern aufbaut, sind die Hautfasern der Papillarschicht wesentlich dünner, um so dünner, je mehr sie sich der Hautoberfläche nähern, wobei das äußerste, die Haut abschließende Fasergeflecht aus einem zarten Netzwerk überaus feiner Kollagenfasern besteht. Dieser unterschiedliche strukturelle Aufbau von Narbenschicht und übriger Lederhaut und das durch ihn bedingte unterschiedliche Verhalten ist im wesentlichen die Ursache des bei pflanzlicher Gerbung und Chromgerbung bei nicht ganz sorgfältigem Arbeiten auftretenden „Narbenziehens", bei dem der Narben des Leders in unregelmäßig nach allen Richtungen verlaufenden, mehr oder weniger ausgeprägten Falten und Runzeln eine unebene Oberfläche des Leders verursacht. Man spricht von einem „krausen" oder „gezogenen" Narben des Leders.

Ein gezogener Narben ist im allgemeinen fast durchweg auf einen Fehler der Gerbung und bei dieser wiederum auf unerwünschte, ungleichmäßige Schwellungsvorgänge der Narbenschicht und der übrigen Lederhaut der Blöße oder des Leders zurückzuführen, die durch die Gerbung gewissermaßen fixiert werden.

Bei der pflanzlichen Gerbung resultiert ein gezogener Narben des Leders, wenn die Blößen ohne genügende Angerbung in stärkere Gerbbrühen gebracht werden, wenn sie in stark säuregeschwelltem Zustand in die Gerbbrühen eingeführt werden oder wenn ganz allgemein, solange die Blößen noch ungenügend angegerbt sind, die Unterschiede im Säure- und Gerbstoffgehalt zwischen den einzelnen Gerbbrühen, in die die Blößen nacheinander überführt werden, zu groß sind. Zur Vermeidung eines Narbenziehens darf die Anfangsbrühe eines Schwellfarbengangs nicht zu sauer sein, der Säuregehalt muß etwa bis zur Mitte des Farbengangs allmählich ansteigen und sich bis zur letzten, stärksten Farbbrühe etwa auf gleicher Höhe halten, der Gerbstoffgehalt muß in der Anfangsbrühe niedrig sein und von der ersten bis zur letzten Brühe regelmäßig und allmählich ansteigen und zum Säuregehalt im richtigen Verhältnis stehen. Auch bei der Faßgerbung kann ein gezogener, wilder Narben trotz vorheriger Angerbung im Farbengang noch entstehen, wenn die durchgefärbten Blößen nicht nacheinander mit allmählich in der Konzentration ansteigenden Gerbbrühen ausgegerbt werden, oder wenn sie in zu stark säuregeschwelltem Zustand ins Faß kommen (N. N.[1]). Durch eine ruhige, gleichmäßige Bewegung des Blößenmaterials in hinreichender Brühenmenge wird die Gefahr des Narbenziehens verringert. Ein leichtes Abölen der Narbenschicht vor dem Einbringen in das Faß vermindert die Gefahr des Narbenziehens, ebenso wie durch Zusatz von wasserlöslichen, sogenannten Gerbölen zu den Faßbrühen unter Umständen ein gezogener Narben vermieden werden kann.

Bei pflanzlich gegerbtem Leder kann ein gezogener Narben durch sorgfältiges Ausstoßen des Leders häufig wieder beseitigt werden. Das Ausstoßen des Leders muß in gut feuchtem bzw. abgewelktem Zustand des Leders erfolgen, da nur nach genügender Erweichung die Narbenschicht so bildungsfähig ist, daß sich die Falten und Runzeln des Narbens durch Druck entfernen lassen, ohne daß sich der Narben beim Trocknen wieder abhebt. Das leichte Antrocknen vor dem Stollen darf nicht zu rasch erfolgen, da sonst der Narben festtrocknet. Empfehlenswert ist ein erneutes Abölen des Leders vor dem Trocknen. Unter Umständen muß die Bearbeitung des Leders durch Ausstoßen zur Beseitigung des Narbenzuges mehrmals wiederholt werden.

Besonders gefürchtet ist ein gezogener Narben bei chromgarem Leder, weil er bei dieser Lederart im Gegensatz zu pflanzlich gegerbtem Leder sich in feuchtem Zustand des Leders nur sehr schwierig, in trockenem Zustand überhaupt nicht mehr entfernen läßt. Bei der Einbadchromgerbung wird ein gezogener Narben des Leders erhalten, wenn die Gerbung nicht mit mäßig basischen Brühen begonnen und mit allmählich stärker basischen Brühen fortgesetzt wird und die Narbenschicht zu rasch und intensiv angerbt. Die Gefahr des Narbenziehens wird verringert, wenn die Blößen vor der Gerbung einem Säurepickel oder einer Vorgerbung mit Alaun unterworfen werden. Auch ein der Basizität, dem Chromgehalt und der sonstigen Zusammensetzung der Chrombrühen angepaßter Salzzusatz verzögert die Chromaufnahme und setzt dadurch die Gefahr des Narbenziehens herab. Ebenso wird durch die Verwendung sogenannter maskierter Chrombrühen, Brühen, die Zusätze die Gerbung mildernder Stoffe erhalten haben, zur Angerbung der Blößen ein Narbenziehen ver-

---

[1] N. N.: Wilder Narben bei der Faßgerbung. Ledertechn. Rundschau 1909, 281.

hindert (E. Stiasny[1]). Gleichmäßiges Bewegen der Blößen im Gerbfaß und die Anwendung einer genügend großen Brühenmenge trägt auch bei der Chromgerbung zur Vermeidung des Narbenziehens bei.

Bei der Zweibadgerbung kann ein gezogener Narben des Leders entstehen, wenn im Reduktionsbad infolge ungenügenden Salzgehaltes eine stärkere Säureschwellung auftritt (C. Lamb[2]). Ein Narbenziehen infolge zu rascher Angerbung der Außenschichten kann vermieden werden, wenn die Blößen vor dem Einbringen in das Reduktionsbad zur Entfernung ungebundener, kapillar aufgenommener Bichromatmengen aus der Narbenschicht ausgereckt und dann einer Behandlung mit einer schwachen Natriumthiosulfatlösung unterworfen und anschließend kurze Zeit der Luft ausgesetzt werden.

An Blößen, insbesondere Ziegenblößen kann nach G. D. McLaughlin, J. H. Highberger, F. O'Flaherty und K. Moore[3] ein rauher, gänsehautähnlicher, gezogener Narben auftreten, wenn die warm gebeizte Ziegenblöße in kaltes Wasser gebracht wird, weil das in der Papillarschicht der Lederhaut im Gegensatz zur Retikularschicht vorhandene Muskelgewebe ein unterschiedliches Quellungsvermögen gegenüber den Kollagenfasern aufweist (vgl. Beizfehler!).

Gipsflecken.

Während D. Jordan Lloyd[4] Kalziumsulfat als eine unschädliche Verunreinigung des Konservierungssalzes ansieht, muß nach den Untersuchungen von R. Weber[5] dem Gips eine stark fleckenbildende Wirkung auf Rohhaut zugeschrieben werden. Weber kommt sogar zu dem Schluß, daß die sogenannten „Salzflecken" (siehe diese!) nur durch eine Kalziumsulfatablagerung ohne jede Mitwirkung von Bakterien verursacht würden, also als reine Gipsflecken anzusprechen seien. Solche Gipsflecken sollen besonders dort auftreten, wo sich größere Gipskörner aus dem Konservierungssalz auf der Haut vorfinden. Der Gips wird nach Ansicht Webers in ähnlicher Weise von der Haut absorbiert wie richtiger Gerbstoff. Weber konnte Gipsflecken durch Auflegen von Gipstabletten auf mit Sublimat sterilisierte Haut auch künstlich erzeugen. Gipsflecken äußern sich am fertigen Leder ähnlich wie Narbensalzflecken oder Alaunflecken, insbesondere in einer Verhärtung und einem Brüchigwerden der Narbenschicht, verbunden mit einer Dunklung der Lederfarbe. Zur Vermeidung von Gipsflecken auf der rohen Haut muß auf möglichstes Freisein des zur Konservierung benützten Salzes von Kalziumsulfat geachtet werden.

---

[1] E. Stiasny: Gerbereichemie (Chromgerbung) 1931.
[2] Lamb-Mezey: Die Chromlederfabrikation. Berlin 1925.
[3] G. D. McLaughlin, J. H. Highberger, F. O'Flaherty und K. Moore: Somme studies of the science and practice of bating. J. A. L. C. A. 1929, 339.
[4] D. Jordan Lloyd: Further work on the preservation of hides with salt or brine. British Leather Research Assoc. 8. Annual Report 1928.
[5] R. Weber: Über Salzflecken. Technikum des Ledermarkt 1912, Nr. 27 und 34; Ref. Coll. 1913, 29.

Solches kann vor allem in Steinsalzen in nicht unbeträchtlichen Mengen vorhanden sein.

Gipsflecken entstehen auch, wenn nicht oder ungenügend entkälkte Blößen in einen Schwefelsäurepickel eingebracht werden. Der in der Blöße noch vorhandene Kalk setzt sich in diesem Falle mit der Schwefelsäure zu dem sehr schwer löslichen Kalziumsulfat um, das, vor allem wenn die Ablagerung in der Narbenschicht erfolgt, zu den Übelständen der „Kalkflecken" (siehe diese!) Veranlassung gibt.

Haarlingschäden.

Zu den auf fast jeder Tierart vorkommenden Hautparasiten gehören die sogenannten „Haarlinge", Trichodectes-Arten, die in die Gruppe der Mallophagen (Pelzfresser) gehören. Fast jede Tierart (Hund, Katze, Schaf, Ziege, Pferd) hat ihre besondere Trichodectes-Art. In Laienkreisen werden die Trichodectes-Arten gewöhnlich als Läuse bezeichnet, doch besitzen sie im Gegensatz zu diesen keine stechenden, sondern beißende Mundwerkzeuge. Der häufig auf Rindshäuten sich vorfindende Rinderhaarling, Trichodectes scarlaris Nitsch (Abb. 33), besitzt drei Beinpaare und zwei Fühler. Der schildförmige, dreieckig zugespitzte Kopf ist deutlich abgesetzt gegen Protothorax, Thorax und das in acht gut ausgebildete Segmente eingeteilte Abdomen. Nach M. Bergmann, W. Hausam und E. Liebscher[1] können solche Haarlinge schwere Hautschäden verursachen.

Abb. 33. Rinderhaarling (Trichodectes). Zirka 40fache Vergrößerung (M. Bergmann, W. Hausam und E. Liebscher).

Bei der Untersuchung haarlingsbefallener trockener Kalbfelle stellten diese Autoren auf der Haarseite zentimeter- bis dezimetergroße zerfressene und verschmutzte Stellen fest. Die gleichen Stellen zeigten auf der Fleischseite zahlreiche, mehrere Millimeter große Blutergüsse. Bei der histologischen Untersuchung wurde eine starke Beschädigung der Haut festgestellt, die bis an die eigentliche Lederhaut heranreichte. Die Papillarschicht der Schadensstelle war stark infiltriert und die Epidermis in Fetzen abgelöst (Abb. 34). Daneben wurden auch Stellen angetroffen, an denen Epidermis samt Papillarschicht an der obersten Grenze der Retikularschicht wie abgeschnitten erschien und zwischen Retikular- und Papillarschicht ein wie von Insekten gegrabener Gang zu erkennen war. Während die abgestoßene Papillarschicht und die Epidermis, soweit noch vorhanden, stark zerklüftet, infiltriert und zerstört waren, war die

---

[1] M. Bergmann, W. Hausam und E. Liebscher: Über Beschädigungen von Rohhäuten durch Haarlinge (Trichodectes-Arten). Ledertechn. Rundschau 1932, 37.

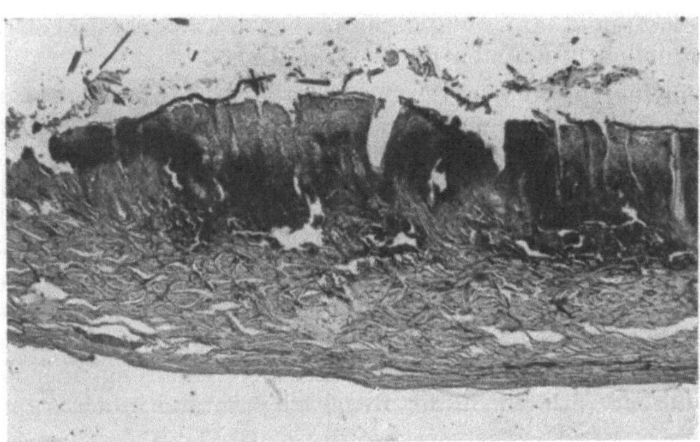

Abb. 34. Dünnschnitt durch haarlingsbeschädigte Haut. Papillarschicht stark
infiltriert, Epidermis abgelöst. 20fache Vergrößerung (M. Bergmann,
W. Hausam und E. Liebscher).

Retikularschicht der Lederhaut nur wenig beschädigt. Die in unserem
Viehstand außerordentlich verbreiteten Haarlinge können demgemäß
erhebliche Beschädigungen der gerberisch wichtigen Hautteile verursachen.

Hornstoßschäden.

Mechanische Verletzungen der Rohhaut, die teils stich-, teils riß-
artiger Natur sind und meist ziemlich tief in die Haut eindringen, sind
auf Hornstöße zurückzuführen, die sich das Vieh gegenseitig beibringt.
Die Gefahr von Hornstoßschäden ist besonders groß, wenn die Tiere
auf engem Raum zusammengetrieben werden, z. B. in den Corales, wo
die Tiere zum Schlachten oder Brennen ausgesucht werden, oder bei der
Verladung in Eisenbahnzüge und Schiffe.[1]

Käferschäden.

Auf der durch Trocknen konservierten Haut können die Pelzmotte,
der Pelzkäfer und eine Reihe von anderen Käfern nicht unbeträchtlichen
Schaden anrichten. Der Pelzkäfer, Attagenus pellio L., ist 4 bis 5 mm
lang, schwarz und bräunlich, oben schwarz behaart mit drei weißen
Flecken an der Wurzel des Halsschildes und einem größeren weißen Fleck
auf der Mitte jeder Flügeldecke. Sowohl die gelbbraunen Larven wie der
Pelzkäfer selbst zerstören das Haarkleid von Fellen.

Unter den Schädlingen großer Häute sind am bekanntesten und
verbreitetsten einige Arten der Gattung Dermestes. E. Belavsky und

---

[1] E. Stiasny: Gerbereichemie (Chromgerbung). Dresden und Leipzig
1931.

J. Raschek[1] fanden auf südamerikanischen und afrikanischen Trockenhäuten vorzüglich drei Arten dieser Schädlinge:

Der gemeine Speckkäfer, Dermestes lardarius (Abb. 35), ist 7 bis 9 mm lang, von schwarzer Farbe und besitzt einen länglichen oder ovalen Körper mit zurückziehbaren, gekeulten Fühlern. Über die vordere Hälfte der Deckflügel zieht sich ein Band gelblichgrauer Härchen, welches gegen den Hinterteil zackig begrenzt und von sechs schwarzen Punkten gegliedert ist. Beim Angreifen stellt sich der Speckkäfer durch Anziehen der Fühler und Beine tot. Die Larven sind langgestreckt, walzenförmig oder breitgedrückt mit kurzen Fühlern und meist sechs Nebenaugen. Die Entwicklung des Schädlings ist noch nicht genau erforscht. In Europa entwickelt sich eine Generation im Jahr. Der Schädling überwintert im Käferstadium, er verbleibt in der Regel bis zum Mai in der Puppenhülle.

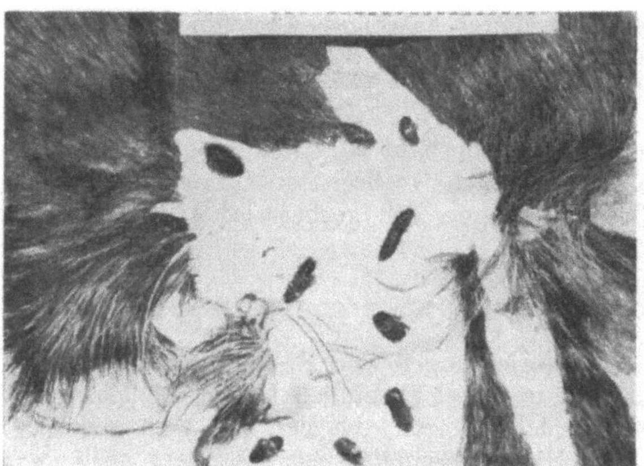

Abb. 35. Gemeiner Speckkäfer, Dermestes lardarius, auf Trockenhaut
(E. Belavsky und J. Raschek).

Die Eier sind länglich, 2 bis 3 mm lang, von opaleszierendem Glanz und an den Polen etwas abgeflacht.

Dermestes Frischii (Abb. 36) ist 6 bis 9 mm lang, auf der Unterseite kreideweiß und haarig. Die Ringe weisen auf beiden Seiten schwarze Flecken auf. Der Scheitel ist gelb und flaumig.

Dermestes kadaverinus F. (Abb. 37) ist 7 bis 9 mm lang, schwarz oder braun, hat große Augen und der Schild ist mit dichtem, gelbem Flaum bedeckt.

Diese Schädlinge richten auf der getrockneten Haut ziemlich viel Schaden an, besonders wenn sie nicht rechtzeitig entdeckt werden. Sowohl die Käfer wie ihre Larven benagen die Narbenseite, gewöhnlich an Stellen, an denen die Haut zusammengefaltet ist, also hauptsächlich

---

[1] E. Belavsky und J. Raschek: Rohhäuteschädlinge. Coll. 1930, 118.

in der wertvolleren Rückenpartie. Zur Bekämpfung der Käfer können die Häute mit Naphthalin eingestäubt werden, besonders erfolgreich

Abb. 36. Dermestes Frischii auf Trockenhaut (E. Belavsky und J. Raschek).

soll das Einspritzen der Häute mit einer Mischung von 20 Teilen Petroleum, 3 Teilen Phenol und 18 Teilen Terpentinöl sein.

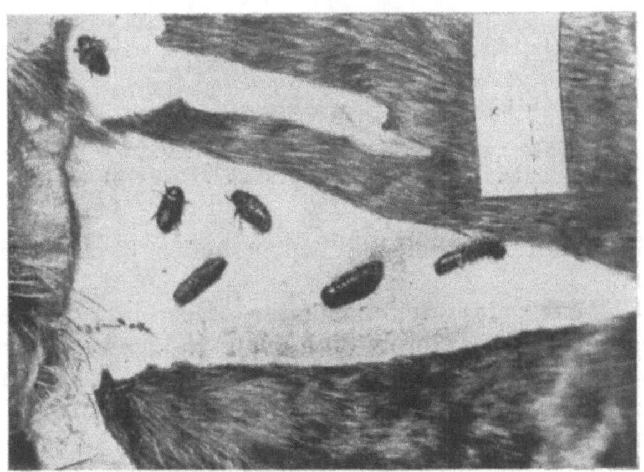

Abb. 37. Dermestes kadaverinus auf Trockenhaut (E. Belavsky und J. Raschek).

F. O'Flaherty und T. Roddy[1] berichten über durch Käfer bzw. deren Larven an grün gesalzenen Häuten verursachte Schäden. Die

---

[1] F. O'Flaherty und T. Roddy: Some notes on bedles and their damage to hides and leather. J. A. L. C. A. 1933, 298.

Häute waren von der Fleischseite her von Gängen und kegelartigen
Hohlräumen durchsetzt, die eine Öffnung durch die Narbenfläche hindurch
aufwiesen und vor dem Enthaaren und Entfleischen nur schwer zu erkennen waren (Abb. 38). Für den Schaden werden ebenfalls Dermestiden,
und zwar der Lederkäfer und der rotbeinige Kolben- oder Schinkenkäfer, verantwortlich gemacht.

Der Lederkäfer, Dermestes vulpinus, ist etwa 5,5 bis 12 mm lang,
2 bis 4 mm breit, tiefrötlich-braun oder dunkelgrau gefleckt und besitzt
einen kleinen Kopf und kurzen abgestumpften Thorax, abgerundetes
langes Abdomen und drei Beinpaare. Starke Flügel befähigen den Käfer
über weite Entfernungen zu fliegen. Die Larven sind lebhaft braun mit

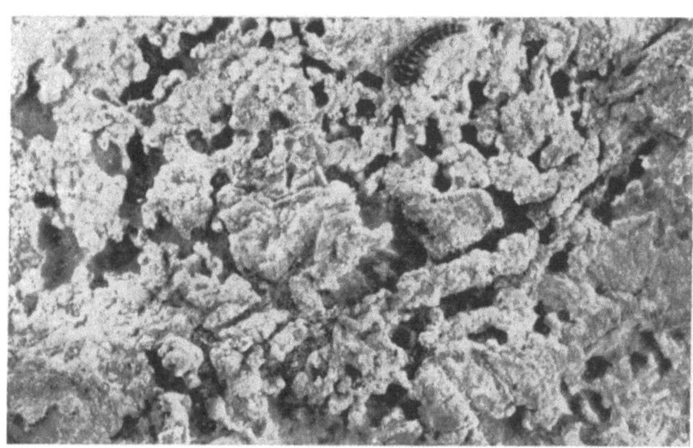

Abb. 38. Durch Käfer von der Fleischseite aus zerstörte gesalzene Rindshaut
(F. O'Flaherty und T. Roddy).

hellen Stellen an der Unterseite, wurmähnlich, 3 bis 8 mm lang und
fein behaart.

Der Kolben- oder Schinkenkäfer, Necrobia rufipes, ist etwa
12 mm lang und 1,5 mm breit, stahlblau bis schwarz und mit feinen
kurzen Haaren besetzt. Er besitzt deutlich vom Abdomen getrennten
Thorax, drei rotgefärbte Beinpaare und ist ebenfalls mit Flügeln
ausgestattet.

Zur Verhinderung weiteren Schadens auf von diesen Käfern befallenen Häuten wird sofortiges Einarbeiten empfohlen, da durch die Weiche
und den Kalkäscher Käfer und auch Larven zerstört werden. Zur Vernichtung der Käfer im Häutelager scheint die Vergasung mit Blausäure,
die von erfahrenen Fachleuten durchzuführen ist, die praktischeste
und wirtschaftlichste Methode zu sein.

Nicht selten werden an länger gelagerten pflanzlich gegerbten
Ledern und Lederwaren Beschädigungen in Form vereinzelter kreis-
runder Löcher von 1 bis 1,5 mm Durchmesser festgestellt, die häufig

durch die ganze Stärke des Leders hindurchgehen (Abb. 39). Nach F. Stather[1] dürften für diese lochartigen Durchbohrungen des Leders, die man früher einem sagenhaften „Lederwurm" zuschrieb, die Larven des gemeinen Diebskäfers, Ptinus fur L., verantwortlich zu machen sein. Der gemeine Diebskäfer ist ein bräunlicher, 2 bis 4 mm langer Käfer, der in Wohnräumen und Magazinen lebt. Das Weibchen hat einen eiförmigen, das Männchen einen mehr gestreckten Körper. Der

Abb. 39. Schäden durch Käfer bzw. deren Larven auf der Narbenseite eines Fahlleders. Natürl. Größe.

Halsschild ist kugelig, hinten etwas eingeschnürt und mit zwei bis zur Mitte reichenden, gelbbehaarten Längsbinden versehen. Die Larven des Diebskäfers sind weißlich, sechsbeinig und besitzen einen braunen, augenlosen, mit kurzen Fühlern ausgestatteten Kopf. Die Larve des Diebskäfers nagt sich in das Leder ein, verpuppt sich unter Umständen unter Mitverwendung des gebildeten Ledermehls, und der ausgeschlüpfte Käfer benutzt dann weiter das kreisrunde Schlupfloch.

Abb. 40. Durch Käfer bzw. deren Larven zerfressene Brandsohlenleder. $^1/_3$ natürl. Größe.

Unter den dem Diebskäfer verwandten Käferarten wird auch der messinggelbe Diebskäfer, Niptus hololeucus, als Haut- und Lederschädling angeführt (Abb. 40).[2]

Kalkflecken.

Auf dem Narben geäscherter und enthaarter Häute können sich eigenartige, unregelmäßig begrenzte, größere oder kleinere matte Flecken, die einen „blinden" Narben der Blöße verursachen, bilden. Solche Flecken stellen einen gefürchteten Fehler dar, der durch die Ablagerung unlöslicher Kalkverbindungen in der Narbenschicht der Blöße verursacht

---

[1] F. Stather: Käfer als Lederschädlinge. Ledertechn. Rundschau 1932, Nr. 3.
[4] Ein Feind der Häute, des Leders und der Schuhe, der Messingkäfer. Schweiz. Leder-Ind. Zeitung 1927, 1. Dez.

und als Kalkflecken, Kalkschatten oder Äscherschatten bezeichnet wird. Kalkflecken entstehen, wenn die vom Äscher her noch kalkhaltigen Blößen entweder vollständig unbedeckt oder vom Wasser oder der Glättbrühe nur teilweise bedeckt an der Luft liegen bleiben. Das in der Blöße enthaltene Kalziumhydroxyd setzt sich mit dem Kohlendioxyd der Luft innerhalb der Fasern der Narbenschicht zu unlöslichem Kalziumkarbonat um. In gleicher Weise kann eine Ablagerung von unlöslichem Kalziumkarbonat in der Narbenoberfläche der geäscherten Blößen erfolgen, wenn das zum Wässern dieser benützte Betriebswasser größere Mengen freier Kohlensäure oder eine größere Karbonathärte, d. h. einen größeren Gehalt an Bikarbonaten des Kalziums oder Magnesiums aufweist, die mit der im Wasser oder in der Luft vorhandenen Kohlensäure unlösliche Karbonate zu bilden vermögen.

Die Ablagerung von Kalziumkarbonat tritt erfahrungsgemäß besonders gern an solchen Narbenstellen ein, an denen die Narbenoberfläche durch leichten bakteriellen Angriff bereits beschädigt ist, da einmal der kohlensaure Kalk an der aufgerauhten Oberfläche besser haftet und bei beschädigtem Narben das Innere der den Kalk enthaltenden Haut der Einwirkung der Kohlensäure mehr ausgesetzt ist.

Kalziumkarbonatablagerungen in der Narbenoberfläche werden durch den nachfolgenden Beizvorgang nicht aus der Blöße entfernt und es bedarf der Einwirkung der starken Salzsäure beim Pickeln oder Entkälken der Blößen, um die Kalkflecke zum Verschwinden zu bringen. Wird zum Pickeln ein Schwefelsäure-Pickel verwandt und dadurch das im Narben abgelagerte Kalziumkarbonat in Kalziumsulfat umgewandelt, so wird der Fehler vollkommen unverbesserlich.

Obgleich sich die Kalziumkarbonatablagerung im allgemeinen nur auf die alleräußersten Narbenschichten erstreckt und mengenmäßig häufig so gering ist, daß sich der Kalkmehrgehalt solcher Stellen nicht oder nur sehr schwer analytisch erfassen läßt, geben Kalkflecken zu starken Lederfehlern Veranlassung. Nicht nur, daß die Flecken selbst infolge beeinträchtigter Farb- und Gerbstoffaufnahme am fertigen Leder besonders stark in die Erscheinung treten, entstehen bei der pflanzlichen Gerbung stark dunkel gefärbte Kalk-Gerbstoffverbindungen, die eine Brüchigkeit der empfindlichen Narbenschicht verursachen können (Abb. 41). Auch Glacéleder kann durch solche Kalkflecken in besonderem Maße entwertet werden.

Abb. 41. Stark ausgeprägte Kalkflecken auf pflanzlich gegerbtem Leder. $^1/_3$ natürl. Größe.

Zur Vermeidung von Kalkschatten muß sorgfältig darauf geachtet werden, daß die kalkhaltigen Häute oder Blößen während des Äscherns nicht durch stellenweises Auftauchen mit der Luftkohlensäure in Berührung kommen und nach dem Äschern nie an der Luft, sondern stets unter Wasser untergetaucht liegen bleiben. Bei Verwendung von Wasser mit viel vorübergehender Härte muß diesem zur Ausfällung der Erdalkalibikarbonate zuvor etwas Kalklösung zugesetzt werden.

Werden Blößen, die nach dem Enthaaren Kalkflecken aufweisen, nicht ohnedies einem Entkälkungs- oder Pickelprozeß mit Salzsäure unterzogen, so können diese zur Lösung des im Narben abgelagerten Kalziumkarbonats mit stark verdünnter Salzsäurelösung oder schwacher Ameisensäure- oder Milchsäurelösung behandelt werden. Durch die gleiche Behandlungsweise kann man auch an pflanzlich gegerbtem Leder durch eine Salzsäurebehandlung Kalkflecken zu entfernen versuchen, wobei gleichzeitig eine Aufhellung der Leder farbe erzielt wird. Restlos lassen sich indessen die Kalkflecken in letzterem Falle meist nicht mehr entfernen.

Eine andere Art von Kalkflecken, die bisher nicht bekannt war und nicht auf einen Fabrikationsfehler, sondern auf eine pathologische Verkalkung der Haut am lebenden Tier zurückzuführen sein sollen, beschreiben M. Bergmann, W. Hausam und E. Liebscher.[1] Diese Kalkflecken unterscheiden sich auf der enthaarten Blöße durch

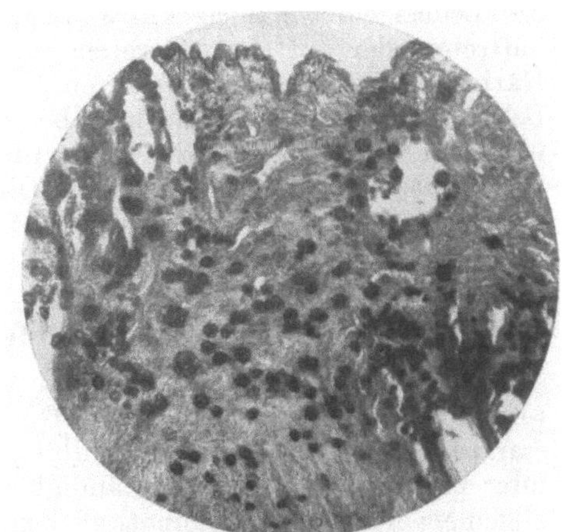

Abb. 42. Dünnschnitt durch Haut mit neuartigen Kalkflecken. 90fache Vergrößerung (M. Bergmann, W. Hausam und E. Liebscher).

ihre hellere Farbe und geringere Durchsichtigkeit von der übrigen durchscheinenden Blöße. Sie sind manchmal nur 0,5 bis 1 cm groß, oft überziehen sie aber auch größere, unregelmäßig begrenzte Flächen der Blöße, so daß ein landkartenähnliches Bild entsteht. Sie können vom Narben bis zum unteren Ende der Papillarschicht reichen oder sich auch noch durch das ganze Corium bis zum Unterhautzellgewebe erstrecken (Abb. 42). Die Flecken sind verursacht durch die Ablagerung kristallinen Kalziumkarbonats in der Haut. Da nach Entfernung des Kalziumkarbonats mit Säure die genannten Autoren durch Färbung der histologischen Blößenschnitte mit Methylenblau-Eosin, an den Stellen, an denen die Kalziumkarbonatkristalle gewesen waren, besondere Strukturen feststellen konnten,

---

[1] M. Bergmann, W. Hausam und E. Liebscher: Über neuartige Kalkflecken. Coll. 1932, 123.

glauben sie, daß es sich nicht um eine zufällige postmortale Ausfällung von Kalk, sondern um eine im Rahmen einer vorgezeichneten biologischen Schablone erfolgte pathologische Verkalkung des lebenden Tieres handelt. Obwohl der abgeschiedene Kalk durch einen Säurepickel aus der Haut herausgelöst werden kann, bleibt die krankhafte Veränderung des Lederhautgewebes bestehen und äußert sich am fertigen Leder in großflächigen, landkartenartigen Erhöhungen der Narbenseite, die dieses ganz entwerten.

Katechinausschlag auf pflanzlich gegerbtem Leder.

Bei Verwendung von Gambir oder Katechu für sich allein oder in Kombination mit anderen Gerbmitteln zum Gerben oder Nachgerben von Leder kann nach W. Eitner[1] unter Umständen auf der Narbenseite des Leders ein weißlicher Ausschlag, ähnlich einem Bittersalzausschlag auftreten, der auf ein Austreten von kristallisiertem Katechin aus der Narbenoberfläche zurückzuführen ist. Der Übelstand tritt infolge der Schwerlöslichkeit des Katechins bei Gerbung bei normaler Temperatur nicht auf, dagegen wenn das Leder übermäßig mit Gambir oder Katechu in warmem Zustand gefüllt wird. Ein Katechinausschlag kann durch Ausreiben des Leders mit warmem Wasser oder Auswaschen des Leders mühelos entfernt werden.

Kochbeständigkeit, ungenügende bei Chromleder.

Obwohl die Kochbeständigkeit eines Chromleders häufig als Kriterium für eine genügend satte Gerbung und eine genügende Widerstandsfähigkeit gegen äußere Einflüsse betrachtet wird, muß die Behandlung ungenügender Kochbeständigkeit bei Chromleder als Lederfehler allgemein noch als problematisch bezeichnet werden. Es steht fest, daß eine große Anzahl von erstklassigen Chromledern des Handels nicht kochbeständig sind und es auch in keinem Stadium der Herstellung waren (E. Stiasny[2]). Vor allem sind Zweibadchromleder häufig trotz einwandfreier Gerbung nicht kochbeständig. Zweifellos muß aber mangelnde Kochbeständigkeit bei chromgaren Ledern, die wie Schlagriemenleder, Manchettenleder u. ä. auf höhere Temperaturen beansprucht werden, als Mangel bezeichnet werden. Ein Chromleder weist nach der Gerbung eine gute Kochbeständigkeit auf, wenn es eine intensive Chromgerbung erfahren hat und besonders in den letzten Stadien der Gerbung mit stark basischen Gerbbrühen ausgegerbt wurde. Eine mangelhafte Kochbeständigkeit kann durch Lagern des Leders unmittelbar nach der Gerbung zur besseren Bindung des Gerbstoffes und durch eine nachfolgende normale Neutralisierung verbessert werden, während durch eine Überneutralisation die ursprüngliche Kochbeständigkeit des Leders wieder verlorengehen kann. Das Färben mit sauren Farbstoffen bei Gegenwart von Ameisensäure oder Schwefelsäure oder mit basischen Farbstoffen

---

[1] W. Eitner: Über Catechu und Gambier. Gerber 1909, 100.
[2] E. Stiasny: Gerbereichemie (Chromgerbung) 1931.

und das Fettlickern mit Fett-Seifenemulsionen oder mit sulfonierten Ölen scheinen ohne Einfluß auf die Kochbeständigkeit zu sein, dagegen übt eine scharfe Trocknung einen ungünstigen Einfluß auf die Kochbeständigkeit eines Chromleders aus (N. N.[1]). Auch durch Erhitzung des Chromleders beim Gebrauch kann, wie an benützten chromgaren Schlagriemen festgestellt werden konnte, die ursprüngliche gute Kochbeständigkeit verlorengehen. Auch das Abnehmen der Kochbeständigkeit mancher Chromleder nach dem Glanzstoßen dürfte mit der dabei entstehenden höheren Temperatur zusammenhängen.

Zum Erhalt eines kochbeständigen Leders, wie es für Spezialzwecke benötigt wird, dürfte es empfehlenswert sein, das Leder in Einbadgerbung möglichst intensiv und besonders im letzten Stadium der Gerbung mit stark basischen Chrombrühen auszugerben, normal zu neutralisieren und bei möglichst niedriger Temperatur zu trocknen. Die Kochprobe muß stets nach vorherigem Durchfeuchten der Leder vorgenommen werden.

Krätzigwerden von Alaun- und Glacéleder.

Bei alaun- und glacégaren Ledern gehört das Auftreten eines narbentrübenden Mineralstoffausschlages, der aus Alaun oder Kochsalz oder beidem zusammen bestehen kann, das sogenannte „Krätzigwerden" der Leder zu den verbreitetsten Übelständen (W. Eitner[2]). Wird zuviel Alaun und Kochsalz mit der Gare in die Blößen eingewalkt oder zuviel Alaun oder Kochsalz im Verhältnis zu den übrigen Bestandteilen der Gare angewandt, so tritt nach dem Auftrocknen, besonders bei feuchter Lagerung des Leders, Alaun und Kochsalz an die Oberfläche. Lagert sich der von der Blöße nicht aufgenommene Alaun in Form feinkristalliner Alaunhügel auf dem Narben ab, so richtet er keinen weiteren Schaden an, wenn das Leder nicht lange in der Borke liegen bleibt. Wird nach etwa vierwöchentlicher Lagerung zum Färben brochiert, so wäscht sich die Alaunauflage wieder rein vom Narben ab. Nach längerer Lagerzeit wird indessen unter den Alaunhügelchen der Narben angeätzt, es entsteht zunächst ein rauher Narben und schließlich kleine Löcher. Aber auch bei Anwendung zweckentsprechender Alaunmengen kann es zu Alaunausschlägen kommen, wenn die Blößen nicht genügend reingemacht worden sind und infolgedessen nicht die genügende Aufnahmefähigkeit für den Alaun besitzen. Häufig ist die Ursache eines Alaunausschlages auch in der Trocknung zu suchen. Die Trocknung darf nicht zu langsam erfolgen, andernfalls wird durch einen mehr oder weniger starken Alaunausschlag der Narben des Leders glanzlos. Alaunausschläge können auch auftreten, wenn die „Gare verläuft", d. h. zu dünnflüssig angewandt wird und sich in Furchen beim Trocknen des Leders ansammelt und dort eintrocknet. Werden solche Leder bald brochiert, so ist der Ausschlag zu entfernen, andernfalls heben sich die Furchen im gefärbten Leder als dunkle Streifen ab.

---

[1] N. N.: Bericht über die Versammlung deutscher Gerbereichemiker. Coll. 1926, 213.

[2] W. Eitner: Aus der Gerbereipraxis. Gerber 1893, 173ff.

Kupferflecken.

Ähnlich wie Eisen kann auch Kupfer, wenn es als Metall oder in Form seiner Salze mit der Rohhaut in Berührung kommt, zu Fleckenbildung führen. Kupfersalz, als Verunreinigung bzw. als Denaturierungsmittel des Konservierungssalzes — als solches wird es teilweise in Italien noch angewandt —, wird nach J. Jordan Lloyd[1] von der Haut fest gebunden und verursacht grünliche Flecken, die bei schwacher Ausprägung während der Operationen der Wasserwerkstatt teilweise wieder verschwinden können, bei starker Ausprägung aber gewöhnlich auf den Narben durchgehen und auch am fertigen Leder sowohl bei Chromgerbung wie bei pflanzlicher Gerbung als dunkle Flecken sichtbar bleiben. Die Gegenwart von größeren Kupfermengen in pflanzlich gegerbtem Leder verursacht unter Umständen Brüchigkeit des Narbens. Auch metallische Kupferteilchen, wie sie unter Umständen von Sprengpatronen herrührend im Steinsalz sich vorfinden, können auf der Rohhaut zur gleichen Fleckenbildung Veranlassung geben (H. Yocum[2]).

Kupferflecken auf der Rohhaut können nach E. Belavsky und G. Wanek[3] auch entstehen, wenn zur Kennzeichnung der Tiere oder Häute kupferhaltige Farbstoffe, wie Bremergrün $[Cu(OH)_2]$, Berggrün $[CuCO_3 . Cu (OH)_2]$, Schweinfurter Grün $[Cu (C_2H_8O_2) . 3 CuAs_2O_4]$, Bremerblau $[Cu (OH)_2]$ Van-Dyk-Rot $[Cu_2Fe (CN)_6]$ usw. Verwendung finden. Solche Farbzeichen verschwinden im Verlaufe der Gerbung und Zurichtung nicht, auch ein Bleichprozeß mit Säuren kann sie nicht entfernen, sie bleiben am fertigen Leder als schmutziggrüne Flecken sichtbar (Abb. 43).

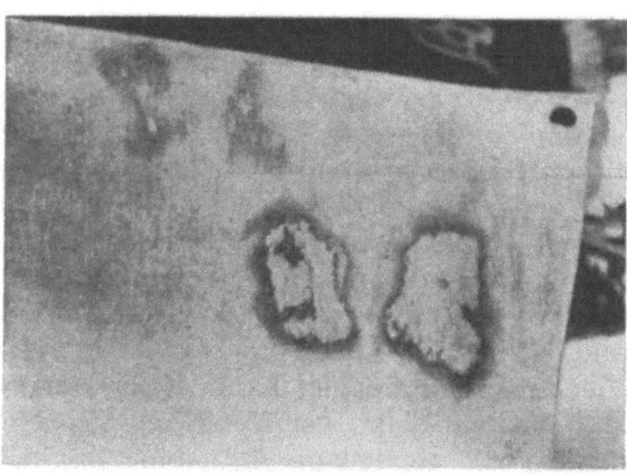

Abb. 43. Kupferflecken auf Vacheleder (E. Belavsky und G. Waneck).

Auch wenn Häute beim Einhängen in Weich- oder Gerbgruben an Kupfer- oder Messinghaken aufgehängt werden, resultieren häufig von der Aufhängestelle ausgehend streifenförmige Kupferflecken.

Häufig enthalten pflanzliche Gerbextrakte von kupfernen Extraktions- und Eindampfapparaten herrührend nicht unbeträchtliche Mengen Kupfer gelöst. So ist z. B. Kastanienholzextrakt meist besonders reich an Kupferverunreinigungen und enthält selten unter 0,02% (vom Gesamt-

---

[1] D. Jordan Lloyd: Further wirk on the preservation of hides with salt or brine. British Leather Res. Assoc. 8. Annual Rep. 1928.

[2] H. Yocum: The characteristics and commercial adaptability of hides. J. A. L. C. A. 1912, 135.

[3] E. Belavsky und G. Wanek: Brandzeichen. Gerber 1932, 110.

löslichen) Kupfer, während bei anderen Extrakten kaum mehr als 0,005%
Kupfer gefunden wird. Nach P. Balfe und H. Phillips[1] können durch
den Kupfergehalt pflanzlicher Gerbbrühen auf dem so gegerbten Leder
ein grünlicher Schimmer auf dem Narben und mitunter lokalisierte
Flecken von verschiedener Gestalt verursacht werden. Das Kupfer liegt
in solchen Flecken auf pflanzlich gegerbtem Leder als Kupfersulfid vor,
das sich aus dem vom Äschern herrührenden Sulfidgehalt der Blöße und
dem Kupfergehalt der Gerbbrühen bildet und sich in den schwächsten
Farben auf der Haut niederschlägt. Das Auftreten derartiger Kupferflecken hängt demgemäß von dem Sulfidgehalt der Blöße und dem Kupfergehalt der Gerbbrühen ab. Zur Vermeidung solcher Kupferflecken muß
demgemäß die Blöße, zumindest der Narben vor der Gerbung möglichst
sulfidfrei gemacht werden.

Läuseschäden.

Die auf den Häuten verschiedener Tierarten parasitisch lebenden
Läuse können beträchtliche Schädigungen der Haut verursachen. Die
verbreitete Rinderlaus (Abb. 44) besitzt zwei Fühler und drei Beinpaare.
Ihr Kopf ist ziemlich schmal
und setzt sich keilförmig gegen
den Thorax ab. Das Abdomen
verjüngt sich etwas beim Eintritt
in den Thorax. Läuse sind mit
als Stech- oder Saugorgane aus-
gebildeten Mundwerkzeugen ausgestattet. W. Hausam[2] stellte
in mikroskopischen Dünnschnitten
durch verlauste Stellen von Kalbs-
rohfellen starke Infiltration der
epidermalen und papillaren Schichten fest. Die Epidermis war ent-

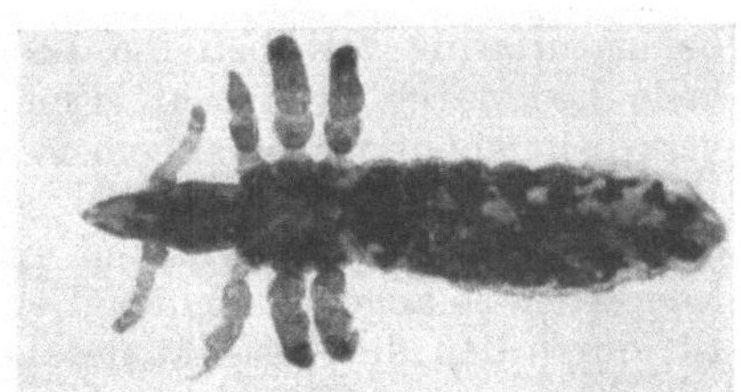

Abb. 44. Rinderlaus. Zirka 25fache
Vergrößerung (W. Hausam).

weder bereits von der Haut ganz abgestoßen oder lag nur noch in dünnen
Lamellen auf dieser auf. Auch an einigen Stellen der Lederhaut, besonders
an der Grenze des Fett- und Bindegewebes waren Infiltrationen festzustellen. Durch die stellenweise gänzliche Zerstörung der Oberhaut und
die damit verbundene Beeinträchtigung tieferliegender Hautteile entstehen auf dem Narben stichartige Verletzungen. Nicht selten tritt
nach Läusestichen Infektion der Stichstelle durch Mikroorganismen ein,
es erfolgt Eiterung der Wunde unter größerem oder geringerem Zerfall
von Teilen des Hautgewebes und es entstehen Öffnungen oder kleine
Löcher an den Wundstellen, die gewöhnlich gleichfalls von Neugebilden
umgeben sind.

---

[1] P. Balfe und H. Philipps: The discoloration and staining of leather
by copper impurities in vegetable tan liquors. J. I. S. L. T. C. 1931, 444.
[2] W. Hausam: Über verschiedene Häuteschäden im mikroskopischen
Bild. Coll. 1932, 809.

Bekannt sind auch Schäden, die durch die sogenannte Schaflaus oder Lausfliege, Melophagus ovinus verursacht werden (A. Seymour-Jones[1]; W. Eitner[2]). Die Lausfliege, die als Laus angesehen wird, weil ihre Flügel vollkommen verkümmert sind, ist etwa 0,5 cm groß und von braungrauer Farbe. Sie legt keine Eier, sondern gehört zu den Puppengebärern; die Puppe wird im Wollflies abgelegt. Die Schaflausfliege bohrt ihre hornartige Oberlippe als Saugrüssel tief bis in die Lederhaut des Tieres, saugt dort Blut und bleibt solange an der gleichen Stelle, bis in dieser eine Entzündung eintritt. An den Entzündungsstellen bildet sich, falls diese aseptisch bleiben, später Neugewebe ähnlich wie bei vernarbten Wunden. In diesem Neugewebe ist die Struktur des Hautgewebes gänzlich verschwunden, desgleichen die Gefäße, Papillen, Haarbälge, Schweiß- und Talgdrüsen. Die Bindegewebssubstanz bildet nicht mehr ein aus feinen Fasern verschlungenes Gewebe, sondern lagert in groben Streifen, die radial von einer Zentrallinie ausgehen und sich nicht kreuzen. Am fertigen Leder markieren sich derartige Veränderungen als härtere, etwas erhabene Stellen.

Lederfarbe, unbefriedigende, bei pflanzlich gegerbtem Leder.

Bei pflanzlich gegerbtem Leder, das gefärbt werden soll, aber auch bei naturfarbig verarbeiteten Lederarten ist ein möglichst gleichmäßig helle Lederfarbe erwünscht. Eine dunkle Lederfarbe wird vom Lederverarbeiter häufig ganz allgemein als Lederfehler angesehen, obwohl eine Bewertung der Lederfarbe sich sachlich nach dem Verwendungszweck des Leders richten müßte und eine dunklere Färbung z. B. von Sohllederarten, solange sie nicht auf einen Fabrikationsfehler zurückzuführen ist, durch den die Qualität des Leders irgendwie beeinflußt wird, nicht als Fehler oder Mangel angesprochen und eventuell durch qualitätsverschlechternde Arbeitsprozesse aufzuhellen gesucht werden sollte.

Die Farbe eines pflanzlich gegerbten Leders wird in erster Linie durch die Art der zur Gerbung benützten Gerbstoffe, den p_H-Wert, bei dem diese zur Anwendung gelangen, und die Reihenfolge ihrer Anwendung bestimmt. Im allgemeinen liefern Sumach-, Gambir- und Algarobillagerbstoff die hellsten Leder. Es folgen in einer zweiten Gruppe Myrobalanen-, Dividivi-, Malettorinden- und Fichtenrindengerbstoff, in einer dritten Gruppe Mimosarinden- und natürlicher Quebrachogerbstoff und als Gruppe mit der dunkelsten Lederfarbe: Mangrovenrinden-, Kastanienholz-, Eichenholz- und Eichenrindengerbstoff (J. Paeßler[3]; H. Gnamm[4]). Die Farbe des Leders wird nach O. Page und A. Page[5]

---

[1] A. Seymour-Jones: The sheep and its skin. London 1913.
[2] W. Eitner: Salzflecke. Gerber 1888, 258.
[3] J. Paeßler: Welche Farbe erteilen die verschiedenen pflanzlichen Gerbmaterialien dem Leder? Coll. 1908, 48.
[4] H. Gnamm in: Bergmann, Handbuch der Gerbereichemie und Lederfabrikation 1931, I. Bd., 1. Teil, S. 505.
[5] O. Page und A. Page: Influence of hydrogen-ion concentration on the colour of vegetable tanned leather. Ind. Eng. Chem. 1929, 584.

mit zunehmendem p_H-Wert der Gerblösungen dunkler, d. h. sie fällt um so heller aus, je saurer die Ausgerbung erfolgt, um so dunkler, je weniger sauer. Während die Farbdunklung im Licht bei mit Sumach- und Gambirgerbstoff gegerbten Ledern am geringsten ist und auch mit Valonea-, Eichenholz- und Kastanienholzgerbstoff gegerbte Leder bei Belichtung nur mäßig nachdunkeln, tritt bei mit Eichenrinden- und Fichtenrindengerbstoff gegerbtem Leder eine starke Nachdunklung ein und die mit Mimosarinden-, Malettorinden-, Quebracho- und Mangrovenrindengerbstoff ausgegerbten Ledern zeigen nach Belichtung nicht nur eine stärkere, sondern auch eine ausgesprochen rotbraune Färbung. Zur Vermeidung einer dunklen Farbe dürfen dunkler färbende und weniger lichtbeständige Gerbstoffe hauptsächlich nur zu Beginn der Gerbung angewandt werden, während zur Ausgerbung möglichst hellmachende und lichtbeständige Gerbstoffe verwandt werden sollten.

Eine dunkle, unbefriedigende Lederfarbe kann bei zweckmäßiger Auswahl der verwendeten Gerbstoffe von einer ungenügenden Entkälkung der Blößen herrühren. Kommen die Blößen in ungenügend entkälktem Zustand besonders der Außenschichten in die Gerbbrühen, so setzt sich der Kalk mit den pflanzlichen Gerbstoffen zu dunkel gefärbten Kalk-Gerbstoffverbindungen um und verursacht eine dunkle Lederfarbe, die meist im Verlaufe des weiteren Gerbprozesses auch bei Anwendung hellfärbender Gerbstoffe nicht mehr verschwindet und auch durch einen Säurebleichprozeß häufig nicht genügend aufgehellt werden kann.

Pflanzliche Gerbextrakte, die in eisernen oder kupfernen Gefäßen ausgelaugt, eingedampft oder aufgelöst werden, können gelöste Eisen- oder Kupferverbindungen enthalten, die sich mit dem pflanzlichen Gerbstoff zu dunkelgefärbten Eisen- bzw. Kupfer-Gerbstoffverbindungen umsetzen und wenn sie in größeren Mengen vorhanden sind, zu einer Dunklung der Lederfarbe Veranlassung geben. Nach P. Balfe und H. Phillips[1] sind die Eisen- und Kupfergehalte pflanzlicher Gerbextrakte relativ niedrig. Myrobalanen, Gambir und Sumach können im Gegensatz zu anderen Gerbmitteln mehr als 0,01% der Trockensubstanz Eisen (Fe) enthalten, während Kastanienextrakt infolge der hohen Extraktionstemperatur und der natürlichen Azidität im Gegensatz zu anderen Gerbextrakten gewöhnlich mehr als 0,015% Kupfer (Cu) enthält. Stärker eisen- oder kupferhaltige Gerbstoffe dürfen demgemäß zur Gerbung nicht verwandt werden.

Werden trübe, ungenügend geklärte Gerbbrühen zur Gerbung verwandt, so kann durch eine Abscheidung der unlöslichen Anteile auf den Außenschichten des Leders eine Dunkelfärbung verursacht werden.

Beim Trocknen des Leders kann eine Dunklung der Lederfarbe eintreten, wenn das Leder zu rasch, in zu starker Luftströmung oder bei zu hoher Temperatur getrocknet wird. Gewöhnlich macht sich die Dunklung besonders leicht an den Rändern bemerkbar. Da diese Dunklung in der

---

[1] P. Balfe und H. Phillips: The iron and copper in vegetable tan liquors and tanning extracts and the absorption and deposition of iron and copper impurities during tannage. J. I. S. L. T. C. 1931, 226.

Hauptsache auf eine oxydative Veränderung während des Trocknens an die Oberfläche tretenden ungebundenen Gerbstoffs zurückzuführen ist, kann ihr durch ein Abölen des abgewelkten Leders vor dem Trocknen mit einem neutralen, in Wasser emulgierten Öl, das den Gerbstoff vor dem Zutritt des Luftsauerstoffs schützt, wirksam entgegengearbeitet werden.

Wird pflanzlich gegerbtes Leder in zu feuchtem Zustand oder bei zu hohem Druck gewalzt, so kann durch Herauspressen ungebundenen Gerbstoffs an die Lederoberfläche eine Dunklung der Lederfarbe eintreten.

Mit der oben erwähnten Dunklung der Gerbstofffarbe mit zunehmendem p_H-Wert hängt es zusammen, daß pflanzlich gegerbtes Leder, das mit alkalisch reagierenden Fetten oder Fettemulsionen behandelt wird, eine mehr oder weniger dunkle Farbe annimmt. Ebenso können eisen- oder kupferhaltige Lederfette zu einer unbefriedigenden Lederfarbe Veranlassung geben, da fettsaure Eisen- oder Kupferverbindungen sich mit dem pflanzlichen Gerbstoff zu dunkel gefärbten Verbindungen umsetzen.

Mit einer stärkeren Fettung pflanzlich gegerbten Leders ist stets auch eine mehr oder weniger starke Dunklung der Lederfarbe verbunden. Eine solche kann auch bei mäßiger Fettung eintreten, wenn das Leder in zu trockenem Zustande gefettet wird oder wenn das verwendete Fett oder Fettgemisch zu dünnflüssig ist und auf dem Narben durchschlägt, was besonders gern bei Verwendung größerer Mineralölmengen zur Lederfettung eintritt.

Bleiben pflanzlich gegerbte Leder während der Herstellung längere Zeit in feuchtem Zustand in höheren Stößen liegen, ohne umgesetzt zu werden, oder werden solche Leder in zu feuchtem Zustand oder in feuchten Lagerräumen in Stößen gelagert, so kann infolge der durch Selbsterhitzen (siehe dieses!) entstehenden Wärme eine unerwünschte Dunklung der Lederfarbe, die auf oxydative Veränderungen des Gerbstoffs zurückzuführen ist, eintreten.

Irgendwie durch Hitze beschädigtes, verbranntes Leder (siehe dieses!) weist stets eine mehr oder weniger starke Dunklung der Lederfarbe auf.

Mit pflanzlichen Gerbstoffen nachgegerbtes, weißgares, glacégares oder chromgares Leder erhält eine dunklere, graustichige Lederfarbe, wenn die zur Gerbung benützten Chemikalien, Alaun bzw. Chromextrakte größere Mengen von Eisenverbindungen enthalten haben.

Da alle pflanzlichen Gerbstoffe mehr oder weniger lichtempfindlich sind und pflanzlich gegerbtes Leder demgemäß je nach den verwandten Gerbstoffen im Licht, besonders direktem Sonnenlicht mehr oder weniger nachdunkeln, dürfen sie keinesfalls, besonders in feuchtem Zustand nicht, dem direkten Licht längere Zeit ausgesetzt werden. Ledertrocken- und -lagerräume erhalten aus diesem Grunde zweckmäßig eine Befensterung aus rotem Glas.

Eine dunkle Lederfarbe kann auf verschiedene Weise aufgehellt werden. Für die Lederqualität am zweckmäßigsten ist es, falls die unbefriedigende Lederfarbe ausschließlich auf die zur Gerbung verwandten Gerbmaterialien zurückzuführen ist, die Leder im Anschluß an die Gerbung kurz in lauwarmem Wasser auszuwaschen und mit einem hell-

färbenden Gerbstoff, wie Sumach, Gambir, eventuell in der Wärme, nach-
zugerben. Auch eine Nachgerbung mit gewissen synthetischen Gerbstoffen kann mit Vorteil zum Aufhellen der Lederfarbe benützt
werden.

Die verbreitetste Methode zur Aufhellung einer unbefriedigenden
Lederfarbe ist die Säurebleiche. Man behandelt dabei die dunklen Leder
zur Entfernung überschüssigen Gerbstoffs vor allem aus den Außenschichten zunächst durch Ausbürsten oder Eintauchen mit einer verdünnten Sodalösung und anschließend zur Neutralisation des Alkalis und
Aufhellung der infolge der alkalischen Reaktion noch dunkler gewordenen
Lederfarbe in gleicher Weise mit verdünnten Säurelösungen. Die stärkst
aufhellende Wirkung besitzen die stark wirkenden Mineralsäuren,
Schwefelsäure oder Salzsäure sowie die stark wirkende organische Oxalsäure. Werden diese indessen in zu stark konzentrierten Lösungen angewandt und der Säureüberschuß nach dem Bleichen nicht wieder restlos
aus dem Leder ausgewaschen, so resultieren starke Schädigungen des
Leders, die unter Umständen erst nach längerer Lagerung zu einem mehr
oder minder starken Mürbe- und Brüchigwerden des Leders führen (siehe
Säureschädigungen!). Ameisensäure, Milchsäure oder Essigsäure besitzen
nur eine minder aufhellende Wirkung, ihre Anwendung schließt aber auch
kaum die Gefahr einer Lederschädigung in sich. Wird der Säurebleichprozeß in sorgfältiger Weise sachgemäß durchgeführt, so tritt eine Lederschädigung nicht ein, indessen gehören Säureschädigungen infolge unsachgemäßen Bleichens zu den verbreitetsten Lederschäden.

Manchmal wird die aufhellende Wirkung der Schwefelsäure mit
einem Aufhellungsprozeß durch Ablagerung unlöslicher weißer schwefelsaurer Salze des Bleis oder Bariums in den Außenschichten in der Weise
kombiniert, daß die Leder nach Eintauchen in verdünnte Schwefelsäure-
lösungen mit Lösungen von Bleiazetat-, Bariumazetat- oder Barium-
chloridlösungen oder umgekehrt behandelt werden. Wird ein genügender
Überschuß an Blei- oder Bariumazetatlösung verwandt — die überschüssigen löslichen Salze müssen wieder ausgewaschen werden —, so
ist eine Gefahr für eine Säureschädigung des Leders nicht vorhanden,
wohl dagegen, wenn bei Anwendung von Bariumchlorid die bei der Umsetzung mit Schwefelsäure freiwerdende Salzsäure nicht sorgfältig aus
dem Leder ausgewaschen wird. Eine Aufhellung des Leders durch Ablagerung von Bleisulfat hat den Nachteil, daß die Lederfarbe beim
Lagern des Leders in schwefelwasserstoffhaltiger Luft durch Bildung von
schwarzem Bleisulfid wieder nachdunkeln kann (siehe Bleiflecken!). Bei
Ablagerung größerer Mengen Blei- oder Bariumsulfat in pflanzlich gegerbtem Leder muß dieses als künstlich beschwert bezeichnet werden.

Auch der Mitverwendung von Magnesiumverbindungen, insbesondere
Bittersalz, beim Ausgerben des Leders wird eine aufhellende Wirkung auf
die Lederfarbe zugeschrieben. Abgesehen von der bei der großen Neigung
des Bittersalzes zum Ausschlagen großen Gefahr von Mineralstoffausschlägen (siehe diese!) führt eine Einlagerung größerer Bittersalzmengen
zu einem beschwerten Leder (siehe Beschwerung, künstliche!).

7*

Lichtechtheit, ungenügende, des Leders.

Die Farbe von Leder, insbesondere ungefärbtem, pflanzlich gegerbtem Leder wird durch den Einfluß des Lichtes mehr oder weniger stark verändert. Bei Ober- und Feinlederarten muß indessen eine gewisse Lichtbeständigkeit der Lederfarbe gefordert, eine ungenügende Lichtbeständigkeit als Lederfehler beanstandet werden.

Die Lichtechtheit ungefärbten pflanzlich gegerbten Leders ist im wesentlichen abhängig von der Lichtbeständigkeit der zum Gerben, insbesondere zum Ausgerben des Leders benützten Gerbmaterialien. Die verschiedenen pflanzlichen Gerbmaterialien verhalten sich in dieser Hinsicht sehr verschieden. Nach J. Paeßler[1] liefern Sumach- und Gambirgerbstoff nicht nur das hellste, sondern auch das lichtbeständigste Leder. Die mit Valonea, Trillo, Knoppern, Eichenholzextrakt oder Kastanienholzextrakt gegerbten Leder verändern ihre ursprüngliche Farbe bei Belichtung auch nur wenig, in stärkerem Maße ist dies bei Algarobilla und Divi-Divi der Fall. Sehr stark dunkeln die mit Eichenrinde und mit Fichtenrinde gegerbten Leder bei Belichtung nach, wobei die Farbintensität ohne wesentliche Änderung des Farbtons zunimmt. Bei den mit Mimosenrinde, Malettorinde, Quebrachoextrakt gegerbten Ledern ist nach der Belichtung nicht nur die Lederfarbe wesentlich intensiver, sondern der Farbton auch stärker ins Rotstichige umgeschlagen.

Pflanzlich gegerbtes Leder, von dem eine gewisse Lichtbeständigkeit verlangt wird, muß demgemäß möglichst mit lichtbeständigen Gerbmaterialien, wie Sumach oder Gambir, gegerbt oder zum mindesten mit solchen nachgegerbt werden. Neuerdings vermögen gewisse synthetische Gerbstoffe, insbesondere Tanigan LL der I. G. Farbenindustrie, besonders helle und lichtbeständige Gerbungen zu liefern.

Die Ausgerbung pflanzlichen Leders mit möglichst lichtechten Gerbstoffen ist auch bei heller gefärbten Ledern von Wichtigkeit, da andernfalls der Gesamtton der Lederfärbung bei Belichtung des Leders sich mehr oder weniger ändert.

Hinsichtlich der zum Färben des Leders verwandten Farbstoffe kann allgemein gesagt werden, daß die Lichtechtheit der sauerziehenden Farbstoffe, wie sie hauptsächlich zum Färben von chromgaren Ledern, Semichromleder, vegetabilisch gegerbtem Feinleder, Glacéleder Verwendung finden, im allgemeinen größer ist als die der meisten basischen Farbstoffe, wie sie zum Färben von vegetabilischem Leder und Nappaleder und zum Übersetzen von Färbungen saurer und substantiver Farbstoffe auf Chromleder benützt werden. Die Lichtechtheit der sauren Farbstoffe ist indessen geringer als der wenig durchfärbenden, mehr auf der Oberfläche des Leders aufziehenden substantiven Farbstoffe. Gut lichtbeständige Färbungen liefern auch die zum Färben von chromiertem Sämischleder, Buchbinderleder und alaungarem Leder benützten Alizarin-Farbstoffe.

---

[1] J. Paeßler: Welche Farbe erteilen die verschiedenen pflanzlichen Gerbmaterialien dem Leder? Coll. 1908, 48.

Die Lichtechtheit mit Deckfarben zugerichteter Leder ist abhängig von der Lichtbeständigkeit der in den Deckfarben enthaltenen Farbpigmente.

Loser Narben des Leders.

Man bezeichnet ein Leder als „losnarbig" oder spricht von einem „rinnenden Narben" des Leders, wenn die Narbenschicht nur lose auf den darunterliegenden Teilen des Leders aufliegt, nicht die genügend feste Verbindung mit diesen aufweist und sich entsprechend beim Biegen des Leders, Narbenseite nach innen, in Falten und Wülsten von der übrigen Lederhaut abhebt, unter Umständen bei längerer mechanischer Beanspruchung sich sogar vollständig ablöst. Ein loser, rinnender Narben des Leders gibt schon im Gange der Lederfabrikation, insbesondere beim Glanzstoßen, zu Schwierigkeiten Veranlassung, weil sich der Narben verschiebt und Narbenzwicke entstehen, außerdem ein losnarbiges Leder nur schwer genügenden Glanz erhält. Am fertigen Leder ist durch eine Losnarbigkeit nicht nur das Aussehen geschädigt, sondern auch die Haltbarkeit verringert.

Das Auftreten eines losen Narbens am Leder hängt bis zu einem gewissen Grade in erster Linie mit dem histologischen Aufbau der verarbeiteten Rohhaut zusammen. A. Küntzel[1] weist darauf hin, daß trotz der innigen Verflechtung der Fasern der Narbenschicht mit denen der übrigen Lederhaut stets berücksichtigt werden muß, daß diese Faserverbindung in der Haut von oben nach unten ganz beträchtlich durch die Lücken geschwächt wird, die durch die Entfernung der Haare und der Schweißdrüsen beim Äschern entstehen. Je größer diese Lücken sind, um so mehr wird die Narbenschicht schon von Natur aus zu einem gewissen Loslösen von der übrigen Lederhaut neigen. Auch die Stellung der Haare ist für die Abschälbarkeit der Narbenschicht von Bedeutung, je schräger die Haare, um so mehr werden sie zur Loslösung der Narbenschicht beitragen.

Auf die natürliche Beschaffenheit der Rohhaut ist insbesondere die häufige Losnarbigkeit von feinwolligeren, manchmal auch grobwolligen Schaffellen an besonders fettreichen Stellen, den sogenannten „Fettriefen" (siehe diese!), zurückzuführen (J. H. Blank und G. D. McLaughlin[2]).

Ein stärkerer Hautsubstanzangriff durch Bakterienenzyme infolge unsachgemäßer Konservierung der Rohhaut kann unter Umständen eine Lockerung der Narbenschicht und damit eine Losnarbigkeit aus solcher Haut hergestellten Leders verursachen.

Eine Losnarbigkeit des Leders wird, soweit sie nicht durch die natürliche Beschaffenheit der Rohhaut bedingt ist, vor allem durch eine unsachgemäße Durchführung der Vorarbeiten der Wasserwerkstatt ver-

---

[1] A. Küntzel: Über die Abschälbarkeit der Narbenmembran. Beiträge zur Histologie der tierischen Haut II. Ledertechn. Rundschau 1923, 114.

[2] J. H. Blank und G. D. McLaughlin: Sheep skin defects. J. A. L. C. A. 1929, 545.

ursacht. Ein stärkerer Hautsubstanzangriff durch unsachgemäßes Weichen (siehe Fäulnisschäden!), durch ein Überäschern (siehe Äscherfehler!) oder Überbeizen (siehe Beizfehler!) der Haut wird stets die von Natur aus geschwächte Verbindung von Narbenschicht und übriger Lederhaut noch weiter schwächen und dadurch mehr oder minder starke Losnarbigkeit des Leders verursachen. Auch ungenügendes Äschern kann zu einer Losnarbigkeit des Leders Veranlassung geben, wenn beim Äschern die Narbenschicht infolge ihrer feineren Struktur und der durch die entstehenden Haarlücken offeneren Beschaffenheit normal, das übrige Lederhautgewebe dagegen ungenügend aufgeschlossen wird, so daß es zu fest und unnachgiebig bleibt (W. Eitner[1]). Der Fehler wird durch den Umstand noch vergrößert, daß bei einem solch ungenügend geäscherten Fell auch der Beizprozeß hauptsächlich auf die Narbenschicht, aber in ungenügendem Maße auf die übrige Lederhaut einwirkt. Bei Glacéleder, aber auch Chromleder kann hierdurch eine feinere oder gröbere Faltenbildung des Narbens in der Längsrichtung des Fells verursacht werden, die insbesondere bei gefärbten Ledern durch hellere strich- oder streifenförmige Zeichnung des Leders infolge ungleichmäßiger Färbung in die Erscheinung tritt und als „geflinkerter" Narben bezeichnet wird (W. Eitner[2]).

Bei der Kleienbeize in der Glacélederfabrikation kann durch zu starke Gasentwicklung bei Anwendung frischer Beize bei zu hoher Temperatur ein stärkeres Loslösen der Narbenschicht von der übrigen Lederhaut und dadurch ein hohler, loser Narben verursacht werden.

Die Losnarbigkeit leichterer Felle, wie Lammfelle, wird häufig beim Ausstreichen der Felle durch ein Verschieben der Narbenschicht noch vergrößert, es entstehen speziell bei Glacéleder die als sogenannte „Holländer" gefürchteten Narbenfalten.

Durch den Gerbprozeß selbst wird eine Losnarbigkeit nicht verursacht, wohl kann indessen eine bereits an der gerbfertigen Blöße vorhandene Losnarbigkeit durch die Art der Führung des Gerbprozesses in günstigem oder ungünstigem Sinne beeinflußt werden. Insbesondere Chromleder neigt zur Losnarbigkeit. Sie kann im allgemeinen durch Verwendung weniger basischer, mehr saurer Gerblösungen, besonders zu Beginn der Gerbung, günstig beeinflußt werden, wenngleich dadurch wiederum die Gefahr einer zu schwachen Chromablagerung in der Hautfaser und damit der Erhalt eines leeren, blechigen Leders vergrößert wird. Ungenügendes Trocknen des Chromleders führt ebenfalls leicht zu einer weichen, losnarbigen Lederbeschaffenheit, während schärferes Trocknen zu einer Verkleinerung der Narbenschicht und damit zu einem dichten Anliegen dieser an die benachbarten Coriumteile führt. Feinere Lederarten sollen, wenn sie starker Kälte auf dem Lederlager ausgesetzt waren, bei normaler Temperatur häufig einen losen, faltigen Narben aufweisen (N. N.[3]).

---

[1] W. Eitner: Über Narbenfehler. Gerber 1889, 230, 266.
[2] W. Eitner: Geflinkerte und faltige Narbe. Gerber 1910, 77.
[3] N. N.: Der Einfluß der Kälte auf das Lederlager. Ledertechn. Rundschau 1915, 53.

Zur Vermeidung einer Losnarbigkeit ist auf eine einwandfreie Konservierung der Rohhäute und sachgemäße Durchführung der Wasserwerkstattarbeiten besonderer Wert zu legen.

Marmorierter Narben des Unterleders.

Einer der häufigsten und mißlichsten Fehler schwerer Häute ist nach D. Jordan Lloyd[1] in neuerer Zeit ein sogenannter marmorierter Narben. Der Fehler zeigt sich als kleinere, hellere Stellen auf dunklerem Grunde, ganz ähnlich wie leicht hinverteilte Muster auf Marmor. In der Struktur der Hautfaser des Lederhautgewebes ist an Häuten mit marmoriertem Narben keinerlei Beschädigung festzustellen, dagegen konnte an solchen heller gefärbten Stellen immer eine mehr oder weniger starke Kräuselung der Narbenoberfläche beobachtet werden. An den marmorierten Stellen ist die äußerste Narbenoberfläche, besonders um die Haarlöcher herum, angefressen und die nächst darunterliegenden Fasern liegen frei zutage, während die Oberfläche der normalen Stellen noch glatt, glänzend und unangegriffen ist. Zweifellos ist dieser mäßige Angriff der Narbenoberfläche auf eine bakterielle oder autolytische Wirkung zurückzuführen. Er ist so schwach, daß er erst am fertigen und gewalzten Leder sichtbar wird. Der Schaden selbst muß, gleichgültig ob bakterieller Angriff oder autolytische Erscheinungen seine Ursache sind, vor oder während des Salzens der Häute oder während des Konservierungsprozesses eintreten.

Metallschädliche Stoffe im Leder.

Leder, das bei seiner Verwendung irgendwie mit Metallen in Berührung kommt, darf keine Bestandteile enthalten, die zu Korrosionserscheinungen des Metalls Veranlassung geben können. So müssen insbesondere Manschetten- und Armaturenleder frei von metallangreifenden Bestandteilen sein, aber auch bei Ledern, die mit Ösen, Schnallen usw. verarbeitet werden, oder bei Ledern für Fahrradsättel, für Taschen für optische Instrumente usw. können durch eine fehlerhafte Beschaffenheit des Leders unangenehme Beschädigungen der Metallteile auftreten. In erster Linie kann ein Gehalt des Leders an stark wirkenden freien Säuren zu einem Metallangriff Veranlassung geben. Bei dauernder Berührung eines Leders mit einem Gehalt an stark wirkenden freien Säuren mit Metall verliert nicht nur dieses seinen Glanz und wird mehr oder weniger angegriffen, sondern es gelangen auch gelöste Metallverbindungen in das Leder und machen dieses brüchig. Mit Metall zusammen verarbeitetes Leder oder sonstwie mit Metall dauernd in Berührung kommendes Leder muß demgemäß vollständig frei sein von stark wirkenden freien Säuren. Da Chromleder bei normaler Neutralisation in den inneren Schichten stets noch geringe Mengen freier Säure enthält, die allmählich in die Außenschichten diffundieren können, darf nur vollkommen durchneutralisiertes

---

[1] D. Jordan Lloyd: The preservation of hides with brine and salt. British Leather Manufactures Research Assoc. 7. Annual Report 1927.

Chromleder zu gemeinsamer Verarbeitung mit Metall benützt werden. Leder, das mit Aluminiumsulfat oder Alaun oder unter Mitverwendung von salz- oder schwefelsauren Aluminiumverbindungen gegerbt wurde, ist ungeeignet zur Verarbeitung mit Metall, weil sich aus den Aluminiumverbindungen erfahrungsgemäß stark wirkende freie Säuren abspalten können. Auch ein größerer Gehalt des Leders an freien Fettsäuren kann zu einem Angriff von Metallen Veranlassung geben, wobei sich im Leder ablagernde Metallseifen eine Brüchigkeit des Leders verursachen können. Aus diesem Grunde sollen zur Fettung von Ledern, die mit Metallen in Berührung kommen, möglichst neutrale Fette mit einem geringen Gehalt an freien Fettsäuren Verwendung finden. Ein Mattwerden oder Verfärben von Metall, unter Umständen auch ein direkter Angriff kann weiter durch einen Gehalt des Leders an freiem Schwefel verursacht werden. Aus diesem Grunde sind mit Natriumthiosulfat neutralisierte oder in Zweibadgerbung unter Verwendung von Natriumthiosulfat als Reduktionsmittel gegerbte Chromleder oder schwefelgare oder kombiniert schwefelgare Leder für eine Verarbeitung zusammen mit Metall nicht geeignet.

Mikrosporie, Haut- und Lederschäden durch . . .

In gleicher Weise wie durch die Pilze der Trichophytiegruppe (siehe Trichophytie!) können durch Mikrosporiepilze stippenartige Haut- und Lederschäden, „Haarpilzstippen", verursacht werden. Nach M. Bergmann, W. Hausam und E. Liebscher[1] sind die auf der Blöße als 1 bis 3 mm große, eruptionsförmige, bräunlichgelbe Krusten sich abhebenden, scharf gegen das umgebende gesunde Narbengewebe abgegrenzten Stippen bei makroskopischer Betrachtung von Trichophytiestippen nicht zu unterscheiden, lassen aber bei mikroskopischer Untersuchung einen anderen Krankheitserreger erkennen. Die Mikrosporiepilze, die, wie die Trichophytiepilze, zur Gruppe der Haarpilze gehören, unterscheiden sich von diesen durch die sehr geringe Größe der Faden- und Sporenform. Das histologische Bild solcher durch Mikrosporie verursachten Haarpilzstippen ist das gleiche wie das der durch Trichophytie bedingten Haut- und Lederschäden.

In einer neueren Arbeit stellen M. Bergmann, W. Hausam und E. Liebscher[2] fest, daß man durch Trichophytie und Mikrosporie verursachte Haarpilzstippen als einen Konservierungsschaden zu betrachten hat, der mit einer auf dem lebenden Tier bereits vorhandenen Hautkrankheit zusammenhängt, die auf der toten gesalzenen Haut wieder aufleben kann oder die aber erst durch Infektion der gesalzenen Haut zur Entwicklung kommt. Haarpilzstippen sind nach ihren Feststellungen mit den sogenannten „Salzstippen" (siehe diese!) identisch.

[1] M. Bergmann, W. Hausam und E. Liebscher: Mikrosporie als Ursache von Stippen. Coll. 1933, 130.
[2] M. Bergmann, W. Hausam und E. Liebscher: Über den sogenannten Seilschaden und den gegenwärtigen Stand der Stippenfrage. Coll. 1933, 2.

Milbenschäden.

Nicht selten weisen Rohhäute und das daraus hergestellte Leder kleinere oder größere, in die Narbenschicht oder auch tiefergehende, knotenartig verhärtete, manchmal über dem Narben erhabene Pusteln (Abb. 45) oder auch stärkere oder schwächere Vertiefungen oder Löcher auf, die Fäulnisstippen nicht unähnlich sind, die Häute oder das Leder sind „grindig". Solche Veränderungen der Haut können auf durch Grab-, Lauf- oder Haarbalgmilben verursachte Krätzen und Räuden zurückzuführen sein.

Eine durch Milben verursachte Haarbalgräude ist bei Rindern, Schafen, Hunden und Schweinen bekannt und verursacht große Haut-

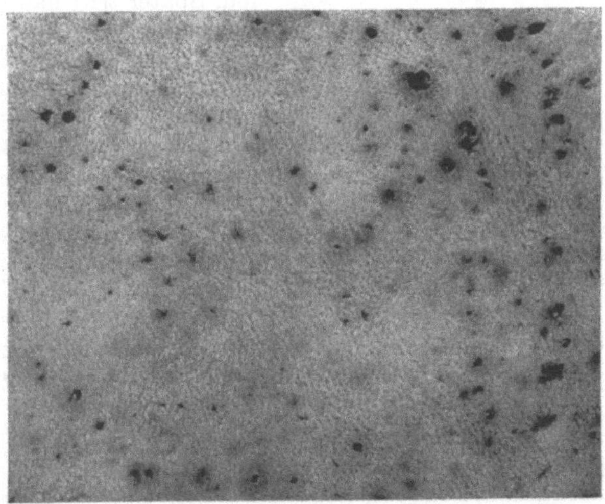

Abb. 45. Milbenpusteln auf der Narbenseite einer Rindsblöße (W. Frey).

schädigungen (W. Eitner[1]; W. Frey[2]; F. O'Flaherty und W. Roddy[3]; W. Hausam[4]; A. Gansser[5]). Sie wird durch die Haarbalgmilbe, Demodex folliculorum, eine mikroskopisch kleine, spindelförmige Milbenart mit lanzettartigen Mundwerkzeugen und vier kurzen, stummelförmigen Beinpaaren (Abb. 46) verursacht. Die Milben dringen von oben durch den

---

[1] W. Eitner: Die Krätzpocken bei Schaf- und Ziegenfellen. Gerber 1895, 229.

[2] W. Frey: Hide and leather imperfections caused by follicular mange. J. A. L. C. A. 1925, 373.

[3] F. O'Flaherty und W. Roddy: A microscopic study of the effect of follicular mange on skins, hides and leather. J. A. L. C. A. 1931, 394.

[4] W. Hausam: Über verschiedene Hautschäden im mikroskopischen Bild. Coll. 1932, 809.

[5] A. Gansser: Über die Auswirkung der Haarbalgmilbenschäden (Räude) am fertigen Leder. De Nederlandsche Lederindustrie 1933, 368.

Haarbalg in die Haut ein, fressen sich in der Gegend der Talgdrüsen in
das Lederhautgewebe ein und vermehren sich. Die Zunahme der Milben,
die bereits in ihren Jugendstadien Löcher in das Gewebe fressen, verur-

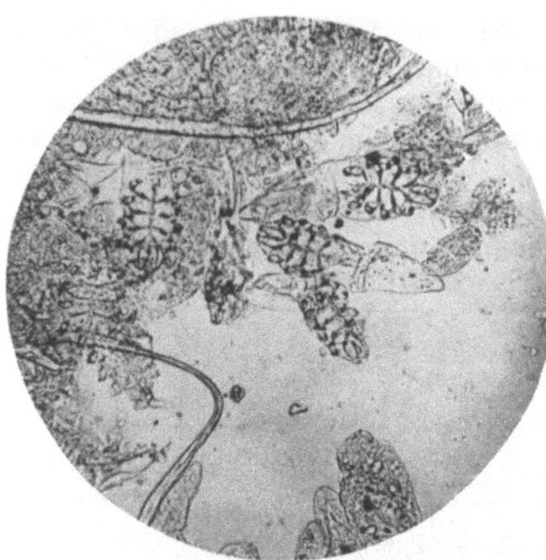

Abb. 46. Haarbalgmilben (Demodex folliculorum) aus einer Milbenpustel an Haut.
100fache Vergrößerung (W. Hausam).

sacht eine sackartige Ausbuchtung
des Lederhautgewebes, gleichzeitig sterben die Epithelschicht des
Haarbalges und später auch die
Haarpapillen ab, die Haare fallen
aus. Die benachbarten Blutgefäße
erweitern sich, es bilden sich
hornartige Massen und Klumpen,
die häufig die Haarlöcher verstopfen. Später tritt häufig Staphylo-
kokkeninfektion und damit Pustelbildung ein. Die Pusteln sind
in der Haut mit einer gelblich-
grünen Masse, hauptsächlich Milben und deren Larven angefüllt,
am fertigen Leder ist der Pustel-
inhalt gewöhnlich spröde und
leicht zerreiblich. Die starken
Beschädigungen des Lederhautgewebes durch die Haarbalgmilbe sind aus den histologischen

Schnitten der Abb. 47 und 48 ersichtlich. Abb. 47 gibt einen Vertikalschnitt
durch eine Milbenpustel in Rindsblöße, die sich über die ganze Dicke

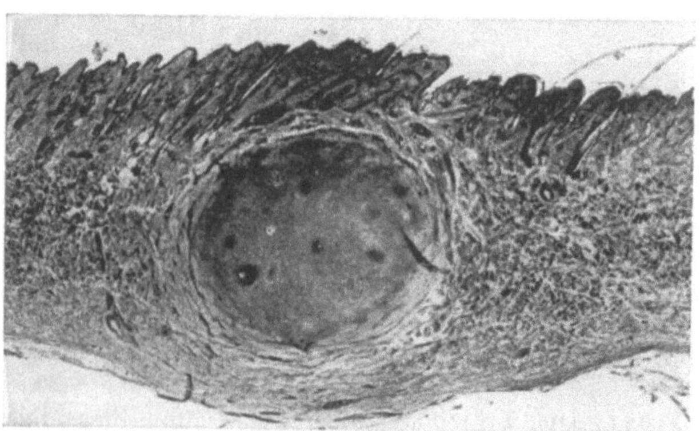

Abb. 47. Vertikalschnitt durch eine Milbenpustel in Rindsblöße (F. O'Flaherty
und Wm. Roddy).

der Lederhaut erstreckt, und Abb. 48 einen Vertikalschnitt durch eine
Vertiefung der Oberfläche einer Rindsblöße, die durch die Haarbalgräude und nachfolgende Bakterieninfektion verursacht wurde, wieder.

In ähnlicher Weise wie die durch die Haarbalgmilbe verursachten
Schäden äußern sich die Schäden der durch die Akarusmilbe (Acarus
folliculorum) hervorgerufenen Akarusräude, die besonders bei Hunden
verbreitet ist, aber auch auf Rindern vorkommt. Nach J. Tssaitschikow[1] sind 70% des sibirischen Hornviehs von Milben, hauptsächlich der
Akarusmilbe befallen.

Auch auf Ziegen können nach Mitteilung der Schweizerischen
Versuchsanstalt St. Gallen Milben beträchtlichen Häuteschaden verursachen. Der Schaden ist an der Oberseite des abgezogenen Fells meist
gar nicht oder nur durch schwache Knötchen bemerkbar, auf der Fleischseite sind dagegen zahlreiche, etwa erbsengroße Knötchen festzustellen

Abb. 48. Vertikalschnitt durch Rindsblöße mit Beschädigungen durch
Haarbalgräude (F. O'Flaherty und Wm. Roddy).

(Abb. 49). Die Knötchen enthalten eine talgige, weißliche Masse, in der
bei mikroskopischer Betrachtung eine große Anzahl Milben mit vier
Paar stummelförmigen Beinen und einem ziemlich langen, stumpfen
Hinterleib beobachtet werden können. Die geäscherten und enthaarten
Blößen weisen an solchen ursprünglich knotigen Stellen häufig Löcher auf.

Die Schafräude, eine auf Schafen aller Länder verbreitete Hautkrankheit, wird durch eine Milbenart, Dermatodectes ovis oder Psoroptes
communis, hervorgerufen. Die Milbe ist etwa 0,6 bis 0,7 mm groß, von
rundlichem Aussehen und besitzt vier Paar Beine. Sie bewirkt auf dem
Fell das Ausfallen der Wolle und bei stärkerer Verbreitung auch eine Beschädigung der Narbenschicht (A. Seymour-Jones[2]). Psoroptesmilben

---

[1] J. Tssaitschikow: Über Fälle einer spezifischen Massenerkrankung
von Rohhäuten. Ref. Coll. 1929, 165.

[2] A. Seymour-Jones: The sheep and its skin. London.

finden sich auch auf der Haut anderer Tiere als Schafe und verursachen
Räuden, durch die die Haut stellenweise hart und verkrustet wird.[1]

W. Eitner[2] erwähnt als für die Lederindustrie besonders schädlich
die von kleinen, in der Oberhaut lebenden Grabmilben verursachte
Sarkoptesräude. Das Leder aus solch räudigen Häuten zeigt sogenannten
„doppelten“ Narben. Es ist derb und zuglos, der Narben mit matten
Feldern und Furchen, harten, hornartigen warzigen Erhebungen relief-
artig geformt.

Milbenschäden (Räudeschäden) bekämpft man am besten durch
saubere Tier- und Stallhaltung, wodurch die Ansteckungsgefahr ver-

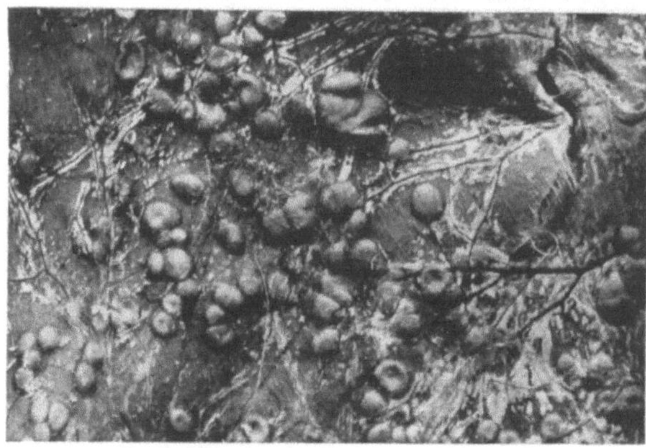

Abb. 49. Fleischseite eines Ziegenfelles mit Milbenknötchen (Schweizerische
Versuchsanstalt St. Gallen).

ringert wird. Waschungen mit Arseniklösungen oder mit Teerseifen-
lösungen sollen die Milbenentwicklung hemmen.

Neuerdings beschreiben M. Bergmann, W. Hausam und E. Liebscher[3] eine Methode zur Schnelldiagnose von follikulärer Räude an
Blößen.

Milzbrandinfizierte Rohhaut.

Als einer der gefürchtetsten Rohhautfehler ist die Anwesenheit von
Keimen des sporenbildenden Milzbrandbazillus, Bacillus anthracis, in
der Haut anzusehen. Milzbranderreger finden sich fast ausschließlich
nur auf getrockneten Häuten und Fellen, vorzüglich solchen, die aus
Ländern stammen, in denen infektiöse Seuchen unter den Viehherden
verbreitet sind, wie China, Ostindien, Afrika, asiatische Türkei und
Balkan. Nur in ganz vereinzelten Fällen werden Milzbranderreger auch

---

[1] N. N. durch J. A. L. C. A. 1925, 374.
[2] W. Eitner: Räudige Felle. Gerber 1911, 117.
[3] M. Bergmann, W. Hausam und E. Liebscher: Über die Schnelldiagnose von follikulärer Räude an Blößen. Ledertechn. Rundschau 1932, 77.

einmal auf feucht gesalzenen Häuten angetroffen. Milzbrandkeime bilden eine große Gefahr für Mensch und Tier. Nicht nur daß der mit dem Transport milzbrandinfizierter Häute und ihrer Bearbeitung in der Wasserwerkstatt betraute Arbeiter sich durch Infektion verletzter Hautstellen, Einatmen milzbrandhaltigen Staubes oder Infektion der genossenen Lebensmittel, die gefährliche, bei zu später Erkennung meist tödlich verlaufende Haut-, Lungen- oder Darmmilzbranderkrankung zuziehen kann, auch der Tierbestand landwirtschaftlicher Betriebe, die durch ihre örtliche Lage, z. B. in Überschwemmungsgebieten, flußabwärts von Gerbereien mit Gerbereiabwässern in Berührung kommen können, kann durch Verarbeitung milzbrandinfizierter Häute gefährdet werden. Der Mensch ist verhältnismäßig widerstandsfähig gegen Milzbrandinfektion. So sind in den Jahren 1910 bis 1925 nach P. Mayer[1] in Deutschland insgesamt 2107 Milzbrandfälle bei Menschen vorgekommen, von denen 339 tödlich verliefen, während der Befall des Viehs an Milzbrand ein Vielfaches davon betrug und z. B. allein im Jahre 1911 5655 Rinder an Milzbrand erkrankten. Keineswegs kommen indessen sämtliche dieser Milzbrandfälle auf das Konto milzbrandinfizierte Häute verarbeitender Gerbereien, vielmehr sind auch andere Importindustrien, Pinselfabriken, Wollsortierungsbetriebe usw., an der Einschleppung und Übertragung des Milzbrandes beteiligt.

Der Milzbrandbazillus stellt in seiner vegetativen Form ein kurzes Stäbchen dar, das keine allzugroße Widerstandskraft gegen Austrocknung, Hitze, Kälte und Desinfektionsmittel besitzt und demgemäß verhältnismäßig leicht vernichtet werden kann. Er hat indessen die Eigenschaft, unter bestimmten Voraussetzungen, Temperaturen von 16 bis 43⁰ C, Luftzutritt, plötzliche Wachstumshemmung, im Innern des Stäbchens Dauerformen, sogenannte Milzbrandsporen zu bilden, die gegen äußere Einwirkung sehr viel widerstandsfähiger sind und trotz Austrocknung, Kälte und Fäulnis fast unbegrenzt lebensfähig bleiben. Die Widerstandskraft der Milzbrandsporen gegen Desinfektionsmittel ist sehr groß, sie vertragen auch große Hitzegrade, erst nach 15 bis 30 Minuten werden sie durch kochendes Wasser abgetötet, während anderseits die meisten Desinfektionsverfahren die Haut mehr oder weniger angreifen oder verändern und so ihren Wert für die Ledererzeugung herabsetzen oder sie gar vollständig unbrauchbar machen. Aus diesem Grunde ist das Problem der zweckmäßigen Desinfektion milzbrandinfizierter Häute eines der schwierigsten der Gerberei.

Trotz einer größeren Anzahl ausgearbeiteter Desinfektionsverfahren steht uns heute ein durchaus zuverlässiges, einfaches, billiges und in jeder Beziehung geeignetes Verfahren zur Abtötung von Milzbrandsporen in Rohhäuten und Rohfellen noch nicht zur Verfügung (E. Stiasny[2]) und man darf wohl mit Recht auch heute noch der 1914 von G. Abt[3] ge-

---

[1] P. Mayer: Milzbranderkrankungen und ihre Bekämpfung. Ledertechn. Rundschau 1927, 189.

[2] E. Stiasny: Gerbereichemie (Chromgerbung), Dresden 1931, 66.

[3] G. Abt: Desinfizierung der milzbrandigen Häute. Coll. 1914, 277.

äußerten Ansicht, daß alle gesetzlichen Verordnungen, die sich auf bisher bekannt gewordene Verfahren der Milzbranddesinfektion von Häuten stützen, eine unberechtigte Erschwerung des Häutehandels darstellen, beipflichten.

Als bekannteste der bestehenden Häutedesinfektionsverfahren sind das Schattenfroh-Kohnsteinsche Pickelverfahren, der Seymour-Jones-Prozeß, das Laugenverfahren und die Verfahren mit Natriumsulfid anzuführen.

Das Verfahren von A. Schattenfroh[1], verbessert von Kohnstein, benützt die desinfizierende Wirkung eines Salzsäure-Kochsalzpickels, wobei die Häute und Felle mehrere Tage in einem Pickel von 2% Salzsäure und 10% Kochsalz bei gewöhnlicher Temperatur oder mindestens 6 Stunden in einer Lösung von 1% Salzsäure und 8% Kochsalz bei 40° C behandelt werden. Obgleich die sporentötende Wirkung des Verfahrens in den meisten Fällen als günstig beurteilt wurde, mußte festgestellt werden, daß bei sehr starken oder sehr fettreichen Häuten die Sterilisierung ungewiß bleibt. Die Ansichten, wie weit das Desinfektionsverfahren ohne Nachteil für die behandelten Häute und Felle ist, sind geteilt, insbesondere dürfte bei Unterlederarten die Picklung bei 40° C als wenig geeignete Vorbehandlung der Haut anzusehen sein.

Bei dem Desinfektionsverfahren von A. Seymour-Jones[2] wird durch Behandlung der Häute in einem Bad von 1% Ameisensäure und 0,02% Sublimat eine leichte Schwellung der Haut und der Milzbrandsporen durch die Ameisensäure und eine keimtötende Wirkung des Sublimats zu erzielen gesucht, anschließend kommen die Häute zur Erreichung einer konservierenden Pickelwirkung eine Stunde in eine gesättigte Kochsalzlösung. Wenn dem Seymor-Jones-Verfahren auch eine beträchtliche Verringerung der Milzbrandgefahr, insbesondere während des Transportes der Häute, zukommt, so ist anderseits doch einwandfrei nachgewiesen (R. Hilgermann und J. Marmann[3] u. a.), daß nach Entfernung der Quecksilberverbindungen in der Haut durch Überführung in unlösliche Verbindungen durch Schwefelalkalien im Äscher sich in den Häuten stets noch lebensfähige Milzbrandsporen nachweisen lassen. Als weiterer Nachteil des Verfahrens kommt hinzu, daß sich beim Äschern sublimatbehandelter Häute in Sulfidäschern, wenn die Häute zuvor nicht sorgfältig mit Kochsalzlösung gewaschen werden, schwarze Flecken von Quecksilbersulfid auf den Blößen bilden, die nicht oder nur schwer wieder entfernbar sind.

Nach dem Laugenverfahren des Reichsgesundheitsamts[4] sollen die Milzbrandsporen durch 3- bis 4tägige Behandlung der Häute mit

---

[1] A. Schattenfroh: Ein unschädliches Desinfektionsverfahren für milzbrandinfizierte Häute und Felle. Coll. 1911, 248.

[2] A. Seymour-Jones: Formic-mercury anthrax sterilisation method. London 1910, Coll. 1911, 106.

[3] R. Hilgermann und J. Marmann: La lutte contre le charbon dans les tanneries. Archiv für Hygiene 1913, 168; Coll. 1913, 622.

[4] H. Leymann: Milzbranderkrankungen in den Gerbereien. Studien und Berichte des Internationalen Arbeitsamts. Genf 1923.

0,5%iger Natronlauge, der 1 bis 10% Kochsalz zugesetzt wird, bei 15 bis 20⁰ C abgetötet werden. Abgesehen davon, daß eine sichere Abtötung der Milzbrandsporen nach diesem Verfahren nicht erreicht wird, dürfte eine so langeinwirkende Laugenbehandlung der Haut für die Herstellung der meisten Lederarten nicht ohne Nachteil sein.

Im Anschluß an die Feststellung von R. Hilgermann und J. Marmann[6] und von A. Seymour-Jones[1], daß stärkere Schwefelnatriumäscher Milzbrandsporen unter geeigneten Umständen abzutöten vermögen, untersuchten D. J. Lloyd, R. H. Mariott und M. E. Robertson[2] die desinfizierende Wirkung von Kalk-Schwefelnatriumbrühen auf milzbrandinfizierende Haut mit dem Ergebnis, daß bei Verwendung von 1% Schwefelnatrium und 1,2% Kalk bei einer Äschertemperatur von mindestens 23⁰ C ohne Schädigung der Blöße eine genügende Desinfizierung erreicht werden könne.

Mit Recht weisen M. Bergmann und W. Hausam[3] neuerdings darauf hin, daß die angeführten Desinfektionsmethoden, abgesehen von der Zweifelhaftigkeit ihrer sterilisierenden Wirkung, da sie erst in der Gerberei angewandt werden, zwar die Gefahr der Verunreinigung der Abwässer mit Milzbrandsporen beheben und damit die Gefahr der Viehinfektion mehr oder weniger beseitigen könnten, daß aber nach wie vor alle Personen einer Infektionsgefahr ausgesetzt bleiben, die mit infiziertem Hautmaterial bis zur Einarbeitung in der Gerberei in Berührung kommen. Eine zweckentsprechende Desinfektion milzbrandinfizierter Häute müßte demgemäß vor dem Weichen und Äschern im Heimat- bzw. Exportland der Häute vorgenommen werden.

Mineralstoffausschläge auf Leder.

Mineralstoffaufschläge kommen nahezu auf allen Lederarten vor und werden durch die im Gange der Lederfabrikation in das Leder gebrachten löslichen Mineralsalze, die bei der Lagerung aus dem Narben oder der Fleischseite des Leders austreten, verursacht. Sie äußern sich in einem manchmal stellenweise, manchmal auf der ganzen Fläche des Leders auftretenden mehr oder weniger starken, weißlichen oder weißlichgrauen Anflug oder Belag.

Bei pflanzlich gegerbten Unterledern, Sohl- und Vacheledern, sind Mineralstoffausschläge in den meisten Fällen auf eine Mitverwendung von Magnesiumverbindungen beim Gerben oder bei der Nachbehandlung des Leders zum Zwecke der Aufhellung der Lederfarbe oder der Gewichtserhöhung zurückzuführen. Magnesiumverbindungen werden hauptsächlich in Form des Bittersalzes ($MgSO_4 + 7 H_2O$) für diesen Zweck

---

[1] A. Seymour-Jones: The formic-mercury process for sterilizing and curing dried hides. J. A. L. C. A. 1917, 68.

[2] D. J. Lloyd, R. H. Mariott und M. E. Robertson: Die Verwendung von Kalkschwefelnatriumbrühen zur Desinfizierung von milzbrandinfizierten Rohhäuten. Ref. Coll. 1931, 370; 1932, 644.

[3] M. Bergmann und W. Hausam: Zur Milzbrandfrage in der Lederindustrie. Ledertechn. Rundschau 1932, Nr. 1.

angewandt und bilden als solches meist auch einen mehr oder weniger großen Bestandteil der sogenannten Nachgerbeextrakte und mancher Appreturen. Bei der großen Neigung des Bittersalzes zur Ausschlagsbildung können unter Umständen, vor allem bei feuchter Lagerung des Leders oder nach dem Dampfmachen der Sohlen, schon verhältnismäßig geringe Bittersalzmengen zur Ausschlagsbildung Veranlassung geben. Manche Zelluloseextrakte und synthetische Gerbstoffe enthalten beträchtliche Mengen von Mineralsalzen, insbesondere Alkaliverbindungen, die bei starker anteiliger Verwendung dieser Gerbstoffe bzw. Hilfsstoffe den Gehalt des Leders an löslichen Mineralsalzen beträchtlich erhöhen und zur Ausschlagsbildung Veranlassung geben können. Nicht selten gibt beim Tragen von Schuhen ein höherer Gehalt des Bodenleders an löslichen Mineralstoffen, insbesondere Magnesiumverbindungen, zur Bildung eines Mineralstoffausschlages auf dem Schuhoberleder dadurch Veranlassung, daß beim Naßwerden der Schuhe oder bei stärkeren Fußausdünstungen des Trägers lösliche Mineralstoffe im Bodenleder gelöst werden und mit der Feuchtigkeit in das Oberleder übergehen und dort einen Mineralstoffausschlag verursachen.

Bei der Herstellung von Chromleder gelangen durch das Pickeln, den Gerbprozeß und insbesondere durch das Neutralisieren größere Mengen von Mineralstoffen, insbesondere löslichen Alkaliverbindungen, in das Leder. Werden diese Salze nicht wieder sorgfältig ausgewaschen, so können sie beim Lagern an die Oberfläche des Leders wandern und Ausschläge verursachen. Auch durch das Färben können lösliche Mineralstoffe in das Leder gelangen, da manche Farbstoffe solche enthalten, ebenso durch Kasein- und Schellackappreturen, die oft Borax und Soda enthalten. Werden zum Fetten des Leders größere Mengen sulfonierter Öle bzw. Fette verwendet, die viel Mineralstoffe enthalten, so können auch diese zu einem Mineralstoffausschlag des Leders indirekt Veranlassung geben.

An Schuhoberledern mit Mineralstoffausschlag wurde wiederholt festgestellt, daß die ausgeschlagenen Mineralstoffe nicht aus dem verarbeiteten Leder selbst, sondern aus den als Futterstoffen verarbeiteten Materialien stammen (W. Eitner[1], F. Stather und H. Sluyter[2]). Schuhfutterstoff ist häufig neben anderen Stoffen mit löslichen Mineralstoffen, besonders Magnesiumverbindungen imprägniert, die unter der Einwirkung der feuchten Ausdünstungen des Fußes oder sonstiger Feuchtigkeit aus diesem gelöst, in das Oberleder übergehen und dort neben einem Hart- und Brüchigwerden auch die Bildung eines Mineralstoffausschlages verursachen können.

Zur Vermeidung von Mineralstoffausschlägen auf pflanzlich gegerbtem Leder dürfen Gerbstoffe und andere Stoffe, die größere Mengen von Mineralstoffen enthalten, oder solche Mineralstoffe selbst nicht oder nur in mäßigen Mengen verwendet werden oder aber die Leder müssen

---

[1] W. Eitner: Vorkommnisse auf konfektioniertem Leder. Gerber 1894, 255.
[2] F. Stather und H. Sluyter: Über das Hart- und Brüchigwerden von Schuhoberleder beim Tragen am Schuh. Ledertechn. Rundschau 1932, Nr. 5.

nach beendeter Gerbung gut ausgewaschen werden. Chromleder muß zur Verhinderung des Auftretens von Mineralstoffausschlägen nach dem Neutralisieren sorgfältig ausgewaschen werden, zur Herstellung von Casein- und Schellackappreturen kann an Stelle von Borax oder Soda zweckmäßig Ammoniak benützt werden.

Mineralstoffgehalt, zu hoher, des pflanzlich gegerbten Leders.

Jedes Leder, gleich welcher Gerbungsart, enthält einen gewissen Prozentsatz an Mineralbestandteilen, die aus den natürlichen Mineralbestandteilen der rohen Haut, aus den aus dem Betriebswasser und den Äscherchemikalien aufgenommenen Mineralstoffen und dem Mineralstoffgehalt der verwendeten Gerbmaterialien stammen. Der so verursachte Mineralstoffgehalt eines pflanzlich gegerbten Leders wird im allgemeinen bei einer langsamen Grubengerbung ohne Mitverwendung größerer Mengen Gerbextrakt 1% nicht übersteigen. Modern gegerbte Leder weisen häufig höhere Mineralstoffgehalte auf. Stärker konzentrierte Gerbextrakte, insbesondere sulfitierte Extrakte, Zelluloseextrakte, synthetische Gerbstoffe können mehr Mineralstoffbestandteile in das Leder bringen, auch bei der Gerbung oder zum Abölen verwendete sulfonierte Öle oder angewandte Appreturen können den Mineralstoffgehalt erhöhen, ebenso wie durch Verwendung von gewissen Mineralstoffen, Magnesium-, Blei-, Bariumverbindungen zum Zwecke der Farbaufhellung und Verbesserung der Gesamteigenschaften der Mineralstoffgehalt erhöht wird (F. Stather[1]). Ein erhöhter Mineralstoffgehalt pflanzlich gegerbten Leders kann solange nicht als Lederfehler ohne weiteres angesprochen werden, als er durch irgendwelche Fabrikationsmaßnahmen zur Verbesserung irgendwelcher Eigenschaften des Leders bedingt ist und nicht zu Übelständen Veranlassung gibt (vgl. Mineralstoffausschläge, Brüchigkeit!). Ist die Mineralstoffeinlagerung lediglich zum Zwecke der Gewichtserhöhung des nach Gewicht verkauften Leders erfolgt (vgl. Beschwerung, künstliche!), so muß ein erhöhter Mineralstoffgehalt des pflanzlich gegerbten Leders als Lederfehler angesprochen werden. Das ist unter allen Umständen der Fall, wenn der Mineralstoffgehalt 2,5% oder mehr beträgt, zumal in Holland als erlaubter Aschengehalt für pflanzlich gegerbtes Unterleder 1%, in Schweden, Norwegen, Finnland und Südafrika nach den Einfuhrgesetzen 2% gilt.

Mist- und Urinschäden.

Ein besonders für Zahmhäute typischer und verhältnismäßig häufiger Schaden sind die auf unreine Stallhaltung zurückzuführenden Schädigungen durch Mist- und Urin. Abgesehen davon, daß Mist und Urin bei häufiger oder dauernder Einwirkung bereits an der Haut des lebenden Tieres Anätzungen und die verschiedenartigsten Entzündungen ver-

---

[1] F. Stather: Die Beurteilung pflanzlich gegerbten Leders auf Grund seiner chemischen und physikalischen Analyse. Ledertechn. Rundschau 1932, 85, 97.

ursachen, durch die die empfindliche Narbenschicht angegriffen wird, unterliegen derartige Stellen während des Konservierungsprozesses in besonderem Maße der Einwirkung der Mikroorganismen und weisen darum häufig auch die gewöhnlichen Fäulnisschäden auf. Durch Mist wird das Trocknen der Häute verlangsamt, ebenso bei der Salzung das Eindringen des Salzes in die Haut, so daß die in dem Mist besonders stark angehäuften Bakterien besondere Gelegenheit zu Hautschädigungen erhalten. Die Schäden durch Mist und Urin beschränken sich durchwegs auf Klauen und Bauchteile der Häute und Felle, daher auch die Handelsbezeichnung solcher Felle als „pißbauchig". Mist- und Urinschäden äußern sich am fertigen Leder je nach dem Ausmaß als matte Stellen, starke Aufrauhung des Narbens oder direkte Anfressung und wirken sich besonders bei Oberleder unangenehm aus. Die Farbaufnahme solcher beschädigten Stellen ist gewöhnlich gegenüber gesunden Stellen stark verändert.

Mistgabelstiche.

Ganz unregelmäßig über die Haut verteilte, am häufigsten im Schild sich vorfindende, stichartige, größere oder kleinere Verletzungen, manchmal in einen kleineren Riß auslaufend, die eine Haut beträchtlich entwerten, weil sie Aussehen und Festigkeit des fertigen Leders beeinträchtigen, sind auf die weiterverbreitete Unsitte der Landwirte zurückzuführen, hier und da bei der Arbeit, insbesondere beim Stallmisten, das Vieh durch leichtes Stechen mit der Mistgabel zum Platzwechsel anzuregen. Mistgabelstiche sind an der Rohhaut durch das Haarkleid verdeckt und werden erst nach dem Enthaaren auf dem Narben der Blöße sichtbar. Das Aussehen der Mistgabelstiche am fertigen Leder ist dem der Treibstachelschäden (siehe diese!) weitgehendst ähnlich.

Narbenbeschädigungen bei Zugtierhäuten.

Zahmhäute, besonders Häute von als Zugtiere benützten Tieren, weisen nicht selten die verschiedenartigsten mechanischen Verletzungen

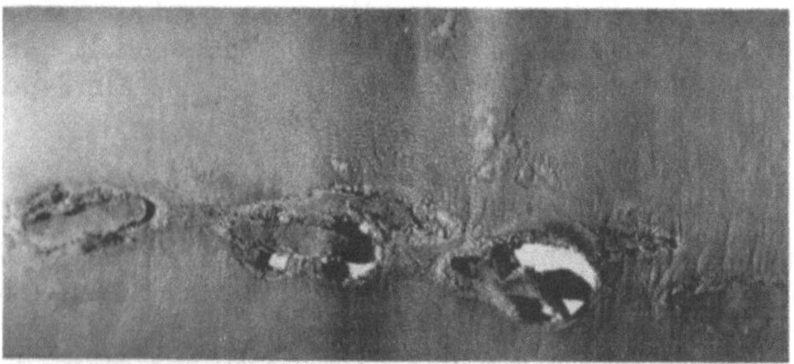

Abb. 50. Fahlleder mit Narbenverletzung durch Stallkette.

der Narbenschicht oder auch tiefergehende Schäden auf, die durch andauerndes Reiben unrichtig sitzender Geschirrteile verursacht sein können (Abb. 50). Durch das Scheuern bedingte Entzündungen und Gewebsneubildungen führen am Körper des lebenden Tieres zu Veränderungen der Haut, die sich am fertigen Leder in der verschiedensten Weise unliebsam bemerkbar machen.

Narbenverletzungen durch Pflanzenfrüchte.

Auf Wildhäuten kommen manchmal stichartige Narbenverletzungen vor, die in ihrem Aussehen Insektenstichen sehr ähnlich sehen. Diese Verletzungen stammen von gewissen Pflanzenfrüchten mit scharfen Grannen. So z. B. heften sich die spiralig aufgedrehten Grannen von Heteropogon contortus, einer in Afrika vorkommenden, grasartigen Pflanze, nach den Angaben von C. Lamb[1] durch ihre bärtige Behaarung am Fell der mit ihnen in Berührung kommenden Weidetiere fest und bohren sich durch Streckung der Spirale mit der scharfen Spitze in die Haut ein. Nicht selten durchbohrt die Granne die ganze Haut und dringt bis zum Fleisch des Tieres, wobei eitrige Entzündungen entstehen, durch die wiederum die Qualität der Haut herabgesetzt wird. Solche Beschädigungen sind an Kapschafhäuten besonders häufig. Ähnliche Hautbeschädigungen sollen von den Samen von Aristida barbicolis und Aristida congesta hauptsächlich an Schafhäuten herbeigeführt werden. An südamerikanischen Schafhäuten verursachen die Früchte von Stipa charmana stichartige Narbenverletzungen, die noch schlimmer sind als die von Heteropogon contortus verursachten, da die Grannen von Stipa charmana mit einem Kranz von Widerhaken versehen sind.

Reißfestigkeit, ungenügende, des Leders.

Die Reißfestigkeit eines Leders ist besonders für solche Lederarten von Bedeutung, die wie Treibriemenleder, Geschirrleder, Riemenleder usw. praktisch einer Beanspruchung auf Reißfestigkeit unterworfen werden. Als Durchschnittswert der Reißfestigkeit von pflanzlich gegerbtem Leder wird eine Reißfestigkeit von 2,5 bis 3,0 kg pro Quadratmillimeter Querschnitt angenommen, von chromgarem Leder von 4,0 bis 5,0 kg pro Quadratmillimeter Querschnitt. Bleibt die Reißfestigkeit eines Leders beträchtlich hinter diesen Mittelwerten zurück, so ist diese Tatsache unter Umständen als Lederfehler zu betrachten, der wiederum in einer fehlerhaften Beschaffenheit des Rohmaterials, Fabrikationsfehlern oder Behandlungsfehlern des Leders seine Ursache haben kann.

Die Beschaffenheit des verarbeiteten Rohhautmaterials kann für eine unbefriedigende Reißfestigkeit des Leders insofern verantwortlich zu machen sein, als durch eine Reihe von Rohhautschäden wie offene oder verwachsene Engerlingslöcher (siehe Dasselschäden!), Milbenschäden, offene oder verwachsene Dornhecken-, Stacheldraht- oder Striegelrisse, Mistgabelstiche, Rohhautschäden durch Mikrosporie und Trichophytie, Salzflecken (siehe diese Stichworte!), Fleischerschnitte und Ausheber

---

[1] M. C. Lamb: The conservation of hides and skins. J. I. S. L. T. C. 14 (1930), 207.

usw. (siehe schnittige Rohhaut!) die Reißfestigkeit des fertigen Leders an solchen beschädigten Hautstellen herabgesetzt werden kann. Weiterhin wird durch das Spalten der Rohhaut oder des Leders die Reißfestigkeit eines Leders pro Quadratmillimeter mehr oder weniger stark vermindert. Die Summe der Zerreißfestigkeit der Lederspalte einer Haut ist stets geringer als die Zerreißfestigkeit der ungespaltenen Haut (Wilson-Stather-Gierth[1]). Eine starke Herabminderung der Reißfestigkeit des Leders tritt insbesondere ein, wenn der Narbenspalt zu stark ausgespalten wird.

Ein Hautsubstanzangriff der Rohhaut infolge zu später oder ungenügender Konservierung oder unsachgemäßen Weichens der Haut kann ebenso zu einer Verminderung der Reißfestigkeit des fertigen Leders führen, wie insbesondere ein Überäschern oder Überbeizen der Hautblöße (siehe Äscherfehler, Beizfehler!). Daß die Reißfestigkeit eines Leders durch die angewandte Gerbmethode in starkem Maße beeinflußt wird, erhellt aus den oben angeführten Reißfestigkeitswerten für pflanzlich gegerbtes und chromgares Leder. Auch die Zurichtungsprozesse, insbesondere die Fettung beeinflussen die Reißfestigkeit eines Leders, und zwar nimmt im allgemeinen mit zunehmendem Fettgehalt die Reißfestigkeit zu.

Schließlich kann die Art der Durchführung des Gerbprozesses für eine unbefriedigende Reißfestigkeit des Leders verantwortlich zu machen sein. Bei Chromleder soll nach R. Lauffmann[2] die Reißfestigkeit sowohl bei zu geringem als auch bei zu hohem Chromoxydgehalt des Leders vermindert sein und bei sonst sachgemäßer Ausgerbung ein Chromleder mit etwa 2% Chromgehalt sich hinsichtlich Reißfestigkeit am günstigsten verhalten. Ausgerbung des Chromleders mit zu stark basischen Brühen oder Überneutralisieren des Chromleders führt zu verminderter Reißfestigkeit. Bei pflanzlich gegerbtem Leder führt eine sehr satte Gerbung häufig zu einem Leder mit geringerer Reißfestigkeit als eine weniger satte Gerbung. Die Einlagerung größerer Mengen auswaschbarer organischer Stoffe, wie Gerbextrakt, zuckerartiger Stoffe usw., macht die Lederfaser spröde und brüchig und verursacht eine Herabsetzung der Reißfestigkeit von pflanzlich gegerbtem Leder sowohl wie von chromgarem Leder. Durch die Anwendung eisenhaltiger Schwärzen oder sonstwie in das Leder gekommene Eisenverbindungen machen schon in verhältnismäßig geringer Menge, besonders bei höherer Temperatur pflanzlich gegerbtes Leder mürbe und brüchig und können eine starke Herabminderung der Reißfestigkeit verursachen (F. Stather und H. Sluyter[3]). Ungenügende Reißfestigkeit von pflanzlich gegerbtem Leder kann auch durch ein Verbrennen des Leders (siehe Verbrennungsschäden!) und insbesondere durch die schädliche Wirkung im Leder vorhandener stark wirkender freier Säuren (siehe diese!) verursacht sein.

---

[1] Wilson-Stather-Gierth: Die Chemie der Lederfabrikation. Wien 1931.

[2] R. Lauffmann: Haut und Lederfehler. Ledertechn. Rundschau 1920.

[3] F. Stather und H. Sluyter: Über das Hart- und Brüchigwerden von Schuhoberleder beim Tragen am Schuh. Ledertechn. Rundschau 1932, Nr. 5.

Salzflecken.

Während die Bezeichnung „Salzflecken" in der Praxis des Häutehandels und der Gerberei lange Zeit für eine Reihe verschiedenartiger Veränderungen gesalzener Häute benützt wurde, werden heute ausschließlich bestimmte, auf der Fleischseite gesalzener Haut während der Konservierung auftretende gelbe bis braune Fleckchen und damit zusammenhängende Schäden der Narbenseite der Blöße und des fertigen Leders mit dem Namen Salzflecken belegt. Salzflecken sind neben Fäulniserscheinungen als der gefürchtetste Konservierungsschaden der Rohhaut anzusprechen und verursachen große Schädigungen dieser.

Salzflecken, wie sie sich hauptsächlich auf dem deutschen Häutegefälle vorfinden, äußern sich nach H. Becker[1], B. Kohnstein[2],

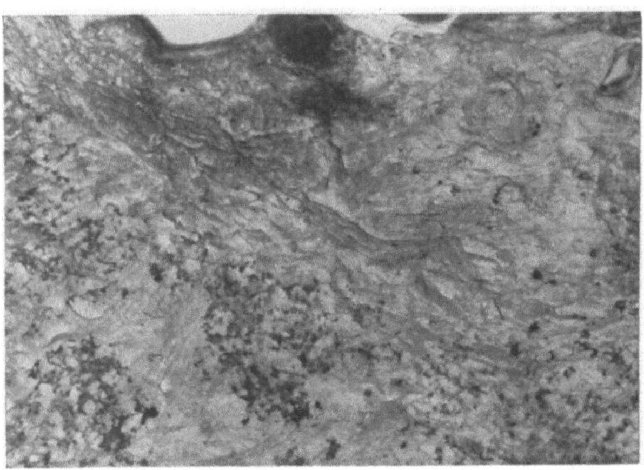

Abb. 51. Hellgelbe bis orangerote Salzflecken auf der Fleischseite gesalzener deutscher Kalbshaut (F. Stather).

J. Paeßler[3] und F. Stather[4] als hellgelbe, orangefarbene oder dunkelrotbraune Flecken mit einem durchschnittlichen Durchmesser von etwa 3 bis 5 mm. Die Flecken sind an einzelnen Stellen der Fleischseite oder auf der ganzen Fleischseite verbreitet zu finden und durch die Anhäufung und Aneinanderreihung der unregelmäßig geformten Einzelflecken zu größeren Verbänden charakterisiert. Die Fleckchen liegen milbenartig auf der Fleischseite auf, ein gesalzenes Fell macht im geweichten Zustand den Eindruck, als ob Kleie auf der Fleischseite sitze. Die Haut selbst scheint an den gefleckten Stellen der Fleischseite nur sehr wenig angegriffen (Abb. 51). Eine zweite Art gelber bis orangeroter Salzflecken

[1] H. Becker: Die Salzflecken. Coll. 1912, 408.
[2] B. Kohnstein: Salzflecken auf rohen Häuten. Coll. 1913, 395.
[3] J. Paeßler: Über das Salzen von Häuten und Fellen. Coll. 1912, 379.
[4] F. Stather: Untersuchungen über Salzflecken. Coll. 1928, 567.

(G. Abt,[1] F. Stather[2]), mehr für französische Häute charakteristisch, ist meist größer (etwa 4 bis 8 mm Durchmesser) und mehr vereinzelt über die Haut verteilt. Sie erscheinen äußerlich auch etwas tiefer in die Haut eingefressen als die erstere Art (Abb. 52).

Die gelben Salzfleckchen der Fleischseite der hauptsächlich auf deutschen Häuten sich vorfindenden ersten Art weisen nach F. Stather[2] einen Mehrgehalt an Eisen- und Kalziumverbindungen und an Phosphorsäure und Schwefelsäure gegenüber den ungefleckten Teilen des Unterhautbindegewebes auf. In histologischen Schnitten durch salzfleckige Rohhaut finden sich an der Aasseite immer etwas in das Lederhautgewebe eingreifende, dunkler gefärbte Stellen, die die ursprüngliche Faserstruktur kaum mehr erkennen lassen. Während das übrige Lederhautgewebe nach der Aasseite zumeist völlig intakt befunden wird, weist

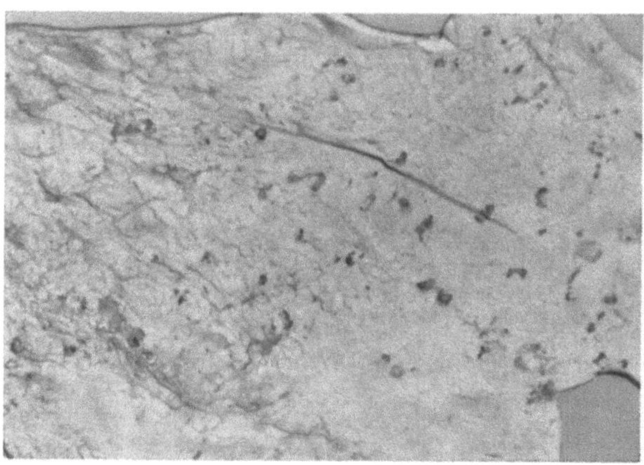

Abb. 52. Orangerote Salzflecken auf der Fleischseite gesalzener französischer Kalbshaut (F. Stather).

es nach dem Narben zu in der Gegend der Haarwurzeln und Talgdrüsen, aber auch darunter, mehr oder weniger große Beschädigungen auf. Die Fasern machen manchmal einen eigentümlich zusammengeschmolzenen, verleimten Eindruck (Abb. 53). Die Haarwurzeln sind öfters direkt abgefressen und unterhalb derselben im Lederhautgewebe große Löcher. Die Salzfleckenstellen der Aasseite wie auch zum Teil die veränderten Narbenstellen lassen im polarisierten Licht die Doppelbrechung, die die normale Lederfaser aufweist, vermissen. Auch gegenüber Farbstoffen verhalten sich die Salzfleckenstellen anders als gesundes Gewebe.

Nach F. Stather und G. Schuck[3] sind auf den meisten der auf der

[1] G. Abt: Sur l'origine des taches de sel. Coll. 1912, 388.
[2] F. Stather: Untersuchungen über Salzflecken. Coll. 1928, 567.
[3] F. Stather und G. Schuck: Untersuchungen über Salzflecken. II. Narbenschäden auf geäscherter Haut und chromgarem Leder. Coll. 1930, 161.

Fleischseite mit den beschriebenen Salzflecken behafteten Häute nach dem Äschern mit Kalk-Schwefelnatrium und Enthaaren auf dem Narben ziemlich große, gelbliche, gelbgraue, gelbbraune oder grünliche Flecken, teils mehr, teils weniger stark ausgeprägt, festzustellen. Gestalt und Verbreitung der Flecken sind durchaus unregelmäßig (Abb. 54). Die Flecken heben sich bei stärkerer Ausprägung als kleine Erhebungen vom Narben ab, fühlen sich hart und rauh an und zeigen einen zusammengezogenen und verworfenen Narben. Manche der ausgeprägten Narbenflecken lassen sich mit dem Messer leicht vollständig von der Haut abtrennen, andere wieder erstrecken sich von der Oberfläche ausgehend tiefer in das Hautgewebe. Nicht selten werden neben ausgeprägten Narbenflecken auf der Oberfläche auch schwach graubräunliche

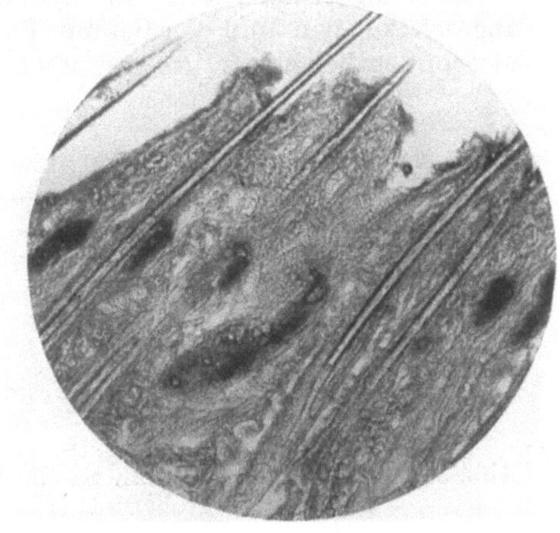

Abb. 53. Dünnschnitt durch die durch Salzflecken zerstörte Haarseite roher Kalbshaut (F. Stather).

Schattierungen wahrgenommen, bei denen erst nach dem Abtrennen der obersten Narbenschicht innerhalb des oberen und mittleren Teils der Lederhaut gleichartige Veränderungen festzustellen sind, während der Narben selbst unverändert ist. Auch solche Stellen fühlen sich hart an und geben in der Durchsicht das gleiche Bild wie die auf dem Narben durchgebrochenen Flecken. Hie und da kann auch direkt ein Übergehen solcher Schattierungen in ausgeprägte Narbenflecken festgestellt werden. Eine direkte Verbindung zwischen den Salzflecken der Fleischseite und den Narbenflecken scheint nach den Feststellungen von Stather und

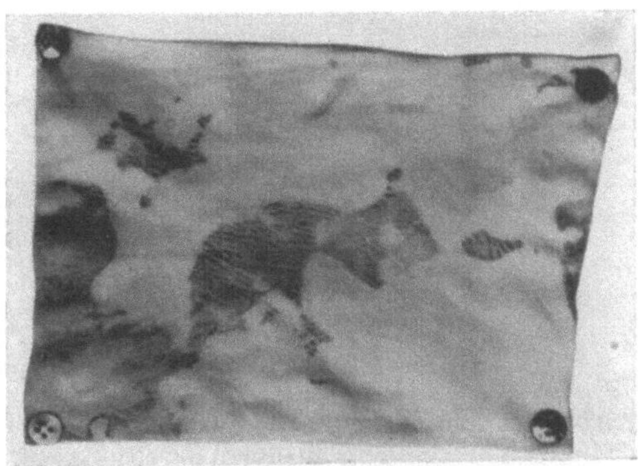

Abb. 54. Salzflecken auf dem Narben einer Kalbsblöße. ¹/₃ natürliche Größe (F. Stather und G. Schuck).

Schuck nicht zu bestehen; ebenso oft wie sich solche Narbenschäden unmittelbar oberhalb ausgeprägter Aasflecken vorfinden, wurden diese auch an Stellen beobachtet, an denen die Fleischseite vollständig fleckenfrei war. Im histologischen Schnitt (Abb. 55 und 56) zeigen die Narben-

flecken die sonst geradlinige Struktur des Narbens nicht mehr, der Narben
ist unregelmäßig ausgebuchtet. Die Salzfleckenstellen zeigen ein stark
verändertes Farbaufnahmevermögen gegenüber gesundem Gewebe. Die
Fleckenstellen innerhalb der Lederhaut bestehen aus ziemlich stark
angeschwollenen und verdickten Fasern, deren fibrilläre Struktur sehr
viel undeutlicher als im gesunden Gewebe ist. Die Narbensalzflecken

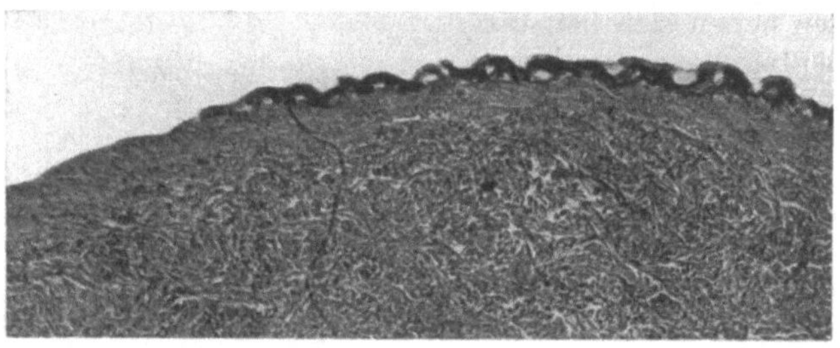

Abb. 55. Vertikalschnitt durch Salzflecken auf dem Narben einer Kalbsblöße.
20fache Vergrößerung (F. Stather und G. Schuck).

der Blößen enthalten nach dem Äschern mit Kalk-Schwefelnatrium mehr
Kalk als das gesunde Narbengewebe und auch mehr Phosphorsäure
und Schwefelsäure. Sie verschwinden nach den Angaben von Stather
und Schuck auch beim Entkälken und Beizen nicht und werden durch
die Gerbung endgültig fixiert. Das histologische Bild ist beim fertigen
Leder das gleiche wie bei den Blößenschnitten. Die Narbensalzflecken

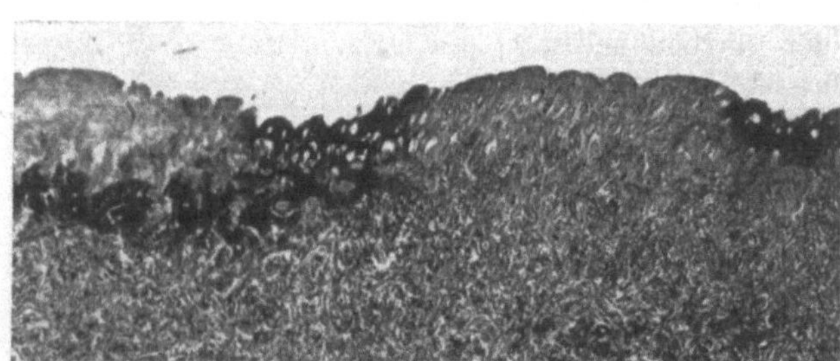

Abb. 56. Vertikalschnitt durch Salzflecken auf dem Narben und im Corium
einer Kalbsblöße. 20fache Vergrößerung (F. Stather und G. Schuck).

besitzen trotz Gerbung immer noch ein unterschiedliches Farbenauf-
nahmevermögen. Obwohl die andersartige Färbung der Salzflecken am
Chromleder eine vermehrte Chromablagerung an diesen Stellen vermuten
ließ, konnte eine solche analytisch nicht nachgewiesen werden. Die Salz-
flecken-Narbenschäden treten bei der Zurichtung meist noch stärker
in die Erscheinung. Beim Färben des Leders nehmen sie durchwegs
den Farbstoff anders auf als das gesunde Narbengewebe, Fett und Glanz

wird meist nur sehr schwer oder überhaupt nicht aufgenommen, beim Glanzstoßen bricht bei den stärker ausgeprägten Narbenschäden der Narben auf.

G. Abt[1] fand bei der von ihm untersuchten zweiten Art auf französischen Häuten vorkommenden Salzflecken nach Abtrennen der Haare in den fleckigen Narbenstellen der Rohhaut gegenüber den ungefleckten Narbenstellen immer einen erhöhten Mineralstoffgehalt, der sich aus einem Mehrgehalt an Kalzium und Phosphorsäure zusammensetzte. Bei der histologischen Untersuchung des salzfleckigen Leders fand Abt in den Salzfleckenstellen unter dem Narben zahlreiche Kerne von Bindegewebszellen, die der Wirkung des Äschers und der Beize widerstanden hatten. Die Oberfläche der Lederschicht war an den salzfleckigen Stellen im Schnitt statt geradlinig ausgezackt. Die obenliegenden Fasern des Bindegewebes waren verändert. Einmal waren die Farbreaktionen der Fasern unregelmäßig, weiter das Volumen der Fasern auf das vier- bis fünffache vergrößert; die Haarstruktur war verwischt, die Substanz erschien gekörnt und, wenn sie nicht überfärbt war, fast durchsichtig. Eine andere Art von G. Abt[1] untersuchte Salzflecken wies keinen Mehrgehalt an Kalziumphosphat gegenüber gesundem Gewebe auf. An den Lederschnitten war die Gegenwart von meist gefärbten Bruchstücken des epitheliellen Hautgewebes charakteristisch. In den Wänden der Haarbälge waren Pigmente angehäuft, die von denen der Haare, wie sie in normalem Leder vorkommen, verschieden waren.

Über die Entstehungsursache der Salzflecken an der Rohhaut sind die Meinungen der verschiedenen Forscher recht geteilt.

B. Kohnstein[2, 3] betrachtet als Ursache der Salzfleckenentstehung hauptsächlich die ungenügende und unsachgemäße Konservierung der Haut, wobei mineralische oder organische Verunreinigungen des Salzes, Gips, Eisen, Blut und Lymphe und gleichzeitig auch Bakterien, eine Rolle spielen. Er verweist auch auf die Möglichkeit, daß die Farbstoffe der Pigmentzellen der Epidermis durch Fäulnis eine Änderung erfahren und so fleckenbildend wirken könnten. J. Paeßler[4, 5] ist der Meinung, daß die Salzflecken durch Mikroorganismen, unter Umständen unter Mitwirkung von Verunreinigungen des Häutesalzes, wie schwefelsaurem Kalk, hervorgebracht werden. Auch Schmidt[6] macht Bakterien für die Salzfleckenentstehung verantwortlich, während C. Romana und G. Baldracco[7] die Hauptursache der Fleckenbildung in den Ver-

---

[1] G. Abt: Mikroskopische Untersuchung der Haut und des Leders, angewandt auf das Studium der Salzflecken. Coll. 1914, 130.

[2] B. Kohnstein: Salzflecken auf rohen Häuten. Coll. 1913, 395.

[3] B. Kohnstein: Über Konservierung und Desinfektion von Häuten und über eine neue Methode der Milzbranddesinfektion. Coll. 1911, 297.

[4] J. Paeßler: Über das Salzen von Häuten und Fellen. Coll. 1912, 379.

[5] J. Paeßler: Interessante Vorkommnisse aus der gerbereichemischen Praxis. Coll. 1909, 348.

[6] E. Schmidt: Depreciation of skins in process. Shoe a. Leather Rep. 9. März 1911.

[7] C. Romana und G. Baldracco: Recherches sur le salage des cuirs, pour eviter les taches dites de sel. Coll. 1912, 533; 1914, 517.

unreinigungen des Konservierungssalzes sehen. Nach R. Weber[1] sollen die Salzflecken nur durch Gips ohne jede Mitwirkung von Bakterien verursacht werden. Salzflecken treten nach Weber am meisten dort auf, wo sich größere Gipskörner vorfinden. Der Gips soll in ähnlicher Weise wie Gerbstoff absorbiert werden. Das rostige Aussehen der Salzflecken wird dem Eisengehalt der Gipskörner zugeschrieben. Nach dem Äschern sollen die Salzflecken hauptsächlich aus kohlensaurem und phosphorsaurem und nur noch zum geringsten Teil aus schwefelsaurem Kalk bestehen. Die Umsetzung von Kalziumsulfat in Kalziumphosphat soll nur eine sekundäre Erscheinung sein. A. Rigot[2] betrachtet als Ursache der Salzfleckenentstehung die Ablagerung von Kalziumkarbonat innerhalb der Narbenschicht, das durch Umsetzung von Kalkverbindungen, die als Verunreinigungen des Konservierungssalzes auf die Haut gelangen, mit Ammoniumkarbonat, das bei der fermentativen Zusetzung von Blut gebildet wird, entstehen soll.

Nach J. H. Yocum[3] ist die Ursache der Salzfleckenentstehung nicht lediglich in der Beschaffenheit des verwendeten Salzes zu suchen, sie muß vielmehr auf eine Veränderung in der inneren Beschaffenheit der Häute selbst zurückzuführen sein. Nach seinen Untersuchungsbefunden muß in den Salzflecken Eisen in anderer Form als in den ungefleckten Stellen vorhanden sein. Yocum[4] schreibt demgemäß die Salzflecken dem Hämaglobin des Blutes zu. Das bei seiner Zersetzung auftretende Hämatin soll wie ein Gerbmittel auf die Haut wirken.

H. Becker[5] führt die Salzfleckenentstehung auf Mikroorganismen zurück, da er aus den von ihm untersuchten ockergelben Salzflecken je ein aerobes Kugelbakterium und eine Torulahefe isolieren und in Reinkultur züchten konnte. Das Bakterium aus den ockergelben Salzflecken verflüssigte Gelatine und erzeugte einen ockergelben Farbstoff. Auf Blößenstücken gelang angeblich damit die künstliche Erzeugung von Salzflecken, die bis auf den Narben durchgingen.

Zu anderer Ansicht über die Salzfleckenentstehung gelangte G. Abt[6,7] auf Grund der von ihm bei Untersuchung von Salzflecken auf französischen Häuten erhaltenen Ergebnisse. Er konnte in mikroskopischen Schnitten von salzfleckigen Häuten dieser Art keine Bakterien innerhalb der Schnitte nachweisen. Das in den Salzflecken ermittelte Kalziumphosphat soll durch Umsetzung von Kalziumsulfat, das als Verunreinigung des zum Konservieren benutzten Salzes auf die Haut kommt, mit Ammoniumphosphaten, die sich beim Abbau von Nuklein-

[1] R. Weber: Über Salzflecken. Ref. Coll. 1913, 29.

[2] A. Rigot: Une théorie sur la formation des taches et piquures de sel. Le Cuir Technique 1932, 3.

[3] H. Yocum: The characteristics and commercial adaptability of hides. J. A. L. C. A. 1912, 135.

[4] H. Yocum: Salt stains. J. A. L. C. A. 1913, 22.

[5] H. Becker: Die Salzflecken. Coll. 1912, 408.

[6] G. Abt: Sur l'origine des taches de sel. Coll. 1912. 388.

[7] G. Abt: Mikroskopische Untersuchung der Haut und des Leders, angewandt auf das Studium der Salzflecken. Coll. 1914, 130.

säuren bilden, entstanden sein. Das bei dieser Umsetzung gebildete Ammoniumsulfat soll aus den schwerlöslichen Eisenverbindungen leichtlösliches Eisensulfat bilden. Eine Bakterienmitwirkung scheint Abt bei dieser Art Salzflecken wahrscheinlich, doch nicht erwiesen. Die zweite von Abt untersuchte Salzfleckenart ohne Kalziumphosphatgehalt soll durch Fixierung von Pigmenten aus der Haut durch anorganische Verbindungen entstanden sein. Bei einer dritten Art Salzflecken glaubt G. Abt[1] der Wirkung daraus isolierter Bakterien besondere Bedeutung beimessen zu müssen.

W. Eitner[2] macht neben Verunreinigungen des Konservierungssalzes vor allem eine bakterielle Schädigung der Häute durch zu spätes, unsauberes oder ungenügendes Salzen für die Salzfleckenentstehung verantwortlich. W. Moeller[3] unterscheidet in einer theoretischen Abhandlung Salzfleckenbildner „histogenen" und „mykogenen" Ursprungs. Als erstere kommen die sogenannten Melanine in Betracht, die eine Art Humingerbung der Haut bewirken sollen, als Salzfleckenbildner „mykogenen" Ursprungs Bakterienarten, die in ihrem Organismus Eisenhydroxyd oder molekularen Schwefel in Tröpfchenform aufzuspeichern vermögen. Diese Bakterien sollen unter den beim Abziehen und Salzen bzw. Lagern der Häute vorkommenden Bedingungen besonders lebhaft gedeihen und nach dem Absterben das Material für eine Eisen- oder Schwefelgerbung der Haut und damit für die Salzfleckenentstehung liefern.

Eine interessante Erklärung für die Salzfleckenentstehung gibt H. Péricaud[4, 5]. Darnach sollen nicht Bakterien für die Salzfleckenbildung verantwortlich zu machen sein, sondern proteolytisch wirkende Fermente, die bei der Koagulation der weißen Blutkörperchen frei werden. Wird die Haut gesalzen, bevor eine Koagulation des Blutes eingetreten ist, so sollen keine Salzflecken auftreten.

Die Ansicht, daß Blut bei der Salzfleckenbildung eine besondere Rolle spiele, wird auch von H. Vourloud[6] vertreten. Seiner Ansicht nach ist die gelbe Farbe der Salzflecken auf Eisen zurückzuführen, das aus dem Blut durch Bakterien in Freiheit gesetzt wird. Das Konservierungssalz soll keinerlei Rolle bei der Salzfleckenentstehung spielen, dagegen die Lagertemperatur der Häute von hervorragender Bedeutung sein.

F. Stather[7] konnte bei der histologischen Untersuchung salz-

---

[1] G. Abt: Sur le rôle d'un microbe dans la production des taches de sel sur la peau en poil. Coll. 1913, 204.

[2] W. Eitner: Salzen und Salzschäden. Gerber 1911, 29.

[3] W. Moeller: Zur Theorie über die Ursache der Salzflecken. Coll. 1917, 7, 55, 105, 153.

[4] H. Péricaud: La tache de sel est un phénomène d'autolyse. Le Cuir Technique 1925, 208.

[5] H. Péricaud: Biologie et prophylaxie préventive de la tache de sel. Le Cuir Technique 1916, 361.

[6] H. Vourloud: Étude sur la formation des taches de sel sur la peau en poil. J. J. S. L. T. C. 1925, 231.

[7] J. Stather: Untersuchungen über Salzflecken. Coll. 1928, 567.

fleckiger Häute in den stark zerstörten Stellen der Aasseite sowohl wie auch in den zerstörten Stellen der Narbenseite große Mengen von Mikroorganismen auffinden (Abb. 57). Die verschiedenen Bakterienarten wurden in Reinkultur gezüchtet und bakteriologisch untersucht. Dabei konnten zwei verschiedene Gelatine verflüssigende Arten von Bacillus mesentericus, eine Aktinomyzesart mit und eine ohne Gelatineverflüssigungsvermögen, drei Arten des Gelatine verflüssigenden Micrococcus pyogenes, eine Sarzinenart und ein Korynebakterium in den Salzflecken ermittelt werden. Zwei Arten des Micrococcus pyogenes waren ebenso wie die Salzflecken der Aasseite intensiv gelb bzw. gelbbraun gefärbt, die Aktinemyzesart vermochte einen bräunlichen Farbstoff auf dem Nährboden

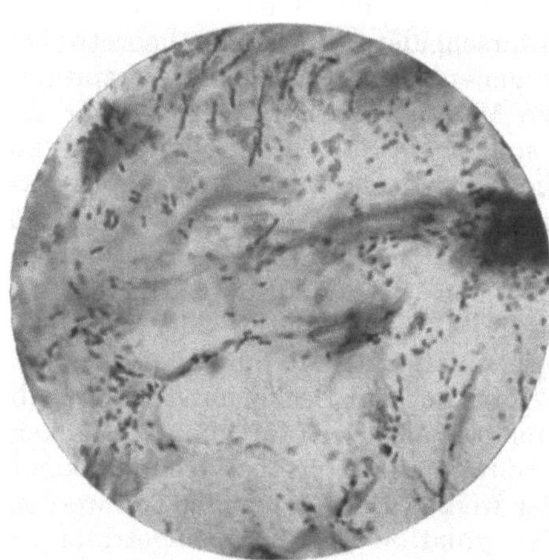

Abb. 57. Mikroorganismen in Salzfleckenstelle roher Kalbshaut (F. Stather).

abzuscheiden. Da die aufgefundenen Bakterienarten auch auf normalen Häuten bzw. im Weichwasser solcher festgestellt werden (F. Andreasch[1], J. T. Wood[2]) und sich auch in verschiedenen Salzsorten des Handels auffinden lassen (M. Tattevin[3]), kommt ihnen nach Ansicht Stathers zwar eine spezifische Wirkung zur Salzfleckenbildung nicht zu, eine effektive Mitwirkung bei der Bildung der speziell untersuchten Art Salzflecken ist aber zweifellos.

Die Angaben Vourlouds[4], daß Blut unter Mitwirkung von Bakterien zur Salzfleckenbildung Veranlassung geben kann, konnte Stather ebenso bestätigen wie die Feststellung Abts[5], daß aus Kalziumsulfat und Ammoniumphosphat eine bestimmte Salzfleckenart entstehen kann.

In einer neueren Arbeit stellt W. Hausam[6] fest, daß auch prinzipielle Unterschiede in der Bakterienflora der von Stather untersuchten deutschen und von ihm geprüften französischen Felle nicht bestehen und bei der immer etwas variierenden Zusammensetzung verschiedener Häute man stets mit kleinen Abweichungen der aus den Salz-

[1] F. Andreasch: Gärungserscheinungen in Gerbbrühen. Gerber 1895, 96.

[2] J. T. Wood: Properties and action of enzymes in relation to the leather manufacture. Ind. Eng. Chem. 1921, 1135.

[3] M. Tattevin: Le sel et les microbes. Ref. Le Cuir Technique 1928, 24.

[4] H. Vourloud: Étude sur la formation des taches de sel sur la peau en poil. J. J. S. L. T. C. 1925, 231.

[5] G. Abt: Sur l'origine des taches de sel. Coll. 1912, 388.

[6] W. Hausam: Zur Bakteriologie der Salzflecken französischer Kalbfelle. Coll. 1933, 495.

flecken abzüchtbaren Organismen rechnen müsse. Da M. Bergmann, W. Hausam, G. Schuck und L. Seligsberger[1] auch eine weitgehende Übereinstimmung der chemischen Zusammensetzung der Salzflecken französischer Herkunft mit den auf deutschen Häuten vorkommenden Salzflecken feststellten, kann mit großer Wahrscheinlichkeit angenommen werden, daß sich beide Salzfleckenarten in der Entstehungsursache nicht grundsätzlich unterscheiden.

Stather kommt auf Grund seiner Untersuchungen zu dem Ergebnis, daß die Zusammensetzung des angewandten Konservierungssalzes nicht die alleinige Ursache der Salzfleckenbildung sein könne. Er glaubt, daß immer mehrere Faktoren gleichzeitig zusammenwirken, und zwar neben der Beschaffenheit des Salzes das reichliche Vorhandensein von Mikroorganismen, welche durch Verwertung der Salzverunreinigungen und der Verunreinigungen der Haut und durch proteolytischen Abbau von Hautsubstanz sowie durch Farbstoffbildung fleckenbildend und hautzerstörend wirken. Es gibt nach seiner Ansicht verschiedene Salzfleckenarten, die auf verschiedene Weise entstehen. Im einzelnen Falle wird es von den äußeren Bedingungen, Temperatur und Feuchtigkeit des Lagerraumes, Art der Stapelung der Häute, Luftzutritt, Zusammensetzung des Salzes, Verunreinigung der Häute usw., abhängen, welche von den salzfleckenbildenden Teilvorgängen vorherrschen. Es können auch bei Anwendung von reinem Konservierungssalz, aber unter Begünstigung des Bakterienwachstums, diese Bakterien unter Abbau von Gewebesubstanz Fleckenbildung verursachen. Dies wäre der eine Grenzfall; das andere Extrem wären alle jene Fälle, wo solche Verunreinigungen des Salzes oder der Haut vorliegen, daß sie auch ohne jede Mitwirkung von Bakterien eine Befleckung oder Beschädigung der Haut bewirken müssen. Zwischen diesen beiden Grenzfällen dürfte die Mehrzahl der eigentlichen Salzflecken als kombinierte Schädigungen stehen.

Der neuerlich von B. Peter[2] geäußerten Meinung, daß ein Zusammenhang zwischen den gelben Salzflecken und den nach dem Enthaaren auf der Blöße sichtbar werdenden Narbenflecken nicht besteht, vielmehr nur dann Schäden auf dem Narben entstehen sollen, wenn die Flecken mit einer durch Haarlässigkeit gekennzeichneten Fäulnis von der Haarseite her zusammentreffen, stehen die Befunde von M. Bergmann und W. Hausam[3] bei praktischen Salzungsversuchen entgegen, bei denen einwandfrei festgestellt wurde, daß salzfleckige Felle trotz Fehlens jeglicher Fäulnisvorgänge auf der Haarseite im Fertigleder den für Salzflecken typischen Narbenschaden aufweisen.

Als Maßnahmen zur Verhinderung der Salzfleckenbildung haben alle Operationen Aussicht auf Erfolg, welche die Bakterientätigkeit auf

---

[1] M. Bergmann, W. Hausam, G. Schuck und L. Seligsberger: Über Häutesalze und Salzflecken französischer Herkunft. Ledertechn. Rundschau 1933, 25.

[2] B. Peter: Zur Salzfleckenfrage. Coll. 1932, 327.

[3] M. Bergmann und W. Hausam: Bericht über praktische Salzungsversuche. Ledertechn. Rundschau 1932, 121, 133.

tierischer Haut auf das geringstmögliche Maß zu beschränken vermögen und außerdem direkte chemische Veränderungen der Hautsubstanz ausschließen. Zur Vermeidung der Bakterientätigkeit wird man zunächst dafür Sorge tragen müssen, alle Stoffe, die selbst eine reichliche Menge Bakterien enthalten, wie Schmutz und Kot, von der frisch geschlachtenen Haut fernzuhalten bzw. zu entfernen. Auch von Blut und Lymphe, die, wie G. McLaughlin gezeigt hat, das Bakterienwachstum fördern bzw. nach den Angaben Vourlouds[1] direkt fleckenbildend wirken, müssen die Häute möglichst gut gereinigt werden. Diese Reinigung wäre am besten durch gründliches Waschen der Häute nach dem Schlachten zu erreichen. Durch eine solche Waschung würde auch ein großer Teil der jeder Haut anhaftenden Bakterien entfernt. Um eine starke Vermehrung der Bakterien auf der Haut zu vermeiden, dürfen die Häute nach dem Schlachten nur kurze Zeit bis zur Salzung liegen. Bei der Salzung müssen alle Teile der Haut gleichmäßig mit einem möglichst hohen Salzgehalt durchdrungen werden. Eine Behandlung der Häute mit einer sauberen, konzentrierten Salzlake vor dem Einsalzen dürfte diesen Salzungsforderungen am ehesten entsprechen. Zur Salzung darf nur frisches, unbenütztes Salz verwendet werden, das möglichst frei ist von schädlichen mineralischen Verunreinigungen, vor allem Eisen-, Kalk-, Magnesium- und Aluminiumverbindungen.

Von den verschiedenen, zur Verhütung von Salzflecken vorgeschlagenen Zusätzen zum Konservierungssalz hat sich der von B. Kohnstein[2] erstmals empfohlene Zusatz von etwa 3 bis 5% kalzinierter Soda am besten bewährt (J. Paeßler[3]; M. Bergmann und W. Hausam[4] [5]). Nach den Untersuchungen Stathers[6] werden sämtliche aus den Salzflecken isolierten Bakterienarten durch einen Sodazusatz zum Konservierungssalz in ihrem Wachstum stark gehemmt, während sie gegen die Einwirkung von reinem Kochsalz sehr beständig sind. Da nach Feststellungen von M. Bergmann und G. Schuck[7] im Konservierungssalz als Verunreinigungen vorhandene Kalzium- und Magnesiumverbindungen sich mit zugesetzter Soda zu Kalzium- bzw. Magnesiumkarbonat umsetzen und durch die so erfolgende Herabsetzung der Alkalität des Sodasalzes die hemmende Wirkung auf die Entwicklung der Salzfleckenbakterien herabgesetzt wird und da weiter nach Angaben von L. Seligs-

---

[1] H. Vourloud: Étude sur la formation des taches de sel sur la peau en poil. J. J. S. L. T. C. 1925, 231.

[2] B. Kohnstein: Salzflecken auf rohen Häuten. Coll. 1913, 395.

[3] J. Paeßler: Zur Frage der Verwendung von Soda als Vergälluugsmittel für Häutesalz. Ledertechn. Rundschau 1921, 169.

[4] M. Bergmann und W. Hausam: Bericht über praktische Salzungsversuche. Ledertechn. Rundschau 1932, 121, 133.

[5] M. Bergmann und W. Hausam: Bericht über praktische Salzungsversuche im Jahre 1932. Ledertechn. Rundschau 1932, 100.

[6] J. Stather: Untersuchungen über Salzflecken. Coll. 1928, 567.

[7] M. Bergmann und G. Schuck: Zur Praxis der Häutesalzerei mit Sodasalz. Ledertechn. Rundschau 1932, 41.

berger[1] bei Gegenwart größerer Mengen solcher Verunreinigungen das
Eindringen der Soda in die Haut, selbst wenn sie in genügenden Mengen
vorhanden ist, verhindert wird, dürfen in einem als Sodasalz angewandten Konservierungssalz nicht mehr als 1% an Kalzium- und
Magnesiumsalzen vorhanden sein.

Die gesalzenen Häute müssen zur Verhinderung von Salzflecken
möglichst kühl gelagert werden, keinesfalls soll die Lagertemperatur 15⁰ C
übersteigen.

Salzstippen.

Kleine, kristallähnliche Erhebungen und Stippen von etwa Nadel-
kopfgröße oder aber auch kraterförmig aufgebrochene, gesprenkelte, oft
sternförmige Vertiefungen von ebensolcher Größe, die vereinzelt oder in
ganzen Haufen sich auf der Narbenseite von Blößen und fertigem Leder
vorfinden, wurden seit langer Zeit vom Gerber als „Salzstippen" bezeichnet. Nach W. Eitner[2] und H. Vourloud[3] sollen sie auf ein Auskristallisieren des Konservierungssalzes oder seiner Verunreinigungen im
Narben zurückzuführen sein. Wenn trocken gesalzene Häute an einzelnen
Stellen zu stark austrocknen, wie dieses besonders häufig bei Häuten der
Fall ist, die zum Einschlagen von Häutebündeln benutzt werden, so soll
ein Auskristallisieren der in den Häuten enthaltenen Salzlake eintreten,
wobei je nach Umständen und der Dauer der Lagerung der Häute die
einzelnen Salzkristalle die Größe von Körnern erreichen sollen. Durch das
Entstehen und Wachsen von festen Körpern im Hautgewebe soll das
Fasergefüge zuerst gelockert und dann gesprengt werden. Bei der Verarbeitung der Häute und Felle sollen die Kristalle aufgelöst und ausgelaugt werden, die gelockerten oder mehr oder weniger gesprengten
Narbenstellen aber bleiben. In ihnen soll sich bei der Gerbung Gerbstoff,
hauptsächlich aber auch Farbstoff ansammeln, wodurch das lockere Gewebe, welches an und für sich in der Gerbung schon dunkler wird, noch
dunkler und fleckig erscheinen soll. A. Rigot[4] betrachtet als Ursache
der Salzstippenentstehung die Ablagerung von Kalziumkarbonat innerhalb der Narbenschicht, das durch Umsetzung von Kalkverbindungen,
die als Verunreinigungen des Konservierungssalzes auf die Haut gelangen,
mit Ammoniumkarbonat, das bei der fermentativen Zersetzung von Blut
gebildet wird, entstehen soll. Nach den neueren Untersuchungen von
M. Bergmann, W. Hausam und E. Liebscher[5] muß diese weitverbreitete Ansicht über die Entstehung der Stippen als unrichtig angesehen

---

[1] L. Seligsberger: Zur Kenntnis der Salzkonservierung mit Sodasalz. Coll. 1932, 814.

[2] W. Eitner: Zu den Theorien über Salzschäden. Coll. 1913, 397.

[3] H. Vourloud: Étude sur la formation des taches de sel sur la peau
en poil. Le Cuir Technique 1925, 148.

[4] A. Rigot: Une théorie sur la formation de taches et piquures de
sel. Le Cuir Technique 1932, 3.

[5] M. Bergmann, W. Hausam und E. Liebscher: Über den sogenannten Seilschaden und den gegenwärtigen Stand der Stippenfrage. Coll. 1933, 2.

werden. Es handelt sich vielmehr nach Ansicht der genannten Autoren auch bei diesen Stippen um die durch Haarpilze verursachten Erkrankungen der Haut, Trichophytie und Mikrosporie (siehe diese!) hervorgerufenen Haarpilzstippen, die ebenso wie auf der Haut des lebenden Tieres auch auf der toten, gesalzenen Haut durch Infektion dieser durch die betreffenden Hautpilze entstehen können.

Säure, Lederschäden durch stark wirkende, freie . . .

Zu den verbreitetsten Lederfehlern, insbesondere bei pflanzlich gegerbtem Leder, gehören die Schädigungen, die durch die Einwirkung stark wirkender freier Säuren, wie Schwefelsäure, Salzsäure oder Oxalsäure, auf das Leder verursacht werden. Säureschädigungen an einem Leder äußern sich zunächst in einem Weichwerden des Leders und einer häufig erst nach längerer Lagerdauer feststellbaren mürben Narbenbrüchigkeit, die weiter unter Umständen zu einem Mürbe- und Brüchigwerden oder Verfallen des ganzen Leders führen kann, in einer mehr oder weniger verminderten Reißfestigkeit und in einer verminderten Widerstandskraft des Leders gegenüber Abnützung. Stark wirkende freie Säuren können in pflanzlich gegerbtes Leder gelangen, wenn zur Entkälkung des Leders eine überschüssige Menge stark wirkender Säure benützt wird, wenn die zur Gerbung erforderliche Schwellung der Blößen durch Behandlung dieser in einer Lösung von stark wirkenden freien Säuren oder durch Zugabe stark wirkender freier Säuren zu den Farbbrühen erzielt wird, oder aber wenn zum Bleichen des Leders zu konzentrierte Lösungen stark wirkender Säuren benützt oder ein Säureüberschuß im Leder nicht wieder vollständig abneutralisiert oder ausgewaschen wird. Auch durch die Verwendung säurehaltiger Fette, Talg, Mineralöl, säurehaltiger Farbstoffe oder Appreturen können unter Umständen mehr oder weniger große Mengen stark wirkender Säuren in das Leder gelangen, ebenso wie Leder beim Gebrauch stark wirkende Säure aus der Luft aufnehmen kann. So ist z. B. das Schadhaftwerden und der Verfall von Buchbinderleder zum großen Teil auf eine Schädigung des Leders durch aus der Atmosphäre aufgenommene schweflige Säure zurückzuführen (R. W. Frey und J. D. Clarke[1]; F. Innes[2]).

Die Schädigung pflanzlich gegerbten Leders durch stark wirkende freie Säuren ist um so größer, je stärker die einwirkenden Säurelösungen, bzw. je mehr stark wirkende freie Säuren in dem Leder vorhanden sind und nimmt mit zunehmender Lagerdauer und bei höherer Lagertemperatur zu (J. A. Wilson[3]). Von den drei stark wirkenden Säuren, Schwefelsäure, Salzsäure und Oxalsäure, übt hinsichtlich Verminderung der Reißfestigkeit und Erhöhung der löslichen Hautsubstanz bei pflanzlich ge-

---

[1] R. W. Frey und J. D. Clarke: The decay of bookbinding leathers. J. A. L. C. A. 1931, 461.

[2] F. Innes: The deterioration of vegetable-tanned leather on storage. J. I. S. L. T. C. 1931, 480.

[3] J. A. Wilson: Destructive action of sulfuric and hydrochlorid acids upon leathers. Ind. Eng. Chem. 1926, 47.

gerbtem Leder Salzsäure die schädlichste Wirkung aus. Schwefelsäure benötigt eine längere Zeit, um eine Lederschädigung zu verursachen, Oxalsäure wirkt in den Anfangsstadien ziemlich stark auf das Leder, ähnlich wie Schwefelsäure, die Beschädigung des Leders schreitet aber nicht so stark fort wie bei der Schwefelsäure (V. Kubelka und E. Weinberger[1]). Die schädliche Wirkung stark wirkender freier Säuren im Leder wird durch ein Austrocknen des Leders nicht erhöht (J. A. Wilson und J. Kern[2]; V. Kubelka und E. Ziegler[3]); Leder widersteht im Gegenteil im trockenen Zustand häufig längere Zeit der Einwirkung der Säure, während die schädliche Wirkung zum Vorschein kommt, wenn das Leder auf einen gewissen Wassergehalt gebracht wird.

Nach Untersuchungen von R. C. Bowker und E. L. Wallace[4] weist pflanzlich gegerbtes Leder mit einem Gehalt an stark wirkender freier Säure nach längerer Lagerung stets dann eine mehr oder weniger starke Schädigung auf, wenn der p_H-Wert des Leders durch den Säuregehalt auf 3 oder darunter herabgesetzt wurde. Dabei ist es ohne Einfluß, welchen p_H-Wert das Leder vor der Säurebehandlung aufweist, welche Säuremenge zur Erniedrigung des ursprünglichen p_H-Wertes auf den kritischen p_H-Wert 3 notwendig ist, auf welche Weise und mit welchen Gerbmaterialien das Leder gegerbt ist, welchen Durchgerbungsgrad das Leder aufweist und ob das Leder trockener oder feuchter gelagert wird. Die Schädigung des Leders ist um so größer, je tiefer der p_H-Wert des Leders durch die Säurebehandlung unter p_H 3 erniedrigt wird. Eine Fettung des Leders kann die Säureschädigung des Leders, wenn die Säure vor der Fettung des Leders aufgenommen wurde, nicht verhindern (R. C. Bowker)[5].

Eine einwandfreie Methode zur quantitativen Bestimmung stark wirkender freier Säuren in pflanzlich gegerbtem Leder gibt es bis heute nicht, die zahlreichen vorgeschlagenen Methoden sind alle mit mehr oder weniger großen Fehlern behaftet und deshalb unbrauchbar. Zur qualitativen Ermittlung stark- wirkender freier Säure und zum Erhalt von Anhaltspunkten über eine eventuell schädliche Wirkung solcher auf Leder hat sich die Methode von F. Innes[6] bestens bewährt. Nach Innes ist aus theoretischen Gründen in einem pflanzlich gegerbten Leder die

---

[1] V. Kubelka und E. Weinberger: Die Wirkung der Säuren auf pflanzliches Leder I. Coll. 1933, 89.

[2] J. A. Wilson und J. Kern: Effect of relative humidity on the destruction of leather by acid. Ind. Eng. Chem. 1927, 115.

[3] V. Kubelka und E. Ziegler: Freie Säuren bei der Analyse von pflanzlich gegerbtem Leder IV. Coll. 1931, 876.

[4] B. C. Bowker und E. C. Wallace: The influence of p_H on the deterioration of vegetable-tanned leather by sulfuric acid. J. A. L. C. A. 1933, 125.

[5] B. C. Bowker: The influence of grease on the deterioration of chestnut and quebracho tanned leathers by sulphuric acid. J. A. L. C. A. 1931, 667.

[6] F. Innes: The deterioration of sulphuric acid in vegetable leathers. J. I. S. L. T. C. 1928, 256.

Anwesenheit stark wirkender freier Säuren anzunehmen, wenn die Differenz des p_H-Wertes des Auswaschverlustes und des p_H-Wertes der 10fachen Verdünnung des Auswaschverlustes zu 0,7 oder mehr als 0,7 gefunden wird. Eine schädliche Wirkung der im Leder vorhandenen Säure ist zu erwarten, wenn der p_H-Wert des Auswaschverlustes 3,0 oder weniger als 3,0 beträgt, aber auch bei p_H-Werten des Auswaschverlustes über 3,0 kann unter Umständen eine solche eintreten.

Schädigungen von Chromleder durch im Leder vorhandene, stark wirkende freie Säuren sind beträchtlich seltener als solche von pflanzlich gegerbtem Leder, da Chromleder eine größere Menge Säure enthalten kann als pflanzlich gegerbtes Leder, ohne zerstört zu werden. Da Chromleder anderseits eine große Empfindlichkeit gegenüber freien Säuren aufweist, ist anzunehmen, daß nur sehr geringe Mengen des Säuregehalts im Chromleder in Form von freier, schädlich auf die Ledersubstanz einwirkender Säure vorliegen (Wilson-Stather-Gierth[1]).

Sehr zahlreich sind Schädigungen von „Pelzleder", die in sogenannter Leipziger Zurichtung, d. h. durch Behandlung mit Schwefelsäure und Kochsalz zugerichtet wurden. Wird im Verhältnis zum Salz eine zu große Säuremenge hierbei angewandt oder durch Naßwerden des Pelzes ein Teil des von der Haut aufgenommenen Salzes ausgewaschen, so tritt sehr bald die stark zerstörende Wirkung der Schwefelsäure in die Erscheinung, die zu einem Mürbe- und Brüchigwerden und Verfallen des Pelzleders Veranlassung gibt. Alaungares Leder oder Leder, zu dessen Gerbung Aluminiumverbindungen mitverwendet wurden, enthalten nicht selten geringere Mengen stark wirkender freier Säuren, die durch Hydrolyse der zur Gerbung benützten Aluminiumverbindungen sich aus diesen abspalten. Zu einer Schädigung des Leders selbst geben diese freien Säuren nur in den seltensten Fällen Veranlassung.

Ein Gehalt des Leders an stark wirkenden freien Säuren muß nicht nur als Lederfehler betrachtet werden wegen der Gefahr der Schädigung des Leders selbst, sondern auch wegen anderer mit einem solchen Säuregehalt verbundener Übelstände.

Leder, das stark wirkende freie Säuren enthält, gibt bei längerer Berührung mit Metallteilen zu Korrosionserscheinungen des Metalls Veranlassung. Nähfäden, die zum Nähen solchen säurehaltigen Leders benützt werden, insbesondere Baumwoll- und Leinenfäden, werden durch die im Leder vorhandene, stark wirkende freie Säure mehr oder weniger rasch zerstört. Aufgetragene Farbstoffe, die nicht genügend säureecht sind, wie insbesondere Holzfarbstoffe, können durch stark wirkende freie Säuren im Farbton geändert und so Fleckenbildungen verursacht werden. Leder, die direkt mit der Haut des Menschen oder von Tieren in Berührung kommen und stark wirkende freie Säuren enthalten, wie Hutschweißleder oder Halfterleder, können unter Umständen zu Hautentzündungen Veranlassung geben.

---

[1] Wilson-Stather-Gierth: Die Chemie der Lederfabrikation. II. Bd., S. 1009.

Scheuerflecken.

Eine mechanische Beschädigung der empfindlichen Narbenschicht durch ein gegenseitiges Reiben und Scheuern der Blößen oder Leder im Faß kann je nach der Gerbungs- und Zurichtungsart der Leder zu größeren oder kleineren, unregelmäßig umrandeten, meist rundlichen, dunkler als das übrige, einwandfreie Ledergewebe gefärbten Flecken am fertigen Leder Veranlassung geben. Der Narben solcher Fleckenstellen ist im allgemeinen mehr oder weniger aufgerauht. Scheuerflecken an der Blöße entstehen besonders gern, wenn beim Äschern im Faß die Häute in zu stark geschwollenem, prallem Zustand stärker gewalkt werden. Wird Kalk zum Faßäschern mitverwandt, so können durch Reiben von gröberen Kalkteilchen mechanische Verletzungen der geschwollenen Narbenschicht auftreten. Um eine Beschädigung der Häute durch Scheuern am Faß während des Äscherns zu verhindern, muß das Äscherfaß groß genug gewählt werden, daß sich die Häute ausbreiten können, das Äscherfaß muß zur Verhinderung des Schleifens der Häute an der Faßwand genügend Zapfen enthalten, die Umdrehungszahl muß niedrig gehalten und längere Pausen in der Faßbewegung eingeschaltet werden; der Schwellungs- und Prallheitszustand der Häute muß durch Zugabe von Kochsalz zur Äscherbrühe in den gewünschten Grenzen gehalten werden. Bei der Faßgerbung können ebenfalls Narbenbeschädigungen durch Scheuern und Reiben der Leder aneinander oder an der Faßwandung entstehen, wenn das Faß zu klein gewählt wird oder wenn die Flüssigkeitsmenge im Verhältnis zur angewandten Hautmenge zu gering bemessen wird. Besonders gern treten solche Scheuerflecken beim Gerben von Blößen mit von Natur aus loserer Hautstruktur, z. B. Schaffellen, oder aber auch bei Häuten mit durch Fäulnis, Überäschern oder Überbeizen geschwächter Narbenschicht auf. Da die mechanisch beschädigten Narbenstellen Gerbstoff und Farbstoff meist sehr viel stärker aufnehmen, können Leder mit Scheuerflecken zur Herstellung von Farbledern im allgemeinen überhaupt nicht benützt werden.

Als Scheuerflecken können bis zu einem gewissen Grade auch die bei Zugtierhäuten durch andauerndes Reiben unrichtig sitzender Geschirrteile verursachten Narbenbeschädigungen (siehe diese!) angesprochen werden.

Schimmelflecken.

Viele Flecken und Sprenkel auf Leder sind auf die Entwicklung von Schimmelpilzen zurückzuführen. Entsprechend den verschiedenen Schimmelarten können sich Schimmelflecken als staubig weißer, grauer, blaugrüner, gelber, bräunlicher oder schwarzer Anflug oder Belag von verschiedenem Umfang, Größe und Verteilung oder auch als ausgesprochene Flecken, ähnlich Sommersprossen, auf dem Leder äußern. Da Schimmelflecken, wenn sie erst einmal auf einem Leder vorhanden sind, häufig durch keinerlei Operation ohne Schädigung des Leders wieder beseitigt werden können, und anderseits bei der überaus weiten Verbreitung von

Schimmelsporen überaus leicht sich entwickeln können, muß der Gerber
ihrer Vermeidung besondere Aufmerksamkeit widmen.

Aus der auf einem geeigneten Nährboden gebrachten Schimmel-
spore entwickelt sich zunächst eine spinnengewebsartige Masse langer,
dünner, vielseitig verzweigter Fäden, das sogenannte „Myzel" (Abb. 58).
Diese Myzelfäden erzeugen bald senkrecht von der Oberfläche sich er-
hebende „Hyphen", auf denen die Schimmelfrucht, die „Spore", sich
entwickelt. In trockenem Zustande bleiben diese der Fortpflanzung
dienenden Sporen viele Jahre lang keimfähig. Je nach der Art der
fruchttragenden Hyphen und der Natur ihrer Sporenbildung unterscheidet man verschiedene Schimmelgattungen: Mukor, Penizillium,
Aspergillus und Oidium, von denen insbesondere eine weiße Mukorart, ein
grüner Aspergillus und eine grüne Penzilliumart in der Gerberei verbreitet
vorkommen.

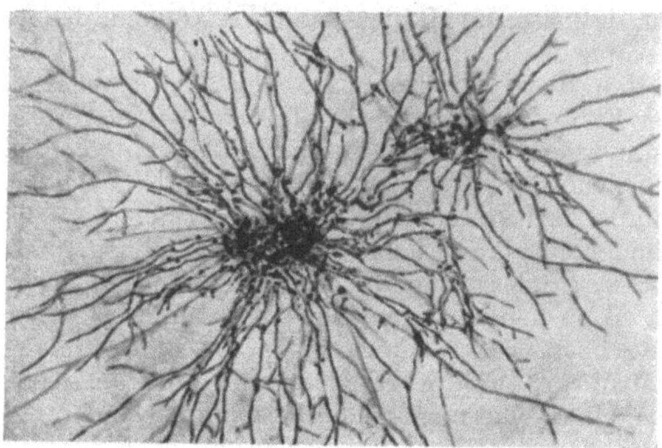

Abb. 58. Aspergillus niger aus Leder mit Schimmelflecken. 30fache Vergrößerung (J. A Wilson und G. Daub).

Bleiben Leder in feuchtem Zustand oder in feuchten Räumen lagern
und sind mit Schimmelsporen infiziert, die aus der Luft, aus dem Wasser,
durch den Fabrikationsprozeß, z. B. bei Verwendung alter verschimmelter
Gerbbrühen, Berührung mit schimmelinfizierten Teilen der Lagerräume,
durch Einlegen des Leders vor dem Stollen in schimmelinfiziertes Säge-
mehl usw., in das Leder gekommen sein können, so beginnt der Schimmel
in der oben angeführten Weise zu wachsen und sich über kleinere oder
größere Flächen auszubreiten. Häufig sind in feuchtem Zustande des
Leders die sich bildenden Schimmelbelage oder Flecken nicht oder nur
schwer zu erkennen, sie treten erst beim Trockenwerden des Leders in
Erscheinung. Mit dem Trockenwerden hört die Schimmelbildung auf,
tritt aber sofort von neuem ein, sobald den Schimmelpilzen durch erneutes Feuchtwerden des Leders Gelegenheit zu weiterem Wachstum ge-
boten wird. Eine Schimmelbildung auf Leder wird demgemäß befördert,
wenn das Leder wasseranziehende Stoffe, wie Glyzerin, Zucker, Kochsalz,

oder andere Stoffe, wie Dextrin, Stärke, Eiweiß usw., die einen guten Nährboden für Schimmelpilze darstellen, enthält. Erstreckt sich das Schimmelwachstum lediglich auf die Oberfläche des Leders, ohne in das Fasergefüge dieses selbst einzudringen, was allerdings nur sehr selten der Fall ist, so läßt sich der Schimmelbelag nach dem Trocknen durch einfaches Abbürsten wieder entfernen. In den meisten Fällen wachsen indessen die Schimmelpilze auch innerhalb des Lederfasergefüges selbst (Abb. 59). So entstandene Schimmelflecken lassen sich nicht mehr entfernen und bleiben besonders dann sichtbar, wenn es sich um dunkelgefärbte Schimmelarten, z. B. Aspergillus niger, handelt (J. A. Wilson und G. Daub[1]). Schimmelbildung auf Leder verhindert ein gleichmäßiges Anfärben und Glanzstoßen des Leders, so daß schimmelfleckiges Leder ein ungleichmäßiges, fleckiges Aussehen aufweist. Bei geglänzten Ledern bleiben Schimmelflecken matt, da das Leder an solchen Stellen keine Glanzappretur annimmt.

Zur Verhütung einer Schimmelbildung auf Leder darf dieses nicht in feuchtem Zustand liegen bleiben, muß rasch genug getrocknet werden und muß in genügend trockenen, gut gelüfteten Räumen gelagert werden. Es soll während der Herstellung nicht mit schimmelhaltigen Brühen und ebenso

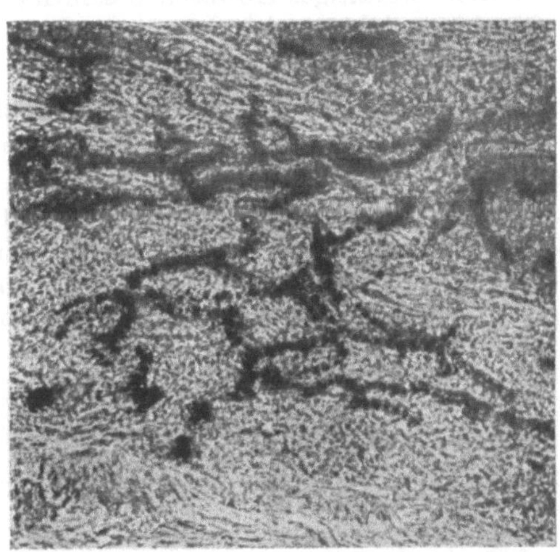

Abb. 59. Vertikalschnitt durch pflanzlich gegerbtes Kalbleder mit Schimmelflecken. 250fache Vergrößerung (A. Wilson und G. Daub).

während der Lagerung nicht mit schimmelbehafteten Gegenständen in Berührung kommen. Um einer Schimmelbildung vorzubeugen, können die Leder vor dem Auftrocknen mit Lösungen verschiedener, ein Schimmelwachstum verhindernder, Stoffe abgerieben, in diese eingetaucht oder damit gewalkt werden, unter Umständen können die Antiseptika auch den letzten Gerbbrühen oder Waschwässern oder aber den zur Lederherstellung verwandten Appreturen, Schwärzen, Fetten usw. direkt zugesetzt werden. Als solche Schimmel verhindernde bzw. hemmende Stoffe haben sich bewährt: Raschit, Parachlormetakresol in 0,03 bis 0,05%igen Lösungen, Fluornatrium in 2 bis 3%igen Lösungen, Sublimat in 0,05%iger Lösung, salizylsaures Natrium in 0,2%iger Lösung. Auch ganz schwache Chlorlösung soll Schimmelsporen abtöten. Synthe-

---

[1] J. A. Wilson und G. Daub: Aspergillus niger. J. A. L. C. A. 1925, 400.

tische Gerbstoffe, gegen Schluß der Gerbung angewandt, wirken ebenfalls einer Schimmelentwicklung entgegen.

Ist Leder bereits von Schimmelbildung befallen, so muß es durch Abbürsten von diesem befreit, zweckmäßig mit einer der oben angeführten antiseptischen Lösungen auf Narben- und Fleischseite ausgerieben, getrocknet und in nicht zu feuchten, gut gelüfteten Lagerräumen gelagert werden. Lassen sich die Schimmelflecke durch Abbürsten nicht entfernen, so kann dem Übelstand häufig dadurch abgeholfen werden, daß man die Leder nach oberflächlicher Entfernung des Schimmels erneut nachgerbt. Sind die Lederlagerräume durch Schimmel infiziert, so müssen sie durch sorgfältiges Abwaschen sämtlicher Wände, Böden, Decken usw. mit schimmelabtötenden Lösungen desinfiziert werden.

Schleimflecken bei der vegetabilischen Gerbung.

In den wärmeren Sommermonaten kommt es bei der pflanzlichen Gerbung öfters vor, daß im Farbengang auf der Narbenseite der Blößen weißliche Flecken von unregelmäßiger Umrandung und verschiedener Größe entstehen. Die Fleckenbildung tritt gewöhnlich in den allerersten, ältesten Farbbrühen auf, wobei im allgemeinen eine mehr oder weniger große Anzahl der diese Farben durchlaufenden Blößen von dieser Fleckenbildung in gleicher Weise befallen werden. An den weißlichen Fleckenstellen der Narbenseite dringt der Gerbstoff nicht in die Blöße ein, während von der Aasseite aus normale Gerbung erfolgt. Werden solche Blößenstücke nach dem Farbengang aufgetrocknet, so trocknen die Fleckenstellen infolge der einseitigen Angerbung auf der Narbenseite hornartig hart und tief dunkel gefärbt auf und bilden ausgesprochene Narbenvertiefungen (Abb. 60). Im Gange

Abb. 60. Schleimflecken auf Vacheleder aus der 3. Farbe aufgetrocknet. $^1/_3$ natürl. Größe.

der weiteren Gerbung verschwinden die so entstandenen einseitig angegerbten und stellenweise ungaren Stellen meist nicht, wenn das Leder ausschließlich in der Grube weiter gegerbt wird, häufig dagegen vollkommen, wenn es unmittelbar nach dem Farbengang der Faßgerbung unterworfen wird. Die weißliche Fleckenbildung in den Farben tritt oft ebenso plötzlich in einer Gerberei auf, wie sie auch wieder verschwinden kann.

Die Entstehung der weißlichen, die Angerbung verhindernden Flecken auf der Blöße ist auf ein Schleimigwerden der Gerbbrühen und

Ablagerung der gebildeten Schleimsubstanzen auf der Narbenseite der Blöße zurückzuführen (F. Andreasch[1]). Die Ursache der Schleimgärung in Gerbbrühen sind Bakterien, die in verschiedener Weise wirken können. Während einige aus dem Zucker des Nährbodens die Schleimsubstanz bilden und solche bei Abwesenheit von Zucker überhaupt nicht entsteht, verursachen andere nur in stark eiweißhaltigen Wachstumsmedien eine Schleimbildung. In den Gerbbrühen sind die Bedingungen für beide Arten von Schleimbildung gegeben, doch steht die Entstehung der Schleimsubstanz aus Eiweißstoffen insofern mit den praktischen Erfahrungen über Schleimfleckenbildung besser in Einklang, als diese stets nur in älteren Brühen, die größere Mengen gelöster Hautsubstanz enthalten, auftritt, in frischen Gerbstofflösungen dagegen nicht beobachtet wird. Andreasch konnte aus schleimig gewordenen Gerbbrühen als Erreger der Schleimgärung den Bacillus lactis viscosus (Adametz) und den Bacillus viscosus (Frankland) isolieren und damit in eiweißhaltigen Gerbbrühen Schleimgärung erzeugen, nicht dagegen in frischen Gerbbrühen.

Tritt Schleimgärung in größerem Umfange auf, so werden die Gerbbrühen dicker, in extremen Fällen kann das Dickerwerden solchen Umfang annehmen, daß sich die Brühen zu Fäden ausziehen lassen. So können neben der Bildung von Schleimflecken auf den Blößen den Gerber auch beträchtliche Materialverluste bei auftretender Schleimgärung treffen.

Die Sichtbarkeit im Farbengang entstandener Schleimflecken am fertigen Leder kann meist vollständig verhindert werden, wenn die Blößen an den Fleckenstellen, bevor eine stärkere Angerbung der Blößen stattgefunden hat, also spätestens nach Beendigung des Farbengangs, mit einer scharfen Bürste, eventuell mit etwas verdünnter Sodalösung ausgebürstet und abgespült oder aber gut auf der Narbenseite ausgestrichen werden. Häufig vermag auch eine unmittelbar an den Farbengang sich anschließende Faßgerbung ein Abreiben der aufgelagerten Schleimsubstanz und damit eine gleichmäßige weitere Gerbung auch der ursprünglich fleckigen Stellen zu ermöglichen. Schleimflecken bleiben im allgemeinen aus auf Blößen, die vor dem Einbringen in die infizierten Gerbbrühen mit einer desinfizierenden Lösung, etwa einer 3 bis 4%igen Fluornatriumlösung gewalkt wurden. Am besten werden indessen die alten Gerbbrühen, in denen Schleimflecken entstanden sind, ablaufen gelassen, die Gruben durch Abbürsten und Ausscheuern sorgfältig von der an der Wandung abgelagerten Schleimsubstanz gereinigt und zur Abtötung der die Schleimsubstanz bildenden Mikroorganismen mit strömendem Wasserdampf ausgedämpft. Auch ein Ausscheuern mit desinfizierenden Lösungen, wie Formalin-, Karbolsäure-, p-Chlor-m-Kresol-, Fluornatriumlösungen usw., führt bei sorgfältiger Durchführung zum Ziel.

---

[1] F. Andreasch: Gärungserscheinungen in Gerbbrühen. Die Schleimgärung. Gerber 1896, 3.

Schnittige Rohhaut.

Beim Abziehen der Haut vom Tierkörper kann die Haut leicht beschädigt werden. Wird vom abziehenden Schlächter nicht ganz sorgfältig gearbeitet, so zerschneidet das Abzugsmesser nicht nur das das Muskelgewebe des Tierkörpers und die Haut verbindende Unterhautbindegewebe, sondern dringt auch, besonders gern an den Stellen, an denen die Haut besonders innig mit dem Muskelgewebe verbunden ist, den Seitenteilen, von der Fleischseite aus in die Lederhaut selbst ein und beschädigt diese. Solche „Fleischerschnitte" oder, wenn es sich um Abschneiden eines ganzen Stückchens der Lederhaut von der Fleischseite aus handelt, „Ausheber", beeinträchtigen je nach ihrer Stärke die Verwendbarkeit der Haut für die Lederfabrikation in sehr starkem Maße. Der Schaden ist bei kleineren Fellen für die Oberlederfabrikation besonders groß, da Fleischerschnitte und Ausheber nach Fertigstellung des Leders

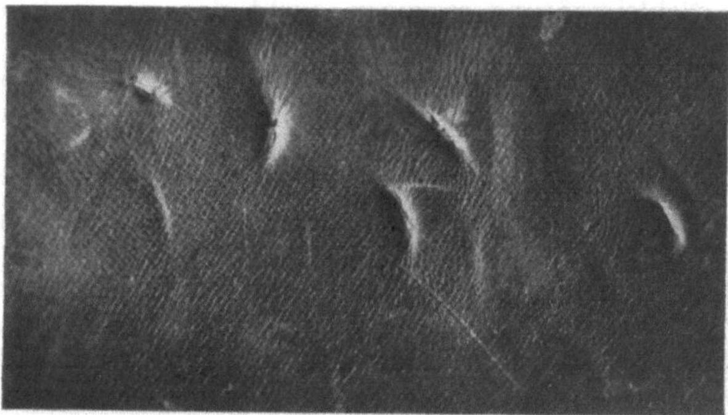

Abb. 61. Narbenseite eines Boxkalbleders mit Fleischerschnitten und Aushebern. $^1/_2$ natürl. Größe.

auch auf dem Narben meist stark hervortreten (Abb. 61). Für Lederarten, die auf Reißfestigkeit beansprucht werden, wie Treibriemenleder, sind stärker „schnittige Häute" vollkommen unbrauchbar. Durch unsachgemäßes Abziehen der Häute gehen alljährlich sehr große volkswirtschaftliche Werte verloren.

Zur Vermeidung von Fleischerschnitten und Aushebern ist eine Reihe verschiedener Sicherheits-Abhäutemesser, wie z. B. das Sicherheitsmesser von Schulz, der „Toro"-Enthäutungsapparat, der „Dickhäuter" der Stahlwarenfabrik Dick, Eßlingen, sowie der „Perco"-Apparat der Société francaise pour la depouille mécanique, vorgeschlagen worden, konnten sich aber bis heute eine stärkere Verbreitung noch nicht erringen.

Schwammige Beschaffenheit des Leders.

Eine schwammige, lose Beschaffenheit des Leders, mit der eine Reihe bei manchen Lederarten unerwünschter Eigenschaften, wie ungenügende Festigkeit, zu große Weichheit und Dehnbarkeit, zu großes

Wasseraufnahmevermögen und Wasserdurchlässigkeit usw., verbunden ist, kann in erster Linie in der Beschaffenheit des verarbeiteten Rohhautmaterials seine Ursache haben. Je dicker und fester das Fasergewebe der Lederhaut, je weniger aufgelockert durch dazwischenliegendes Fett- und Drüsengewebe, je schwächer die durch die Haareinbuchtungen gelockerte Papillarschicht im Verhältnis zur Retikularschicht, um so weniger wird bei sachgemäßer Herstellung des Leders dieses zu einer schwammigen Beschaffenheit neigen. Infolge der weniger festen und dichten Faserstruktur werden abfälligere Seiten- und Halsteile der Haut stets leichter ein schwammiges Leder liefern als die Teile des Kernstücks, ebenso wie zur Herstellung fester Unterlederarten eine in ihrer Struktur lockere und lose Bullenhaut als ungeeignet bezeichnet werden muß, weil sie auch bei sachgemäßer Lederherstellung ein schwammiges Leder liefern muß.

Jede stärkere Auflockerung des dicht verflochtenen Fasergewebes der Haut, sei es durch ein stärkeres Herauslösen von Hautsubstanz, sei es durch stärkere Schwellungserscheinungen, sei es durch eine unsachgemäße mechanische Beanspruchung, führt zu einem mehr oder weniger lockeren und schwammigen Leder.

Ein stärkerer Hautsubstanzverlust der Rohhaut kann verursacht werden durch die Entwicklung hautsubstanzabbauender Mikroorganismen infolge zu später, ungenügender oder unsachgemäßer Konservierung der Rohhaut. Nicht selten ist das Auftreten einer roten oder blauen Verfärbung (siehe diese!) auf der Fleischseite der Rohhaut während des Konservierungsprozesses ein Anzeichen für einen solchen durch Mikroorganismenentwicklung verursachten Hautsubstanzabbau, durch den ein Schwammigwerden des Leders verursacht wird. Ein übermäßiger Hautsubstanzverlust und damit ein schwammiges Leder kann erhalten werden bei unsachgemäßem Weichen der Rohhaut, zu langer Weichdauer, zu hoher Weichtemperatur, Verwendung fauler Weichbrühen, ebenso wie jedes Überäschern (siehe Äscherfehler!) oder Überbeizen (siehe Beizfehler!) zu einer schwammigen Lederbeschaffenheit führt.

Eine übermäßige Schwellung der Haut in den alkalischen Äscherbrühen, insbesondere hochkonzentrierten Schwefelnatriumbädern, bewirkt eine starke Auflockerung des natürlichen Hautfasergefüges und führt zu einem mehr oder weniger schwammigen, lockeren Leder. Auch eine übermäßige Schwellung mit sauren Lösungen bei Verwendung übermäßiger Säuremengen beim Entkälken, bei Anwendung zu starker Säurebäder vor der pflanzlichen Gerbung, bei zu hohem Säuregehalt der ersten Brühen des Schwellfarbenganges kann bei der pflanzlichen Gerbung zu einem schwammigen Leder führen, wenn die Schwellung so stark war, daß sie im Gange der Gerbung wieder zurückfällt.

Besonders stark tritt eine solche unerwünschte Auflockerung des Hautfasergefüges in die Erscheinung, wenn die Blößen in stark geschwelltem Zustand einer stärkeren mechanischen Bewegung im Faß oder Haspel unterworfen werden, wie überhaupt allgemein längeres und stärkeres Walken der Blößen oder des Leders im Faß leicht ein Lose- und Schwammigerwerden der Hautstruktur verursacht.

Nach verschiedenen Literaturangaben (W. Eitner[1]; N. N.[2]) sollen auch durch ein Gefrieren der Rohhaut die das Lederhautgefüge aufbauenden Kollagenfibrillen in ihrem Zusammenhang zu Faserbündeln gelockert bzw. eventuell ganz zerrissen und aus solch gefroren gewesener Haut ein loses, schwammiges, wenig haltbares Leder erhalten werden (vgl. Frostschäden!).

Eine lose und schwammige Beschaffenheit des Leders kann zwar durch die Einlagerung irgendwelcher Substanzen zwischen die Lederfasern, feste Fettstoffe, Gerbextrakt, zuckerartige Stoffe, Mineralsalzeinlagerung, Harze usw., eventuell auch durch starkes Walzen, Pressen oder Hämmern des Leders äußerlich verdeckt, keinesfalls aber im eigentlichen Sinne aufgehoben werden. Zur Verhinderung des Erhalts eines lockeren und schwammigen Leders ist es notwendig, die von Natur aus feste und dichte Beschaffenheit des Fasergeflechts der Rohhaut während der Konservierung und dem Lederherstellungsprozeß durch sachgemäßes Arbeiten im angeführten Sinne möglichst zu erhalten.

Schwefelausschläge.

Zu den Stoffen, die, wenn sie in zu großer Menge im Leder vorhanden, aus diesem austreten und zur Entstehung eines Ausschlags in Form eines Anflugs bzw. dünnen Belags Veranlassung geben können, gehört auch der Schwefel. Die weißlichen Schwefelausschläge kommen im allgemeinen nur bei zweibadgegerbten Chromledern, die mit Natriumthiosulfat reduziert wurden, vor und sind auf eine zu reichliche Schwefelablagerung in diesem zurückzuführen. Unter Umständen kann auch eine Schwefelablagerung im Leder, bedingt durch eine Vorbehandlung der Blößen mit Natriumthiosulfat, zur Erhöhung des Diffusionsvermögens pflanzlicher Gerbstoffe, zu einer Schwefelausschlagsbildung Veranlassung geben. Die zu reichliche Schwefelablagerung rührt von einer direkten Einwirkung der Mineralsäure auf das Natriumthiosulfat her. Das Auftreten von Schwefelausschlägen wird durch die bei der mechanischen Zurichtung des Leders auftretende Wärme begünstigt, aus diesem Grunde treten Schwefelausschläge bei glanzgestoßenen Ledern besonders nach dem Glanzstoßen in die Erscheinung. Nicht selten treten Schwefelausschläge mit Mineralstoff- und Fettausschlägen vergesellschaftet auf. Zur Vermeidung von Schwefelausschlägen müssen zweibadgegerbte, mit Thiosulfat reduzierte Chromleder so lange ausgewaschen werden, bis das Waschwasser mit Silbernitratlösung keine braunschwarze Färbung mehr gibt. Schwefelausschläge können im allgemeinen durch einfaches Abreiben des Leders, allenfalls Ausreiben mit Schwefelkohlenstoff, von diesem entfernt werden und kehren im allgemeinen nicht wieder.

---

[1] W. Eitner: Die Anwendung der Kälte in der Lederindustrie. Gerber 1910, 279.

[2] N. N.: Der Einfluß der Kälte auf rohe Häute und Felle. Ledertechn. Rundschau 1915, 44.

Selbsterhitzung von Leder.

Selbsterhitzung ist nach W. Eitner[1] bei jeder Art von Leder möglich, wenn die dafür erforderlichen Bedingungen vorhanden sind, doch tritt sie gewöhnlich nur bei bestimmten Ledersorten in solchem Ausmaße auf, daß sie selbst und ihre Folgen sich bemerkbar machen. Pflanzlich gegerbtes Leder neigt in besonderem Maße zur Selbsterhitzung. Bei längerem Lagern in Stößen, besonders wenn die Leder nicht genügend trocken auf Lager kommen, erwärmen sich pflanzlich gegerbte Leder unter Umständen bis zu solchen Graden, daß starke Verbrennungserscheinungen das Leder mehr oder weniger unbrauchbar machen (siehe Verbrennungsschäden!). Erfahrungsgemäß neigen besonders mit Blättergerbstoffen, insbesondere Sumach, ausgegerbte pflanzlich gegerbte Leder zur Selbsterhitzung. Türkische Schaf- und Ziegenleder, ostindische Ziegen- und Lammfelle zeigen häufig Verbrennungserscheinungen durch Selbsterhitzung, weil sie unvollständig ausgetrocknet in Ballen gepreßt zum Versand kommen. Durch Havarien beim Schiffstransport kann ebenfalls eine Selbsterhitzung solcher Felle eingeleitet werden. Besonders groß ist die Gefahr einer Selbsterhitzung und der damit verbundenen Schädigung des Leders, wenn mit leicht oxydabeln Fetten, z. B. Tranen, gefettete Leder in Stößen gelagert werden. In diesem Falle kann die bei der Oxydation des Fetts freiwerdende Wärme aus dem Innern der Stöße nicht entweichen. Bei mineralgarem Leder ist eine Selbsterhitzung seltener und kommt hauptsächlich bei glacégarem Leder vor, wo sie durch den Mehlgehalt der Gare hervorgerufen werden kann. Ebenso wird eine Selbsterhitzung bei fertigem Sämischleder, obgleich bei der Sämischgerbung selbst eine solche einen wichtigen Teil des Herstellungsprozesses ausmacht, nur selten bemerkt.

Wenn bei den Vorgängen der Selbsterhitzung auch typische Verbrennungserscheinungen des Leders auftreten und häufig auch eine Verkohlung des Leders bemerkt wird, so sind doch weder bei ungefettetem noch gefettetem Leder dabei irgendwelche Fälle von Selbstentzündung des Leders beobachtet worden.

Um Selbsterhitzung und die damit verbundenen Schadensmöglichkeiten des Leders zu vermeiden, dürfen Leder nur in gut getrocknetem Zustand in nicht zu großen Stößen in luftigen Räumen gelagert werden, die Lederstöße müssen besonders in der ersten Zeit regelmäßig von Zeit zu Zeit umgesetzt werden.

Selbstspalten von Haut und Leder.

Bei getrockneten Häuten, seltener auch einmal an einzelnen Stellen gesalzener Haut kommt es vor, daß die Häute beim Weichen, Äschern oder Beizen in zwei Schichten, eine Narben- und Fleischseitenschicht, zerfallen, daß sie den Übelstand des „Selbstspaltens" aufweisen. Der Fehler, der in diesem Falle als Konservierungsfehler angesprochen werden

---

[1] W. Eitner: Über Selbstentzünden von Verbrennen des Leders. Gerber 1917, 49.

muß, tritt auf, wenn Häute in der prallen Sonne zu stark getrocknet werden. Die Außenschichten der Haut trocknen dabei so rasch und stark aus, daß die Feuchtigkeit aus den Innenschichten der Haut nicht mehr entweichen kann. Bleiben solche Häute längere Zeit der Sonnenbestrahlung ausgesetzt, so kommt es in den noch stark wasserhaltigen inneren Schichten unter dem Einfluß der Wärme zu einer Verleimung der Hautsubstanz, beim Weichen oder Äschern gehen die verleimten Hautschichten in Lösung und lassen die beiden durch Trocknen konserviert gewesenen Außenschichten getrennt zurück. Tritt eine Verleimung der unausgetrockneten Innenschichten bei der Trocknung nicht ein, so ist während der Lagerung die unkonservierte Innenschicht einem mehr oder weniger starken Angriff durch Mikroorganismen unterworfen und kann durch Fäulnis angegriffen oder zerstört werden, wodurch in gleicher Weise ein Selbstspalten der Haut beim Weichen oder Äschern, zumindest aber eine starke Festigkeitsverminderung der inneren Hautschichten verursacht wird. Nach W. Eitner[1] kann ein Selbstspalten infolge unvollständiger Konservierung auch bei gesalzenen Häuten auftreten, und zwar an besonders starken Hautteilen, Kopf, Hals usw., wenn das Konservierungssalz nicht ausreichte, die ganze Dicke der Haut gleichmäßig zu durchdringen und die Innenschichten unkonserviert und fäulnisfähig blieben. Das Selbstspalten der Häute, verursacht durch unsachgemäße Konservierung der Rohhaut, braucht nicht unbedingt während der Vorarbeiten der Wasserwerkstatt in die Erscheinung zu treten. Je nach dem Grade der Schädigung der unkonservierten Innenschichten kann sich diese Schädigung auch während des Gerbprozesses durch eine ungenügende Gerbstoffaufnahme und verringerte Festigkeit dieser Schichten am fertigen Leder bemerkbar machen.

Ein Selbstspalten von Leder durch verringerte Festigkeit der Innenschichten kann indessen auch bei Verarbeitung einwandfrei konservierten Rohhautmaterials eintreten und muß in diesem Falle als Fabrikationsfehler angesprochen werden. Kommen im Farbengang ungenügend vom Gerbstoff durchbissene bzw. angegerbte Blößen in das Gerbfaß, so können die ungenügend angegerbten Innenschichten dieser infolge der bei der Faßgerbung durch Reibung entstehenden Wärme oder noch mehr, wenn die Faßgerbung bei erhöhter Temperatur durchgeführt wird, mehr oder weniger stark verleimen, infolge ungenügender Gerbstoffaufnahme ihre Festigkeit verlieren und zu einem Selbstspalten des fertigen Leders Veranlassung geben. Der Übelstand kann in gleicher Weise bei pflanzlich gegerbtem Leder eintreten, wenn die Gerbung mit zu hoch konzentrierten Brühen begonnen wird, insbesondere wenn die Haut eine starke Säureschwellung aufweist, so daß in den äußeren Schichten eine „Totgerbung" (siehe Durchgerbung, ungenügende!) eintritt, durch die eine Durchgerbung der inneren Schichten verhindert wird und diese unter dem Einfluß der Wärme bei der Faßbehandlung dann teilweise verleimen. In gleicher Weise kann bei mineralgarem Leder, insbesondere Chromleder,

---

[1] W. Eitner: Zu den Theorien über Salzschäden. Gerber 1913, 114.

eine verminderte Festigkeit der Innenschichten und damit ein Selbstspalten auftreten, wenn das Leder mit zu stark basischen Gerblösungen angegerbt wird, so daß infolge zu starker Mineralstoffablagerung und Verstopfung der Außenschichten eine gleichmäßige Durchgerbung verhindert wird und unter dem Wärmeeinfluß bei der Faßgerbung, beim Fetten usw. eine Verleimung der Innenschichten eintritt.

Zur Verhinderung eines Selbstspaltens von Haut und Leder dürfen Häute nicht in der prallen Sonne zu rasch getrocknet werden, bei der Salzkonservierung müssen sie gleichmäßig in allen Schichten vom Konservierungssalz durchdrungen werden, also insbesondere an stärkeren Hautteilen mit genügenden Salzmengen bestreut werden. Die Blößen dürfen nur in genügend angegerbtem Zustand der Faßgerbung, insbesondere solcher bei erhöhter Temperatur, unterworfen werden. Die pflanzliche Gerbung muß auch im Faß mit allmählich in der Konzentration ansteigenden Gerbbrühen erfolgen, bei der Mineralgerbung dürfen bei Beginn der Gerbung nicht zu hochbasische Gerbbrühen Verwendung finden.

Sonnenbrandige Haut.

Werden Häute zum Zwecke der Konservierung bei zu hoher Temperatur in zu praller Sonnenhitze getrocknet, so kann eine stellenweise oder über die ganze Haut sich erstreckende Veränderung des Hautgewebes eintreten, durch die die normale Quellbarkeit der Hautproteine verlorengeht. W. Eitner[1] konnte die Möglichkeit einer solchen irreversiblen Veränderung von Haut beim Trocknen durch die Feststellung bestätigen, daß sich bei 60⁰ C im Trockenschrank getrocknete Hautstücke überhaupt nicht befriedigend mehr erweichen ließen, bei 35⁰ C getrocknete Stücke nach mehreren Tagen bei zweimaligem Strecken vollkommen erweicht waren, während im Vakuum bei 15⁰ C getrocknete Hautstücke sich leicht

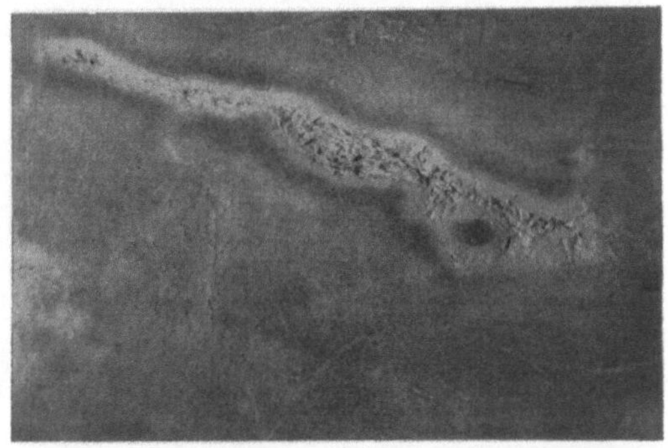

Abb. 62. Vacheleder aus sonnenbrandiger Haut. ¹/₄ natürl. Größe.

ohne mechanische Bearbeitung erweichen ließen. Sonnenbrandige Häute bzw. Stellen lassen sich nur schwer oder ungenügend erweichen, sie gehen im Äscher nicht genügend auf, verhalten sich in der Beize andersartig als normale Häute und nehmen bei der Gerbung den Gerbstoff nur schwer oder gar nicht an. Beim Auftrocknen

---

[1] W. Eitner durch E. Stiasny: Gerbereichemie (Chromgerbung) 1931.

der Leder werden die entsprechenden Stellen hornartig hart und fallen auf Narben und Fleischseite ein (Abb. 62). Nach Polus und Biro[1] können solche sonnenbrandige Stellen durch eine Behandlung der Blößen mit 10%iger Ammoniaklösung der Gerbung zugänglich gemacht werden.

Spaltfehler.

Ungleichmäßige Stärke eines Oberleders, stufenförmig abgehackte Einschnitte auf der Aasseite, sogenannte „Treppen", Ausheber auf der Fleischseite und selbst Löcher können unter Umständen auf ein unsachgemäßes Spalten der Häute zurückzuführen sein. Ungleichmäßiges Spalten und die Bildung treppenförmiger Einschnitte können auftreten, wenn das Spaltmesser nicht fest genug in der Maschine sitzt oder das Messer keine genügende Schneide aufweist. Kommt die Haut faltig oder mit auf der Oberfläche der Haut aufliegenden Fremdkörpern, Sandkörnern, Hautresten usw., durch die die Gesamtdicke der in die Spaltmaschine einlaufenden Haut vergrößert wird, in die Spaltmaschine, so resultieren an solchen Stellen stärker ausgespaltene „Ausheber" oder gar Löcher.

Stacheldrahtrisse.

Unter den zahlreichen Narbenschäden, die vor allem das Aussehen großflächiger Leder beeinträchtigen, spielen Stacheldrahtrisse eine beträchtliche Rolle. Die rißartigen, vernarbten oder offenen Verletzungen des Narbens der Haut (Abb. 63), oft von beträchtlicher Tiefe und Länge, stellen ebenso wie die Dornhecken- und Striegelrisse mechanische Verletzungen der Haut am Körper des lebenden Tieres dar. Stacheldraht bildet in Europa ein beliebtes Einzäunungsmittel und dient auch auf den Weidefeldern Südamerikas als Umzäunung; die wenigen schattenspendenden Bäume sind mit Stacheldraht umzäunt und ebenso die Arbeitswege zur Bahn und zum Schlacht-

Abb. 63. Verwachsene Stacheldrahtrisse auf dem Narben unzugerichteten Vachettenleder. $^2/_3$ natürl. Größe.

hof. Durch Scheuern am Stacheldraht der Umzäunung zur Verminderung eines Juckreizes bringt sich das Vieh häufig absichtlich Hautverletzungen bei. Stacheldrahtrisse werden wie die Dornhecken-

---

[1] P. Polus und G. Piro: Chem. Zentr. 1931, I, 403.

und Striegelrisse an der Rohhaut meist vollständig vom Haarkleid verdeckt und können erst nach dem Entfernen dieses auf dem Narben der Blöße festgestellt werden. Stacheldraht verursacht auch auf Zahmhäuten einen nicht unbeträchtlichen Schaden,[1] der durch zweckdienliche Einzäunungen im Interesse der Lederwirtschaft und der ganzen Volkswirtschaft vollkommen vermieden werden könnte.

Striegelrisse.

Striegelrisse stellen eine der häufigsten mechanischen Verletzungen der Zahmhäute dar. Sie entstehen beim Reinigen der Tiere bei Benützung von neuen Striegeln mit zu scharfen Zähnen oder von alten Striegeln mit beschädigten Zähnen, wie überhaupt jedes zu starke Aufdrücken des Striegels Verletzungen der Haut von mehr oder minder großer Tiefe verursacht. Der wie Dornhecken- und Stacheldrahtrisse erst auf dem Narben der geäscherten Haut sichtbar werdende Striegelschaden besteht in rißartigen, vernarbten oder offenen Verletzungen der Haut, die meist je nach der Striegelführung in geschwungenen Bogen vom Rücken der Haut nach den Seiten

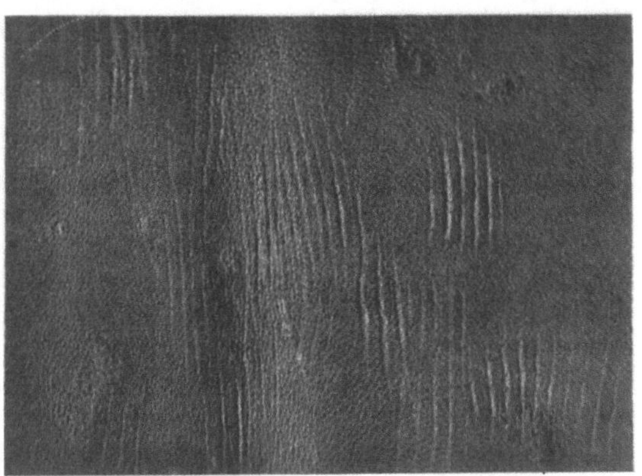

Abb. 64. Striegelrisse auf dem Narben eines Fahlleders. $^2/_3$ natürl. Größe.

zu verlaufen, im Gegensatz zu Dornhecken- und Stacheldrahtrissen (siehe diese!) nicht unregelmäßig, sondern in parallel nebeneinander verlaufenden Linien, die bei entsprechender Striegelführung auch ineinander übergehen können (Abb. 64).

Stockflecken, rote und blaue auf Chromleder.

M. Bergmann und F. Stather[2] beschreiben das Auftreten von kleinen rosa gefärbten und größeren, unregelmäßig umrandeten, dunkelgraublauen Stockflecken auf neutralisiertem, ungefärbtem und ungefettetem Chromkalbleder, das in Haufen von 150 bis 200 Stück feucht längere Zeit gelagert worden war. Die zartrosa Flecken, von Stecknadelkopfgröße bis zu etwa 2 mm Durchmesser, entstanden vom Rande der Felle aus-

---

[1] A. Gansser: Häuteschäden und deren Bekämpfung. Gerber 1928, 97; siehe dort weitere Literaturangaben.

[2] M. Bergmann und F. Stather: Rote und blaue Stockflecken auf feuchtem Chromleder. Coll. 1929, 326.

gehend unregelmäßig über das ganze Leder verstreut, zeigten keine scharfe Umrandung und sahen wie zarte rosa Farbspritzer aus. Sie schienen von der Narbenseite aus allmählich in das Ledergewebe vorzudringen, ohne daß makroskopisch unter der rötlichen Verfärbung irgendeine Schädigung des Leders festzustellen war. Die etwas größeren dunkelgraublauen Flecken entstanden erst bei längerer feuchter Lagerung. Die befallenen Leder rochen ausgesprochen muffig. Am fertig zugerichteten Leder war von den Stockflecken bei dunkler Färbung nichts mehr zu sehen, bei hellen Farben konnten die ehemals roten Flecken noch durch eine etwas hellere Färbung festgestellt werden.

Als Ursache der beschriebenen Stockfleckenbildung konnten Bergmann und Stather durch histologische und bakteriologische Untersuchung der fleckig gewordenen Leder eine den Bakterien zuzuzählende Strahlenpilzart (Aktinomyzesart) ausfindig machen.

Sulfidflecken auf der Blöße.

Beim Äschern von Häuten und Fellen in sulfidhaltigen Äscherbrühen entstehen häufig größere oder kleinere blauschwarze Flecken, die allgemein auf die Ablagerung von blauschwarzem Eisensulfid in der Blöße zurückgeführt werden. Nach W. Schultz[1] weisen jedoch solche Eisensulfidflecken auf der Blöße eine intensivere Farbe auf als ein großer Teil der auf der Blöße vorkommenden Verfärbungen und sind mehr auf einzelne Stellen beschränkt als die Verfärbungen, die oft die ganze Haut bedecken. Da eine Vorbehandlung der Häute vor dem Sulfidäscher mit alkalischen Lösungen (einige Tage reiner Kalkäscher, 16 Stunden 0,25%ige Natronlauge) das Auftreten der blauen Sulfidflecken verhindert, nicht aber eine Vorbehandlung mit sauren Lösungen, kann Eisen nicht als ihre Ursache betrachtet werden. Nach Schultz treten die Flecken häufiger auf schlecht konservierten Häuten als auf gut konservierten Häuten auf, ihre Intensität nimmt mit der Dauer der Konservierung zu. Da mit der Zunahme der Sulfidfleckenbildung ein zunehmender Hautsubstanzverlust der Häute parallel geht, vertritt Schultz die Meinung, daß während der Konservierung, vor allem mangelhaften Konservierung, eine Zersetzung von Hautsubstanz stattfindet und die Sulfide solcher Zersetzungsprodukte, z. B. etwa Sulfoxyhämoglobin, die wirkliche Ursache der blauen Sulfidflecken seien.

Treibstachelschäden.

In Mittel- und Südfrankreich, aber auch in Spanien, wird trotz seiner Grausamkeit und behördlicher Verbote häufig zum Antreiben des Viehs ein lanzenartiger Stab mit Eisenspitze, der sogenannte Treibstachel (Aiguillon) benützt. Der Treibstachel verursacht kleine, stichartige Verletzungen der Haut von verschiedener Tiefe, die zum Teil wieder vernarben. Die Häute mit dem Treibstachel angetriebener Tiere sind nicht

---

[1] W. Schultz: Sulphid stains on white hide. J. A. L. C. A. 1928, 356.

selten auf dem Schild mit Treibstachelschäden übersät. Da der Schaden am fertigen Leder unvermindert sichtbar bleibt, sind solche Häute stark wertvermindert (Abb. 65). Treibstachelschäden treten, da sie an der

Abb. 65. Treibstachelschaden auf schwarzem Boxkalbleder. $^1/_2$ natürl. Größe.

Rohhaut durch das Haarkleid weitgehend verdeckt sind, meist erst auf dem Narben der geäscherten Blöße in vollem Umfange in Erscheinung. Nach ihrer Beschaffenheit stimmen sie mit den Mistgabelstichen (siehe diese!) überein.

Trichophytie, Haut- und Lederschäden durch . . .

Trichophytie, eine bei Mensch und Tier weitverbreitete Hautkrankheit aus der Gruppe der sogenannten Dermatomykosen, Hautkrankheiten, die auf die Entwicklung und Vermehrung parasitärer Pilze in der Haut des Wirtstieres zurückzuführen sind, ist nach neueren Untersuchungen als Ursache verbreiteter Haut- und Lederschäden anzusehen. Die pflanzlichen Erreger der Trichophytie gelangen durch Ansteckung von Tier zu Tier auf die gesunde Haut, befallen zunächst die Haare und finden durch den Haarbalg den Weg zu dem übrigen Haut gewebe. Trichophytie zeichnet sich durch die Vielgestaltigkeit ihrer Symptome aus.

Die Primärwirkung der Spaltpilze kann die Krankheitserscheinungen mehr auf die Hautoberfläche konzentrieren oder sich nach der Hauttiefe erstrecken. Bei der Tiefentrichophytie kommt es schnell zu Vereiterungen des erkrankten Gewebes, und in weiter fortgeschrittenen Fällen werden ganze Gewebsteile verdrängt und zerstört. Nach M. Bergmann, W. Hausam und E. Liebscher[1] weist die Narbenseite eines durch Tiefentrichophytie an der Haut des lebenden Tieres beschädigten

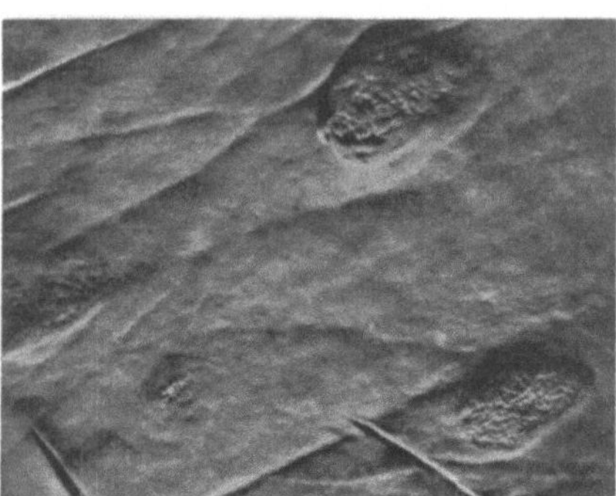

Abb. 66. Durch Tiefentrichophytie beschädigtes Kalbleder. $^1/_2$ natürl. Größe (M. Bergmann, W. Hausam und E. Liebscher).

chromgaren Kalbleders 1 bis 3 cm große, meist ovale Löcher auf (Abb. 66). Die unter dem Narben liegenden Teile der Lederhaut sind an diesen Stellen weitgehend zerstört und der darüberliegende stark angegriffene Narben eingesunken. Während die Narbenoberfläche des schadhaften Leders bei histologischer Untersuchung von den genannten Forschern so gut wie frei von Sporen und Myzel der Spaltpilze befunden wurde, waren alle Schnitte durch das verletzte Narbengewebe und seine Umgebung mit Sporenhaufen und Myzelien durchsetzt. Insbesondere fanden sich solche in dem Krater der Haarlöcher, in den Haarkanälen selbst und in der Umgebung der noch vorhandenen Haarwurzeln,

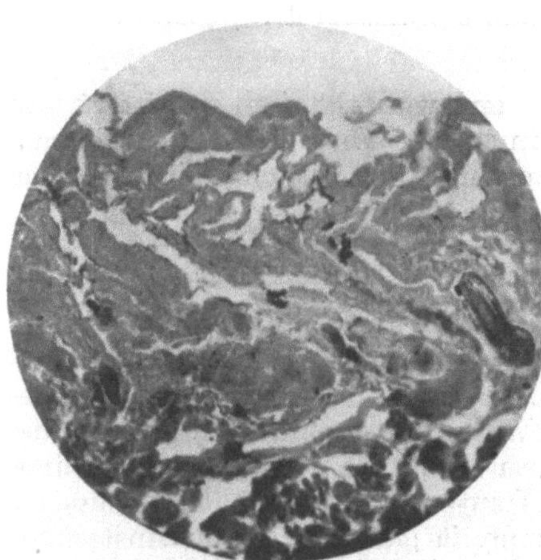

Abb. 67. Vertikalschnitt durch Kalbshaut mit Fraßlöchern infolge Trichophytie unterhalb des Narbens. An den Wänden der Fraßlöcher Organismen. 65fache Vergrößerung (M. Bergmann, W. Hausam und E. Liebscher).

ebenso überall in der benachbarten oberen Papillarschicht. In dieser waren zahlreiche Fraßlöcher festzustellen, an deren Wänden die Schadenstifter wie eine Deckschicht verteilt waren (Abb. 67).

Oberflächentrichophytie entsteht, wenn bei der primären Trichophytieerkrankung unter dem Einfluß der Abwehrkräfte die Trichophytiepilze vernichtet oder ausgestoßen werden und der Krankheitsherd von keratinähnlichen Massen erfüllt wird, die makroskopisch auf der Oberfläche der Haut als Bläschen oder Krusten in die Erscheinung treten. Die gleichen Bläschen und Krusten können auch bei einem zweiten Stadium der Trichophytieerkrankung auftreten,

[1] M. Bergmann, W. Hausam und E. Liebscher: Dermatophyten als Erreger von Lederschäden. Coll. 1931, 248.

wenn von der primären Angriffs-
stelle der Hautpilze aus diese
durch Blutund Nervenbahnen
sich ausbreiten und abseits
der ursprünglichen Infektions-
stelle sekundäre Erkrankungen
bewirken.

Nach M. Bergmann, F.
Stather, W. Hausam und E.
Liebscher[1] ist als Ursache des
bisher meist fälschlicherweise als
„Salzstippen,, bezeichneten Haut-
schadens Oberflächentrichophytie
anzusprechen. Entsprechend ist
dieser Hautschaden am besten
mit „Haarpilzstippen" zu bezeichnen. Haarpilzstippen äußern

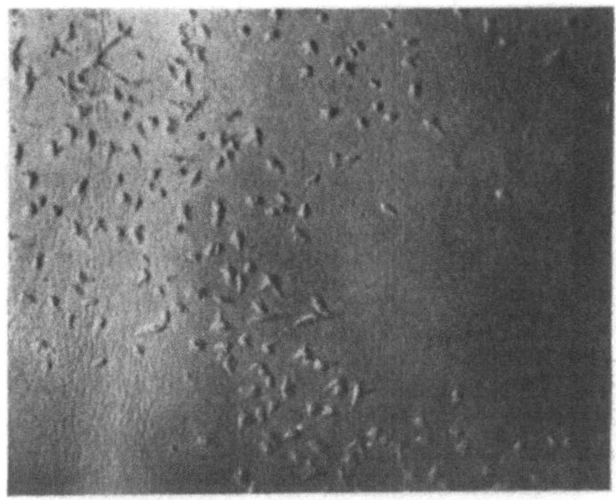

Abb. 68. Haarpilzstippen auf chromgarem
Kalbleder. Natürl. Größe (M. Bergmann, W. Hausam und E. Liebscher).

sich vereinzelt oder in ganzen Haufen als kleine, nadelkopfartige oder
gesprenkelte Erhebungen, Verkrustungen oder Bläschen, die am fertig
zugerichteten Leder häufig sternförmig aufgebrochen sind (Abb. 68). In

histologischen Schnitten
durch Haarpilzstippen
ist eine starke Verän-
derung des Unternarben
gewebes festzustellen,
dagegen keine Gewebs-
zerreißungen, wie sie
auftreten müßten, wenn
der Schaden durch ein
Auskristallisieren von
Konservierungssalz in-
nerhalb des Fasergefüges
der Haut entstanden
wäre. Die natürlichen
Hautfasern sind an den
Stippenstellen weitge-
hend verändert und
durch schollige, keratin-
ähnliche Massen er-
setzt, die bei Chrom-
leder infolge ihres er-
heblichen Chromgehal-
tes stark grün gefärbt

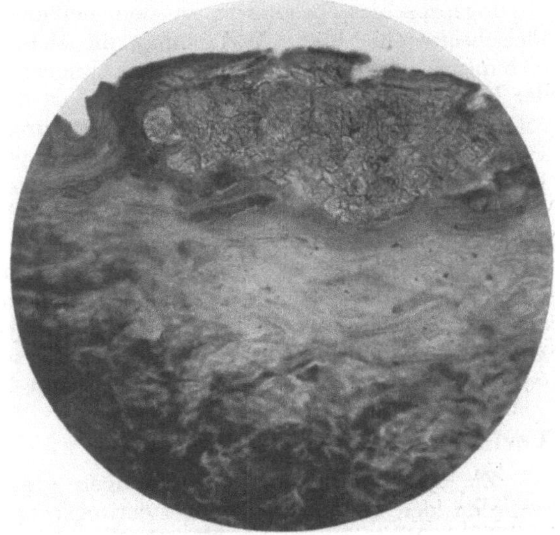

Abb. 69. Vertikalschnitt durch Haarpilzstippe in
Boxkalbleder. 60fache Vergrößerung (M. Bergmann, W. Hausam und E. Liebscher).

sind. Die Schadensstellen sind stets deutlich gegen die gesunde Umgebung
abgegrenzt (Abb. 69). In sämtlichen Untersuchungsproben fanden die ge-

[1] M. Bergmann, F. Stather, W. Hausam und E. Liebscher: Über
die sogenannten Salzstippen. Coll. 1931, 538.

nannten Autoren mit den Stippen vergesellschaftet regelmäßig unzählige Mikroorganismen von den verschiedensten Formen, elliptische Gebilde, verschiedener Größe, fadiges Myzel, Rosenkranzformen und oidienartige Bildungen. Stets erwiesen sich die scharf umgrenzten, mit scholligen Massen angefüllten Schadensstellen vollkommen frei von Mikroorganismen, dagegen waren solche haufenweise in der Narbenschicht über den Schadensstellen festzustellen. Nach all diesen Symptomen muß diese Stippenbildung als Oberflächentrichophytie angesprochen werden.

Eine makroskopisch von den durch Trichophytiepilzen verursachten Haarpilzstippen nicht unterscheidbare Stippenbildung wird nach M. Bergmann, W. Hausam und E. Liebscher[1] durch Mikrosporie (siehe diese!) verursacht.

Nach neueren Mitteilungen der gleichen Autoren[2] kann sich Trichophytie und Mikrosporie nicht nur an der Haut des lebenden Tieres, sondern auch der toten, gesalzenen Haut entwickeln und ausbreiten. Haarpilzstippen sind nach ihrer Angabe mit dem als „Salzstippen" häufig bezeichneten Häuteschaden identisch.

Verfärbung, blaue, der Rohhaut.

Auf gesalzenen Rohhäuten entsteht häufig während des Konservierungsprozesses, besonders in den heißen Sommermonaten, auf der Fleischseite eine blaue Verfärbung, die sich, ähnlich wie die rote Verfärbung der Rohhaut, ohne scharfe Umgrenzung über größere Flächen der Fleischseite ausbreitet. H. Becker[3] ist der Meinung, daß sie aus der roten Verfärbung bei höheren Temperaturen entstehe, doch konnten F. Stather und E. Liebscher[4] diese Angabe keineswegs bestätigen. Die blaue Verfärbung der Fleischseite gesalzener Rohhaut ist bis heute weder histologisch noch bakteriologisch eingehender untersucht worden, doch wird man mit der Annahme, daß sie wie die rote Verfärbung durch die Entwicklung farbstoffbildender Mikroorganismen verursacht werde, kaum fehlgehen. Nach praktischen Erfahrungen ist anzunehmen, daß auch diese blaue Verfärbung der Fleischseite nicht ganz harmlos ist und ähnliche Veränderungen der Qualität des fertigen Leders zu verursachen vermag wie die rote Verfärbung (siehe diese!).

Verfärbung, rote, der Rohhaut.

Zu den häufigsten Veränderungen gesalzener tierischer Rohhaut während der Dauer des Konservierungsprozesses gehört eine rosa bis ziegelrote Verfärbung der Fleischseite der Rohhaut. Die Verfärbung tritt besonders in den heißen Sommermonaten in allen Nuancen von einem

---

[1] M. Bergmann, W. Hausam und E. Liebscher: Mikrosporie als Ursache von Stippen. Coll. 1932, 130.

[2] M. Bergmann, W. Hausam und E. Liebscher: Über den sogenannten Seilschaden und den gegenwärtigen Stand der Stippenfrage. Coll. 1933, 2.

[3] H. Becker: Die Salzflecken. Coll. 1912, 408.

[4] F. Stather und E. Liebscher: Über das Rotwerden gesalzener Rohhäute. Coll. 1929, 427.

schwachen Rosa oder Orangerot bis zum dunklen Ziegelrot auf. Sie erstreckt sich meist über größere Flächen der Fleischseite, oft auch über die ganze Fleischseite und läßt nur selten eine scharfe Umrandung erkennen, der Übergang zum veränderten Aas ist ein allmählicher. Die Fleischseite, besonders an stärker rotgefärbten Stellen, sieht oft eigentümlich feuchtglänzend aus und fühlt sich schleimig an. Stellen der Aasseite, an denen sich Fleischreste befinden, scheinen im allgemeinen besonders leicht von der Verfärbung befallen zu werden. Die Verfärbung greift von Fellhaufen zu Fellhaufen über. Sie tritt in den Randpartien der Felle nicht häufiger auf als in den Mittelpartien, stets sind dagegen solche Stellen von der Verfärbung frei, an denen die Luft infolge Umschlagens des Felles keinen Zutritt hatte. An Stellen stark ziegelroter Verfärbung der Fleischseite wird häufig Haarlässigkeit der Felle in verschiedener Stärke beobachtet.

Der Farbstoff der ziegelroten Verfärbung ist nach F. Stather und E. Liebscher[1], die diesen Häuteschaden eingehend untersuchten, seinen ganzen Eigenschaften nach den sogenannten Lipochromen bzw. Karatinoiden, einer Gruppe von Naturfarbstoffen, die keine saure oder basische Gruppe enthalten, vielmehr Kohlenwasserstoffe oder Oxydationsprodukte solcher sind und zu denen ein großer Teil der von Bakterien erzeugten Farbstoffe gehört, zuzuzählen.

Bei histologischer Untersuchung rot gewordener Häute ist im allgemeinen eine Veränderung der Fasern der Lederhaut nicht zu erkennen. Dagegen finden sich bei allen rot gewordenen Häuten, auch wenn noch keine Haarlässigkeit der Haut festzustellen ist, viele Stellen der Narbenschicht angegriffen und mit reichlichen Mengen Bakterien durchsetzt. Der Angriff erstreckt sich meist auf die Epidermis, sie ist oft losgelöst und zerstört. Weiter sind die Haarbälge und Haarwurzeln verändert, die Haare haben oft ihre feste Verbindung mit dem Balg verloren und hängen lose darin. Die inneren Wände der Haarbälge sind von der Hautoberfläche zur Wurzel hin und von der Innenseite des Balges zum Lederhautgewebe hin mehr oder weniger tief von zahlreichen Bakterien durchsetzt und losgelöst (Abb. 70).

Die histologisch zu beobachtende Zerstörung einzelner Hautteile bei rot gewordenen Häuten wird durch einen erhöhten Hautsubstanzverlust beim Weichen und Äschern bestätigt. Wichtiger als dieser durch das Rotwerden verursachte Hautsubstanzabbau sind die Veränderungen des Hautgewebes, die zu einer ausgesprochenen Qualitätsverminderung des Leders führen. Die rote Verfärbung der Fleischseite verschwindet während des Äscherns fast vollständig und beeinflußt als solche die Lederqualität auch bei helleren Farbtönen kaum. Dagegen weisen rot verfärbte Felle in sämtlichen Arbeitsstadien der Lederfabrikation sehr viel häufiger „matte Narbenstellen" auf als gesunde Felle. Solche Stellen fühlen sich nach dem Gerben oft etwas rauher an als gesunde Stellen und zeigen auch

---

[1] F. Stather und E. Liebscher: Über das Rotwerden gesalzener Rohhäute. Coll. 1929, 427.

nach dem Färben eine andere Farbnuance als die benachbarten gesunden
Stellen. Es entsteht hierdurch ein eigentümlich unruhiges Farbenbild
auf dem Narben, das höchst unerwünscht ist und dadurch noch verschärft
wird, daß an den angegriffenen Narbenstellen Fett und Glanz anders aufziehen als auf dem normalen Narben und sich an jenen Stellen leicht Fettausschläge bilden. Auch ein schwammiger Narben und Lockerheit des
Lederfasergefüges wird mit der roten Verfärbung der Fleischseite der
Rohhaut in Zusammenhang gebracht.[1]

Als Ursache des Rotwerdens gesalzener Rohhäute ist die Entwicklung
farbstoffbildender Mikroorganismen anzusehen.

Während H. Becker[2] ein farbstoffbildendes Kugelbakterium und
eine Torulahefe und W. Moeller[3] gewisse Purpurbakterien, die einen
roten oder rotvioletten Farbstoff zu erzeugen vermögen und sich vor
allem dort vorfinden, wo organische Substanzen unter dem Einfluß des
Lichtes, aber unter Ausschluß des Luftsauerstoffs der Fäulnis unterliegen,
verantwortlich machen, wird von anderer Seite[4] die Entwicklung halophiler,
farbstoffbildender, ausgesprochen aerober Bakterien oder Schimmelpilze
als Ursache der roten Verfärbung angesehen. F. Stather und
E. Liebscher[5] isolierten aus rot gewordenen Häuten neben Bacillus
subtilis den „roten" Micrococcus roseus, die „rotorange" Sarcina
aurantiaca, die „gelbe" Sarcina lutea, eine „rote" Aktinomyzesart und
den fettspaltenden Micrococcus tetragenus in

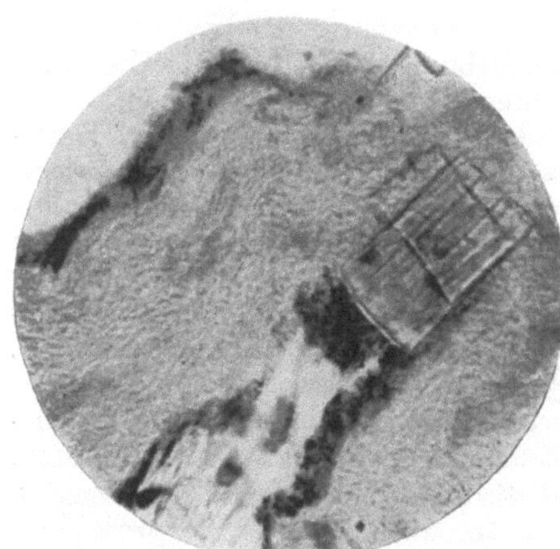

Abb. 70. Von Bakterien zerstörte Epidermis und zerstörter Haarbalg stark rot-
gewordener Kalbshaut. 600fache Vergrößerung (F. Stather und E. Liebscher).

Reinkultur, und W. Hausam[6] konnte bei weiterer Untersuchung der von
Stather und Liebscher erhaltenen Originalkulturen eine weitere Reihe
von Bakterienstämmen, darunter auch das Bacterium prodigiosum, mit
seiner intensiv ziegel- oder blutroten Farbe identifizieren. M. Utenkow[7]

<hr>

[1] N. K.: Über die roten Flecken auf roh gesalzenen Kalbshäuten. Ref.
Coll. 1927, 541.

[2] H. Becker: Die Salzflecken. Coll. 1912, 408.

[3] W. Moeller: Zur Theorie über die Ursache der Salzflecken. Coll.
1917, 7, 55, 105, 153.

[4] Frigorificos: Über rot gefleckte Fleischseiten der Häute. Die Lederindustrie 1928, Nr. 139 u. 140.

[5] F. Stather und E. Liebscher: Zur Bakteriologie des Rotwerdens
gesalzener Rohhäute. Coll. 1929, 427.

[6] W. Hausam: Zur Bakteriologie des Rotwerdens von Salzhäuten.
Coll. 1931, 12.

[7] M. Utenkow: Rote Salzflecken. Ref. Coll. 1931, 230.

führt die Entstehung der „roten Salzflecken" hauptsächlich auf die Entwicklung von Corynebakterium rubrum zurück. Ein Teil dieser Bakterien vermag proteolytisch wirksame Enzyme abzuspalten. Einen wichtigen Beweis für die bakterielle Entstehung der roten Verfärbung sehen Stather und Liebscher in der Übereinstimmung der chemischen Natur des Farbstoffs der roten Verfärbung mit der von den in Betracht kommenden Bakterien gebildeten Farbstoffen. Ein großer Teil der aus rotgewordenen Häuten isolierten Bakterien muß nach den Untersuchungen als ausgesprochen „halophil", salzliebend, bezeichnet werden; mäßige Alkalinität des Nährbodens fördert ihr Wachstum. Erst bei p_H-Werten 10 bis 11 des Nährbodens tritt stärkere Wachstumshemmung ein. Zur Vermeidung einer Begünstigung der roten Verfärbung muß deshalb darauf geachtet werden, daß bei Verwendung von Soda-Salz bei der Konservierung, wie es sich zur Verhinderung von Salzflecken zweckmäßig erwiesen hat, dieses Salz auch mindestens 3% an kalzinierter Soda enthält. Nach M. Bergmann und W. Hausam[1] vermag ein Zusatz von Naphthalin zum Konservierungssalz das Auftreten der roten Verfärbung weitgehendst zu verhindern.

D. Jordan Lloyd[2] bezeichnet eine ähnliche Erscheinung wie die rote Verfärbung als „rote Erhitzung" und führt sie auf die Entwicklung holophiler Bakterien zurück. Bei diesen soll es sich aber nicht, wie Stather und Liebscher annahmen, um Bakterien handeln, wie sie allgemein auf frischen Häuten und im Schmutz und Kot vorkommen, sondern um Bakterien des zur Konservierung benutzten Meeressalzes. F. Stather[3] konnte indessen nachweisen, daß es sich in beiden Fällen um weitgehend ähnliche Bakterienstämme handelt und jede Notwendigkeit entfällt, rote Verfärbung und rote Erhitzung als prinzipiell verschiedene Erscheinungen anzusehen und sie mit verschiedener Bezeichnung zu versehen. Der handelsübliche Begriff „Erhitzung", der häufig auch für die rote Verfärbung angewandt wird, umfaßt eine ganze Gruppe von Schäden, die durch vermehrtes Bakterienwachstum infolge Erhöhung der Lagertemperatur auftreten können.

Verbrennungsschäden an Leder.

Pflanzlich gegerbtes Leder ist im Gegensatz zu Chromleder, besonders in feuchtem Zustand, gegen höhere Wärmegrade sehr empfindlich. Bei Temperaturen von etwa 55⁰ aufwärts beginnt das Leder zu dunkeln, schrumpft und wird hart und mürbe, verliert seine Reißfestigkeit und Dehnbarkeit, um bei fortschreitendem Verbrennen seine Faserstruktur vollkommen zu verlieren und in eine glasartig spröde Masse überzugehen. Ein Verbrennen des Leders macht sich bei leichterem Ausmaß der Ver-

---

[1] M. Bergmann und W. Hausam: Bericht über praktische Salzungsversuche im Jahre 1932. Ledertechn. Rundschau 1933, 100.

[2] D. Jordan Lloyd: Further work on the preservation of hides with salt or brine. British Leather Manuf. Research Assoc. Annual Report 1928, 100.

[3] F. Stather: „Rote Verfärbung" und „Rote Erhitzung" auf gesalzenen Häuten. Coll. 1930, 151.

brennung gewöhnlich zuerst in einem Hartwerden und Dunkelwerden der empfindlichen Narbenschicht bemerkbar.

Ein Verbrennen von pflanzlich gegerbtem Leder kann eintreten, wenn dieses bei zu hoher Temperatur im Faß ausgegerbt wird. Pflanzlich gegerbtes Leder kann verbrennen, wenn es in ungenügend angetrocknetem Zustand höheren Trocknungstemperaturen, z. B. im Einbrennraum vor dem Einbrennen, ausgesetzt wird. Nicht selten tritt ein stellenweises Verbrennen von pflanzlich gegerbtem Leder auch ein, wenn dieses ungenügend oder nicht gleichmäßig ausgetrocknet mit geschmolzenen Fetten imprägniert wird. Wird pflanzlich gegerbtes Leder in zu trockenem Zustand gefalzt oder wird beim Falzen infolge zu starken Andrucks des Leders gegen die Messerwalze die Reibung zu groß, so kann das Leder durch Verbrennen Schaden leiden. Jede Berührung von pflanzlich gegerbtem Leder mit heißem Dampf kann zu Verbrennungserscheinungen Veranlassung geben. Daß Leder bei längerem Lagern in Stößen, besonders wenn es nicht genügend ausgetrocknet auf Lager kommt, sich unter gewissen Umständen erwärmen und diese Erwärmung bis zu solchen Graden fortschreiten kann, daß das Leder durch starke Verbrennungserscheinungen unter Umständen vollkommen zerstört wird, ist eine altbekannte Tatsache (W. Eitner[1]) (siehe Selbsterhitzung!). Vorzeitiges Unbrauchbarwerden und Brechen von Unterleder an Schuhen ist häufig auf ein Verbrennen dieses zurückzuführen, wenn der Träger der Schuhe mit diesen in feuchtem Zustande mit Heizungsröhren (z. B. in der Eisenbahn) in Berührung kam oder die Schuhe in feuchtem Zustand auf eine zu warme Unterlage zum Trocknen aufstellte. Häufig sind in solchen Fällen die Verbrennungserscheinungen weniger an den direkt mit der Wärmequelle in Berührung gekommenen Stellen festzustellen als vielmehr in tieferliegenden Schichten, weil diese länger feucht geblieben sind. Ist pflanzlich gegerbtes Wagenverdeckleder durch irgendwelche Undichtigkeiten, Nahtstellen, feucht geworden und wird der prallen Sonnenbestrahlung ausgesetzt, so kann es typische Verbrennungserscheinungen aufweisen. Ein stellenweises Hart- und Brüchigsein von pflanzlich gegerbtem Treibriemenleder, insbesondere der Narbenschicht dieses, hat häufig seine Ursache in dem Umstand, daß der Riemen infolge ungenügenden Spannens auf der Scheibe geschliffen hat und das Leder durch die so entstandene Wärme verbrannt ist. Wird bei sämischgegerbtem Leder die „Brut", das Lagern der Leder in Stößen in warmen Räumen nach der Sämischgerbung, zur Ermöglichung einer weiteren Oxydation und Bindung des Trans nicht sorgfältig überwacht, so kann es ebenfalls zu Verbrennungserscheinungen des Leders kommen, das Leder wird mürbe und brüchig.

Nach J. Chaters[2] ist die chemische Zusammensetzung des vegetabilischen Leders auf seine Widerstandsfähigkeit gegen feuchte Hitze von Einfluß. Leder, die voll ausgegerbt sind und nur geringe Mengen

---

[1] W. Eitner: Über Selbstentzünden und Verbrennen des Leders. Gerber 1917, 49.

[2] J. Chaters: The effect of feat on wetted vegetable-tanned leathers. J. I. S. L. T. C. 1928, 544, 608; 1929, 24, 427.

auswaschbarer Stoffe enthalten, sollen gegen höhere Wärmegrade weniger empfindlich sein als unvollständig ausgegerbte Leder und Leder mit hohem Auswaschverlust. Auch der p_H-Wert des pflanzlich gegerbten Leders soll auf seine Hitzebeständigkeit von Einfluß sein.

Sollen Verbrennungen von pflanzlich gegerbtem Leder vermieden werden, so darf dieses unter keinen Umständen in feuchtem Zustande Temperaturen über 50° C ausgesetzt werden.

Warzen, Geschwüre, Hautkrankheiten, Fehler durch

Warzen, Geschwüre und Hautkrankheiten am Körper des lebenden Tieres verursachen bleibende Veränderungen der Haut und beeinträchtigen den Wert des daraus hergestellten Leders je nach der Art und Ausdehnung. Warzenartige Gebilde auf der Haut werden im Herstellungsgang des Leders meist aufgerissen (Abb. 71), beim Schlachten des Tieres offene

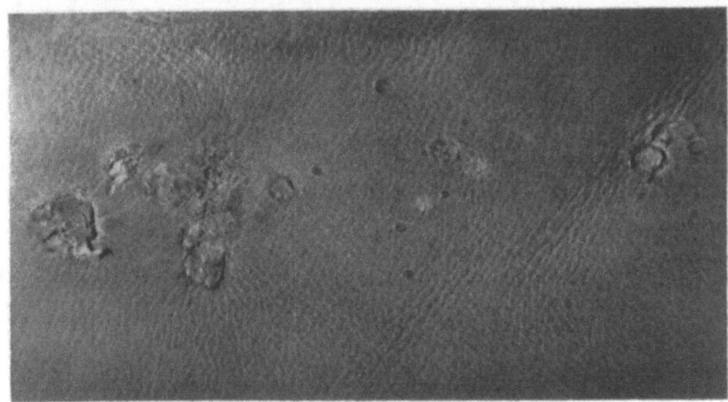

Abb. 71. Hautwarzen auf Fahlleder. $^2/_3$ natürl. Größe.

Geschwüre bedingen verständlicherweise stärkere Lederschäden als bereits wieder vernarbte Wunden (Abb. 72). Hautkrankheiten wirken sich

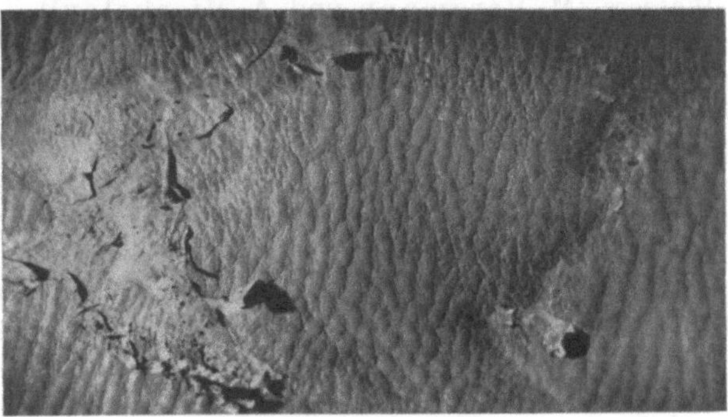

Abb. 72. Fahlleder mit offenem und verwachsenem Hautgeschwür.
$^2/_3$ natürl. Größe.

gewöhnlich vor allem ungünstig auf die Narbenbeschaffenheit der Rohhaut aus. So zeigt Abb. 73 als Beispiel ein Chromkalbleder, hergestellt
aus einer Haut, deren Blutgefäßsystem krankhaft verändert war. Zu

Abb. 73. Chromkalbleder aus Haut mit erkranktem Blutgefäßsystem.
²/₃ natürl. Größe.

den durch Hautkrankheiten verursachten Haut- und Lederschäden sind
auch die durch Trichophytie und Mikrosporie (siehe diese Stichworte!)
bedingten Lederfehler zu zählen.

Wasserdichtigkeit, ungenügende, des Leders.

Von einem guten Bodenleder wird eine möglichst große Wasserdichtigkeit verlangt. Beim Naßwerden von Leder sind wie auch bei
anderen Gewebematerialien drei Teilvorgänge zu unterscheiden: die
Oberflächenbenetzung, die völlige Durchnässung und das Hindurch-
sickern des Wassers (M. Bergmann und A. Mieckeley[1]). Ob und wie
rasch das Wasser durch das Bodenleder beim Tragen am Schuh durchdringt, hängt davon ab, ob das Wasser der Straße das Bodenleder rasch
oder langsam benetzt, ob es im Leder dann Poren findet, die ihm das
weitere Eindringen in das Innere des Leders ermöglichen, so daß die
Einzelfasern benetzen und quellen, und ob ferner die Poren zahlreich
und groß genug sind, um dem Wasser ein dauerndes Hindurchtreten zu
erlauben.

Die Benetzbarkeit der Lederoberfläche und der einzelnen Lederfasern hängt von der Art der Vorarbeiten der Wasserwerkstatt, der Art
der Gerbung, der Zurichtung, insbesondere der Fettung und Imprägnierung des Leders ab. Die Zahl der Poren wird in erster Linie durch die

---

[1] M. Bergmann und A. Mieckeley: Über das Verhalten von Bodenleder gegen Wasser. Ledertechn. Rundschau 1931, 129.

Art und Beschaffenheit der verarbeiteten Rohhaut und die Hautstelle
bestimmt, ebenso die Größe der Poren, doch wird die Porengröße auch
durch Gerbung, Zurichtung und Imprägnierung des Leders beeinflußt.

Eine ungenügende Wasserdichtigkeit von Leder kann demgemäß die
verschiedensten Ursachen haben. Wird von Imprägnierung des Leders
abgesehen, so wird bei gleicher Herstellungsart stets das aus einer Haut
mit festem, dicht verflochtenem Fasergefüge hergestellte Leder eine
bessere Wasserdichtigkeit aufweisen als das aus einer Haut mit lockerem
Fasergewebe hergestellte Leder, ebenso wie Leder aus kernigeren Teilen
der Haut sich bei gleicher Gerbungs- und Zurichtungsart stets hinsichtlich
Wasserdichtigkeit günstiger verhalten wird als solches aus abfälligeren
Hautstellen derselben Haut. Die Wasserdichtigkeit eines Leders wird
um so größer sein, je weniger während der Konservierung oder den Vorarbeiten der Wasserwerkstatt die Zwischenräume zwischen den Hautfasern durch Herauslösen von Hautsubstanz vergrößert werden. So
stellten M. Bergmann und W. Vogel[1] fest, daß bei Anwendung eines
stärkeren, aber kürzere Zeit auf die Haut einwirkenden, reinen Schwefel-
natriumäschers stets eine erheblich niedrigere Wasserdurchlässigkeit des
Leders erhalten wird als bei Anwendung von schwächer, aber länger
einwirkenden Kalk- bzw. Kalk-Schwefelnatriumäschern, die einen
größeren Hautsubstanzverlust verursachen. Ein stärkeres Beizen des
Leders wird stets seine Wasserdurchlässigkeit erhöhen. Bei gleicher Zurichtung wird sich pflanzlich gegerbtes Leder hinsichtlich Wasserdichtigkeit günstiger verhalten als chromgares Leder, da die Fasern des ersteren
infolge der größeren Gerbstoffaufnahme stets dicker und damit die Poren
im Leder stets kleiner sind als bei chromgarem Leder. Da durch eine
Fettung des Leders seine Benetzbarkeit im allgemeinen herabgesetzt
wird, wird auch eine nur mäßige Fettung des Leders die Wasserdichtigkeit gegenüber ungefettetem Leder erhöhen. In gleicher Weise wird durch
wasserabstoßende Appreturen bei Oberleder die Benetzbarkeit herabgesetzt und die Wasserdichtigkeit erhöht. Die Ausfüllung der Faserzwischenräume durch ein Imprägnieren des Leders mit Fettstoffen, mit
Gerbstoffen, Gummi, Harzen und ähnlichen Materialien bewirkt stets
eine Erhöhung der Wasserdichtigkeit, doch ist bei solchen Imprägnationen
zu berücksichtigen, daß zweckmäßig nur solche angewandt werden dürfen,
die bei möglichster Wasserdichtigkeit des Leders noch eine genügende
Luftdurchlässigkeit gewährleisten, bei denen die eingelagerten Stoffe
beim Naßwerden nicht sofort ausgewaschen werden und die keinen nach-
teiligen Einfluß auf die Haltbarkeit des Leders ausüben. Eine Füllung
des Leders mit nicht fixiertem Gerbextrakt ist zur Erhöhung der Wasserdichtigkeit aus diesem Grunde ebenso unangebracht wie eine mögliche
Erhöhung der Wasserdichtigkeit durch starkes Walzen des Leders, da
in beiden Fällen die Wasserdichtigkeit beim ersten Naßwerden wieder
verlorengeht. Bewährt zur Erhöhung der Wasserundurchlässigkeit von

---

[1] M. Bergmann und W. Vogel: Der Einfluß des Äscherverfahrens
auf die Wasserdurchlässigkeit. Ledertechn. Rundschau 1932, 13.

Bodenleder hat sich eine wiederholte Behandlung des Leders mit gekochtem Leinöl, auch die Mitverwendung von Leinöl bei der Faßgerbung soll sich günstig hinsichtlich Wasserdichtigkeit des Leders auswirken. Am zweckmäßigsten dürfte indessen eine möglichst geringe Porosität des Leders durch zweckentsprechende Führung der Vorarbeiten und der Gerbung zu erstreben sein.

Wassergehalt, zu hoher ... des pflanzlich gegerbten Leders.

Von dem nach Gewicht einkaufenden Lederverbraucher muß ein zu hoher Feuchtigkeitsgehalt des Leders als Lederfehler angesehen werden. Normalerweise darf einwandfrei getrocknetes Leder nach zweiwöchigem Lagern in einem normalen, ungeheizten Lagerraum bei einer Lagertemperatur von 10 bis 15° C und einer relativen Luftfeuchtigkeit von 50 bis 60% nicht mehr als 3% an Gewicht verlieren. Nach F. Stather[1] beträgt der mittlere Wassergehalt von lufttrockenem, pflanzlich gegerbtem, ungefettem Leder ungeachtet des Gerbverfahrens heute 14,0%. Der mittlere Wassergehalt von gefettetem lohgarem Leder liegt tiefer als der des ungefetteten Leders und ist abhängig von der Höhe des Fettgehalts. V. Kubelka und F. Peroutka[2] konnten den von Stather errechneten Mittelwert von 14,0% für ungefettetes Sohlenleder bestätigen, weisen aber darauf hin, daß dieser Durchschnittsfeuchtigkeitsgehalt nur für längere Zeit gelagerte Leder gültig ist, frische Unterleder dagegen 16 bis 19% Feuchtigkeit enthalten. Der Wassergehalt des Leders schwankt mit der Jahreszeit und Luftfeuchtigkeit beträchtlich und ist im allgemeinen im strengen Winter am niedrigsten.

Weichwerden des Leders beim Lagern.

Bei Lederarten, die eine feste, steife Beschaffenheit aufweisen sollen, wie Unterlederarten, auch manchen Transparentledern usw., wird öfters geklagt, daß diese nach längerem Lagern ihre ursprüngliche feste Beschaffenheit verlieren und mehr oder weniger weich werden. Ein solches Weichwerden von Leder auf Lager ist fast durchweg auf einen Einfluß der Luftfeuchtigkeit auf das Leder und eine dadurch bedingte Wasseraufnahme des Leders zurückzuführen. Hat das Leder von Natur aus oder infolge unsachgemäßer Durchführung des Herstellungsprozesses eine losere Beschaffenheit und ist die ursprüngliche Festigkeit lediglich durch ein stärkeres Walzen, Hämmern oder Pressen des Leders vorgetäuscht, so wird bei feuchterer Lagerung der Einfluß dieser mechanischen Bearbeitung allmählich wieder aufgehoben und das Leder nimmt seine eigentliche weichere Beschaffenheit an. Enthält das Leder wesentliche Mengen wasseranziehender Stoffe, wie Alkaliverbindungen, Chlorkalzium, zuckerartige Stoffe, Glyzerin, ungebundenen Gerbextrakt usw., so nimmt

---

[1] F. Stather: Über den mittleren Wassergehalt pflanzlich gegerbter Unterleder. Coll. 1931, 254.

[2] V. Kubelka und F. Peroutka: Über den mittleren Wassergehalt pflanzlich gegerbter Leder. Gerber 1932, 4.

es beim Lagern, insbesondere feuchtem Lagern mehr Feuchtigkeit als normal auf und nimmt dadurch eine weichere Beschaffenheit an.

Unter Umständen soll auch durch ein Gefrieren feucht gelagerten Leders infolge Schädigung des Lederfasergefüges durch sich bildende Eiskristalle ein Weicherwerden des Leders eintreten können (N. N.[1]).

Auch bei Unterledern, die mit Hilfe stark wirkender Säuren gebleicht wurden, wird hier und da ein Weicherwerden des Leders bei der Lagerung festgestellt.

Zeckenschäden.

Zecken (Abb. 74 u. 75) können beträchtliche Schädigungen der Rohhaut verursachen. Die Zecken saugen sich mit ihren Mundwerkzeugen in der Haut des lebenden Tieres fest und bedingen dadurch Verletzungen, die sich am fertigen Leder als stichartige Löcher oder unregelmäßig aus dem Narben ausgefressene Vertiefungen von 1 bis 2 mm Durchmesser bemerkbar machen. An die Löcher schließen sich meist kurze, zur Oberfläche vertikal gerichtete Kanäle an, die etwa durch das oberste Drittel der Lederhaut ziehen und blind endigen. Abb. 76 zeigt einen solchen Zeckenschaden auf Brandsohlleder. Besonders häufig mit Zeckenschäden behaftet sind Häute aus den Südstaaten von Nordamerika, Südamerika, Afrika, Indien, China. Sie werden auf den La-Plata-Häuten hauptsächlich verursacht durch die Garrapata-Zecke, Amblyomna americanum L. Die rotgraue, 2 bis 3 mm lange Zecke setzt sich hauptsächlich am Hals und Bauch der Tiere fest, durchbricht die Zellschichten der Oberhaut bis zum Blutgefäßnetz und saugt das Blut aus. Durch das Festsaugen verursacht die Zecke in der Haut haarfeine Stiche, die, wenn die Garrapata in großer Anzahl vorhanden, die Haut fast siebartig durchdringen. Tausende solcher Blutsauger sitzen häufig auf einem Tier und verursachen nicht selten ein ausgesprochenes Zeckensiechtum, durch das Fleisch- und Milchertrag stark beeinträchtigt werden. Die Haut erhält am Sitz der Zecken zunächst eine unebene Beschaffenheit. Juckreiz, der nach dem Abfallen der Zecken auftritt, verursacht Belecken und Reiben, wonach sich Pusteln und Geschwüre mit ausgedehnten Hautentzündungen

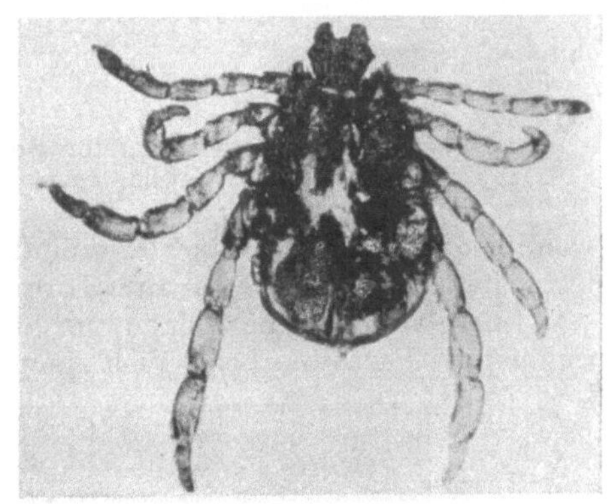

Abb. 74. Zeckenart. Zirka 15 fache Vergrößerung (W. Hausam).

---

[1] N. N.: Der Einfluß der Kälte auf das Lederlager. Ledertechn. Rundschau 1915, 53.

ausbilden. Auf diesen Veränderungen lassen sich unzählige Fliegen nieder, um sich zu sättigen und gleichzeitig ihre Maden abzulegen. Die Zecke ist auf Häuten mit langem Haar meist kaum sichtbar, wohl aber beim Abtasten wie eine Art Stecknadelkopf zu fühlen. Zeitweise sind in gewissen Gegenden der La-Plata-Staaten bis zu 20% des Häutegefälles von Zecken befallen (A. Kaul[1]).

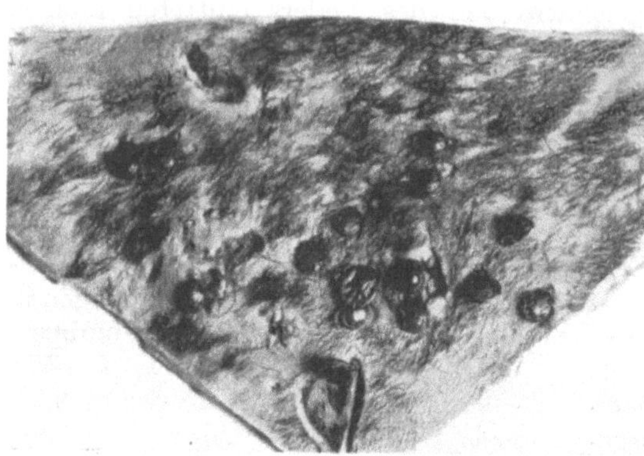

Abb. 75.   Zecken auf getrockneter Rohhaut. $^2/_3$ natürl. Größe.

Zecken finden sich außer auf Rindern häufig auch auf Schafen und Ziegen. Schäden durch die Schafszecke, Ixodes reduvius, finden sich vor allem auf den ostindischen Schaffellen, an denen rings um das Stichloch der Zecke gewöhnlich noch eine von einer Entzündung herrührende, matte Narbenzone festzustellen ist (A. Seymour-Jones[2]).

Im Inland sind die Zecken, vor allem der bekannte Holzbock (Ixodes ricinus) als Parasiten beim Vieh ziemlich selten. Sie sitzen meist an den

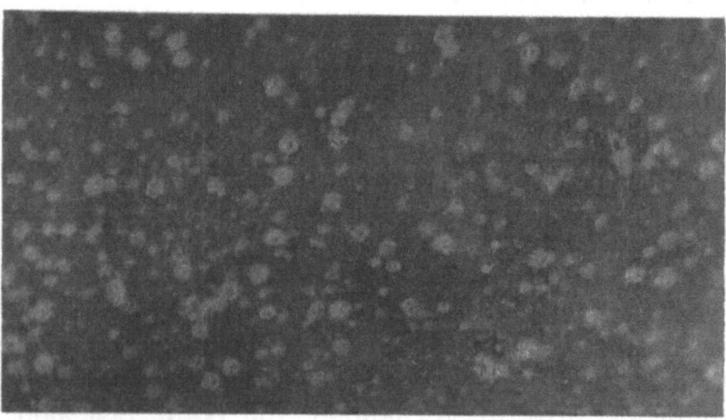

Abb. 76. Brandsohlleder mit Zeckenschäden. $^2/_3$ natürl. Größe.

geringwertigeren Teilen der Haut, Innenseite der Hinterschenkel, Leistengegend oder Euter, und verursachen keine nennenswerte Schädigung der Haut (B. Peter[3]).

---

[1] A. Kaul: Die Wildhaut im internationalen Handel und in der Lederfabrikation. I. Die amerikanische Wildhaut. Freiberg 1910.
[2] A. Seymour-Jones: The sheep and its skin. London 1913.
[3] B. Peter: Die Zecke als Schädling der Tierhaut. Coll. 1929, 469.

Die Zeckenplage ist verhältnismäßig schwierig zu bekämpfen. Baden und anschließendes Abbürsten der Tiere von Zeit zu Zeit und Abschließen der zeckenarmen Gebiete gegen die Tiereinfuhr aus zeckenreichen Gebieten ermöglichen nach E. Stiasny[1] ein wirksame Bekämpfung.

Zuckerausschläge.

Neben Mineralstoffen, Fetten und Schwefel oder mit diesen zusammen können auch zuckerartige Stoffe, in der Hauptsache traubenzuckerartige Stoffe, zu einem weißlichen, mehr oder minder starken Ausschlag Veranlassung geben, wenn solche in größeren Mengen im Leder vorhanden sind. Am unverarbeiteten Leder kommen Zuckerausschläge fast ausschließlich nur an pflanzlich gegerbtem Unterleder vor, wenn dieses zum Zwecke der Gewichtserhöhung mit zuckerhaltigen Stoffen, Dextrin usw., gefüllt wurde. Eine große Anzahl der sogenannten Nachgeerbextrakte enthält neben Bittersalz zuckerartige Stoffe. Der natürliche Zuckergehalt eines pflanzlich gegerbten Leders, der vom Zuckergehalt der zur Gerbung benützten Gerbmaterialien herrührt, rund 2,0% im allgemeinen nicht überschreitet, gibt zu Zuckerausschlägen kaum Veranlassung. Das Auftreten von Zuckerausschlägen wird ähnlich wie das Auftreten von Mineralstoffausschlägen durch zeitweise zu feuchte Lagerung des Leders begünstigt.

Zuckerausschläge auf Schuhoberleder am getragenen Schuh haben meist ihre Ursache nicht in einem hohen Gehalt des ausschlagenden Oberleders an zuckerartigen Stoffen, Dextrin usw., als vielmehr in einem Zuckergehalt des verarbeiteten Unterleders oder der Schuhfutterstoffe. Schuhfutterstoffe sind sehr oft mit Mineralstoffen und zuckerartigen Stoffen imprägniert. Beim Naßwerden solcher Schuhe können zuckerartige Stoffe aus dem zuckerhaltigen Bodenleder oder dem Schuhfutter, aus letzterem auch unter dem Einfluß der feuchten Ausdünstungen des Fußes, gelöst werden und mit der Feuchtigkeit in das Oberleder übergehen und dort einen Zuckerausschlag verursachen.

Zuckerausschläge können durch genügendes Auswaschen des Leders nach der Gerbung vermieden werden. Sie lassen sich im allgemeinen durch einfaches Ausreiben des Leders mit Wasser von diesem wieder entfernen. Leichtes Abölen des Leders nach Entfernen des Zuckerausschlages trägt häufig zur Verhinderung einer Wiederkehr des Ausschlages bei.

---

[1] E. Stiasny: Gerbereichemie. Leipzig und Dresden 1933.

Die Chemie der Lederfabrikation. Von **John Arthur Wilson**, Chef-Chemiker der Lederwerke A. F. Gallun & Sons Co., Milwaukee, Wisconsin, Präsident der American Leather Chemists' Association. Z w e i t e Auflage. Bis zur Neuzeit ergänzte deutsche Bearbeitung von Privatdozent Dr. **F. Stather**, Freiberg i. Sa. und Dr. **M. Gierth**, Dresden. In zwei Bänden. E r s t e r Band. Mit 202 Textabbildungen. XI, 438 Seiten. 1930.

Geb. RM 48.—

Z w e i t e r Band. Mit 222 Textabbildungen. XII, 602 Seiten. 1931.

Geb. RM 58.—

Die Chromlederfabrikation. Von **M. C. Lamb**, Mitglied der „Chemical Society", Chemiker und Sachverständiger für das Ledergewerbe, Direktor des „Light Leather Departement" und des „Leathersellers' Company's Technical College", London. Übersetzt und den deutschen Verhältnissen angepaßt von Dipl.-Ing. **Ernst Mezey**, Gerbereichemiker. Mit 105 Abbildungen. X, 268 Seiten. 1925. Geb. RM 20.—

Lederfärberei und Lederzurichtung. Von **M. C. Lamb.** Z w e i t e deutsche Auflage. (Autorisierte Übersetzung der dritten englischen Auflage.) Von Dr. **Ludwig Jablonski**, Berlin. Mit 218 Textabbildungen und 10 Tafeln mit Lederproben. VIII, 368 Seiten. 1927. Geb. RM 33.—

Die Praxis des Kürschners. Ein Handbuch von **Alexander Tuma jun.** (Technisch-Gewerbliche Bücher, Bd. 2.) Mit 152 Abbildungen im Text. IX, 409 Seiten. 1928. Geb. RM 22.—

Handbuch der Chromgerbung samt den Herstellungsverfahren der verschiedenen Ledersorten. Von Ing. Chem. **Josef Jettmar.** D r i t t e, verbesserte Auflage, durchgesehen von Dr. **Georg Grasser**, Dozent der Technischen Hochschule in Wien und Mitglied des Österreichischen Patentamtes. VII, 581 Seiten. 1924. RM 38.—; geb. RM 40.—

Die Rolle der Chromgerbung in der deutschen Lederindustrie. Von Dr. **Mathias Sommer.** Mit 10 Abbildungen. 69 Seiten. 1927. RM 3.—

Die praktische Chromgerberei und Färberei. Ratgeber für die Lederindustrie insbesondere für Fabrikanten, Leiter, Gerber, Färber und Zurichter. Von **C. R. Reubig**, Fabrikdirektor und Gerber. IV, 76 Seiten. 1926. (Verlag von Julius Springer in Berlin.)

RM 3.60 (abzügl. 10% Notnachlaß)

Die Gerbextrakte. Eigenschaften, Herstellung und Verwendung. Von **Peter Pawlowitsch**, Direktor des wissenschaftlichen Lederforschungsinstitutes in Moskau, Dozent des Chemisch-Technologischen Mendelejew-Institutes, Technischer Leiter der Aktiengesellschaft „Dubitel" für den Bau der Extraktfabriken. Mit 107 Abbildungen im Text und 58 Tabellen. VII, 248 Seiten. 1929. RM 23.—

Handbuch der *Gerbereichemie* und Lederfabrikation. Bearbeitet von hervorragenden Fachleuten. Herausgegeben von Professor Dr. **Max Bergmann,** Direktor des Kaiser Wilhelm-Instituts für Lederforschung, Dresden. In drei Bänden.
Bisher erschien:
Zweiter Band: **Die Gerbung.** 1. Teil. **Die Gerbung mit Pflanzengerbstoffen.** Gerbmittel und Gerbverfahren. Bearbeitet von Prof. Dr. **M. Bergmann,** Dr.-Ing. **H. Gnamm** und Dr. **Wilh. Vogel.** Mit 165 Abbildungen und 139 Tabellen. XI, 571 Seiten. 1931.   Geb. RM 56.—

Handbuch für gerbereichemische Laboratorien. Von Prof. Dr. **Georg Grasser.** Dritte, neu bearbeitete Auflage. Mit 49 Abbildungen im Text und 5 Tafeln. XII, 434 Seiten. 1929.   Geb. RM 29.—

Einführung in die Gerbereiwissenschaft. Leitfaden für Studierende und Praktiker. Von Prof. Dr. **Georg Grasser.** Mit 22 Abbildungen und 52 Tabellen. VIII, 173 Seiten. 1928.   RM 12.—

Die Rohmaterialien des Gerbers, ihre Eigenschaften und Verwendung. Von Prof. Dr. **Georg Grasser.** XIII, 204 Seiten. 1923.
RM 10.—

Die quantitative Gerbmittelanalyse. Von Prof. Ing. Dr. **V. Kubelka,** Brünn, und Ing. Dr. **Vl. Němec,** Brünn. Mit 20 Abbildungen. IX, 121 Seiten. 1930.   RM 4.50

Tannin. Cellulose. Lignin. Von Prof. Dr. **K. Freudenberg,** Heidelberg. Zugleich zweite Auflage der „Chemie der natürlichen Gerbstoffe". Mit 14 Abbildungen. IV, 165 Seiten. 1933. (Verlag von Julius Springer in Berlin.)   RM 8.80

Die physikalisch-chemischen Grundlagen der Lederfabrikation in elementarer Darstellung. Von Dipl.-Ing. **N. P. Kostin.** Vom Verfasser bis zur Neuzeit ergänzte deutsche Ausgabe. Übersetzt von Ing. **L. Keigueloukis** und Dipl.-Ing. **R. Schunck.** Mit 18 Tabellen und 29 Abbildungen. 128 Seiten. 1928.   RM 10.—

Gesammelte Abhandlungen des Kaiser Wilhelm-Instituts für *Lederforschung* in Dresden. (Direktor: Prof. Dr. **Max Bergmann.**)
   I. Band: **1922 bis 1924.** IV, XIX, 286 Seiten.   Geb. RM 27.—
   II. Band: **1925 bis 1926.** IV, XXII, 372 Seiten.   Geb. RM 34.50
   III. Band: **1927 bis 1929.** Mit zahlreichen Abbildungen im Text und auf Tafeln. V, XLIV, 447 Seiten.   Geb. RM 42.—
   IV. Band: **1930 bis 1932.** Mit zahlreichen Abbildungen im Text und auf Tafeln. VII, XXXVIII, 520 Seiten. 1933.   Geb. RM 46.—